U0299469

MongoDB 从入门到商业实战

张雯杰　蔡佳玲　编著

電子工業出版社
Publishing House of Electronics Industry
北京•BEIJING

内 容 简 介

本书基于 MongoDB 4.0 版本编写。本书的前半部分从数据库管理员的角度出发，介绍 MongoDB 理论知识及环境架设；后半部分则是从应用角度出发，通过大量的实例深入地讲解 MongoDB 的具体操作。

全书共分为 4 篇。第 1 篇“MongoDB 环境的理论与实践”，介绍 MongoDB 的基础知识，搭建 MongoDB 环境的步骤，MongoDB 的整体架构、副本集、分片集群，以及优化操作系统使得 MongoDB 的性能最优。第 2 篇“数据管理操作”，以实际操作介绍 MongoDB 对数据的操作及存储过程，并且展示如何使用 Python 来实现 GridFS 操作。第 3 篇“运维与安全管理”，通过实际操作介绍 MongoDB 的安全管理与运维监控的相关功能，如用户管理、角色管理、数据库的备份和恢复、使用监控工具对 MongoDB 的活动进行监控，以及通过客户端软件来操作与管理 MongoDB。第 4 篇“应用开发与案例”，包括通过各种程序语言（如 Java、C#、Python、Node.js）访问和操作 MongoDB，以及如何运用整本书的知识满足现实中的数据库管理及应用需求。

本书内容丰富、条理清晰、通俗易懂，非常适合 MongoDB 的初学者和进阶读者阅读，同时也适合作为相关培训机构的教材。

图书在版编目（CIP）数据

MongoDB 从入门到商业实战 / 张雯杰，蔡佳玲编著. —北京：电子工业出版社，2019.9
ISBN 978-7-121-37224-7

Ⅰ. ①M… Ⅱ. ①张… ②蔡… Ⅲ. ①关系数据库系统 Ⅳ. ①TP311.132.3

中国版本图书馆 CIP 数据核字（2019）第 175805 号

责任编辑：吴宏伟
印　　刷：三河市良远印务有限公司
装　　订：三河市良远印务有限公司
出版发行：电子工业出版社
　　　　　北京市海淀区万寿路 173 信箱　　邮编 100036
开　　本：787×980　1/16　印张：25.75　字数：577 千字
版　　次：2019 年 9 月第 1 版
印　　次：2022 年 1 月第 5 次印刷
定　　价：119.00 元

凡所购买电子工业出版社图书有缺损问题，请向购买书店调换。若书店售缺，请与本社发行部联系，联系及邮购电话：（010）88254888，88258888。
质量投诉请发邮件至 zlts@phei.com.cn，盗版侵权举报请发邮件至 dbqq@phei.com.cn。
本书咨询联系方式：010-51260888-819，faq@phei.com.cn。

前言

随着人工智能、大数据的崛起，管理海量的数据也变得更加重要。为应对如今大规模且高并发的 Web 应用，非关系型数据库在短短几年越来越受到重视，尤其是像 MongoDB 这种具弹性且完善的数据库工具。

本书采用“理论+实践”的方式编写，由浅入深详细地介绍了 MongoDB 强大的数据处理功能。本书除介绍 MongoDB 的功能外，还介绍利用主流的程序语言（如 Python、Java 等）从应用的角度实际操作 MongoDB，以便让读者融会贯通相关软件。

本书特色

1. 大量的应用案例，操作性强，便于理解

本书提供了大量的案例代码供读者实际操作，且随着内容的推进，这些案例代码也会不断被增加、修改，从而满足不同的应用需求。

2. 通过“小博士”图标详细讲解重点、难点知识

本书会通过“小博士”图标的方式对书中的某些内容进行重点标记和详细讲解，方便读者理解和掌握重点知识。

3. 由浅入深、循序渐进的知识体系，通俗却不失专业性的语言

本书内容丰富、条理清晰、语言通俗易懂，便于读者快速且精准地理解知识。

4. 大量的图示，便于读者操作与理解

本书有别于市面上的一般计算机书籍，通过大量图形与手写笔记的形式介绍具体操作和配置步骤。

5. 实践经验分享

本书的作者拥有多种数据库操作管理与应用经验，在传授知识的同时，作者也分享了许多在实际工作中的经验，可以帮助读者理解在实践过程中可能面临的问题。

本书读者对象

- MongoDB 初学者；
- MongoDB 进阶学者；
- 数据库初级开发人员；
- 数据库爱好者；

- 大中专院校的老师和学生。

关于作者

本书由张雯杰、蔡佳玲为主的团队编写。本团队成员包括具有多年经验的数据库管理员，以及应用程序开发人员。历经近一年多的努力，我们将数年累积的 MongoDB 使用经验以及文献整理并归纳，终于在 2019 年顺利完成。除主要编写的两位作者之外，团队中一些伙伴也功不可没，在此特别感谢林欣灿、洪佩容及其他对本书有贡献的伙伴。

本书已经过多位编者多次核对与修改，但仍可能存在不合理或错误之处，请广大读者批评与指正。

为了便于读者更好地理解在哪里操作，本书约定：

- 在 mongo shell 中的操作使用“指令”这个词；
- 在 Linux 操作系统中的操作使用“命令”这个词。

张雯杰　蔡佳玲

2019 年 6 月

目录

第 1 篇 MongoDB 环境的理论与实践

第 1 章 初识 NoSQL 数据库与 MongoDB / 2

1.1 初识 NoSQL 数据库 / 2

1.1.1 何为 NoSQL 数据库 / 2

1.1.2 NoSQL 数据库有哪些特征 / 3

1.1.3 为何 NoSQL 数据库会崛起 / 4

1.1.4 NoSQL 数据库有哪些种类 / 4

1.1.5 NoSQL 数据库与 RDB 该怎么选择 / 5

1.2 初识 MongoDB / 6

1.2.1 何为 MongoDB / 6

1.2.2 MongoDB 有哪些特性 / 6

1.2.3 MongoDB 适用于哪些场景 / 7

1.2.4 MongoDB 中的对象 / 7

1.2.5 MongoDB 的文档知识 / 9

1.2.6 MongoDB 的数据类型 / 11

第 2 章 部署 MongoDB 单机版 / 16

2.1 操作系统硬件规格选择 / 16

2.2 部署 Windows 版 MongoDB / 18

2.2.1 下载软件 / 18

2.2.2 部署安装版 / 19

2.2.3 部署免安装版 / 25

2.3 部署 Linux 版 MongoDB / 26

2.3.1 下载软件 / 26

2.3.2 启动 MongoDB / 27

2.3.3 配置启动文件 / 28

2.3.4 启动、终止服务 / 31

2.3.5 配置单机权限——Auth 属性值 / 33

2.3.6 配置自启动服务 / 35

第 3 章 认识 MongoDB 集群 / 40

3.1 认识集群 / 40

3.1.1 从一个日常生活情境着手 / 40

3.1.2 mongos 服务 / 44

3.1.3 config 服务 / 46

3.1.4 shard 服务 / 47

3.2 认识副本集（Replica Set） / 47
3.2.1 副本集简介 / 48
3.2.2 高可用（节点故障转移） / 50
3.2.3 数据读写策略 / 59
3.3 认识分片集（Sharding Cluster） / 63
3.3.1 分片集简介 / 63
3.3.2 片键（Shard Key） / 65
3.3.3 控制数据分发——分片标签 / 67
3.3.4 平衡器（Balancer） / 68

第 4 章
集群的配置 / 73

4.1 配置副本集 / 73
4.1.1 了解要配置的架构 / 73
4.1.2 配置数据副本集（含 Arbiter） / 74
4.1.3 配置内存节点 / 78
4.2 配置分片集群 / 79
4.2.1 了解要配置的架构 / 79
4.2.2 配置 config 副本集 / 81
4.2.3 配置 mongos / 84
4.2.4 配置集群的权限 / 87
4.2.5 配置自启动服务 / 88
4.2.6 设置数据库分片（含指定数据存放分片） / 91
4.3 集群的常用配置 / 93
4.3.1 查看分片信息状态 / 93
4.3.2 调整副本集 / 95
4.3.3 调整分片集群 / 98
4.3.4 管理平衡器（Balancer） / 99
4.3.5 让数据在分片间迁移 / 100

第 5 章
优化 Linux 以提升 MongoDB 性能 / 101

5.1 实现所有 MongoDB Server 时间的同步 / 101
5.1.1 了解时间同步（NTP） / 101
5.1.2 手动设定时间同步 / 102
5.1.3 通过服务自动实现时间同步 / 102
5.2 减少时间戳记录 / 103
5.3 关闭磁盘预读功能 / 104
5.3.1 手动关闭 / 105
5.3.2 让系统自动关闭 / 105
5.4 关闭内存管理 / 108
5.4.1 了解标准大页和透明大页 / 108
5.4.2 在 CentOS 7.0 中配置 THP / 108
5.5 禁用“非统一内存访问”（NUMA） / 109
5.5.1 NUMA 的工作原理 / 109
5.5.2 查看硬件的 NUMA 分配节点资源的情况 / 110
5.5.3 禁用 NUMA 机制 / 110

第 2 篇 数据管理操作

第 6 章
MongoDB 基础操作 / 112

6.1 文档的操作 / 112
6.1.1 插入 / 112
6.1.2 更新 / 116
6.1.3 删除 / 120
6.1.4 基本查询 / 121
6.1.5 条件查询 / 122
6.1.6 正则表达式 / 124
6.1.7 内嵌文档查询 / 126
6.1.8 数据校验 / 127
6.1.9 原子性操作 / 129

6.2 集合的操作 / 131
6.2.1 集合管理 / 131
6.2.2 固定集合 / 133

6.3 创建索引 / 134
6.3.1 单字段索引 / 135
6.3.2 复合索引 / 137
6.3.3 TTL 索引 / 137
6.3.4 全文本索引 / 138
6.3.5 地理空间索引 / 139
6.3.6 Hash 索引 / 142
6.3.7 查询优化诊断 / 142

6.4 常用聚合操作 / 143
6.4.1 聚合——$group / 144
6.4.2 显示字段——$project / 145
6.4.3 数据排序、跳过几个文档、限制显示文档数量——$sort、$skip、$limit / 152
6.4.4 条件筛选——$match / 152
6.4.5 多表关联查询——$lookup / 153
6.4.6 计算文档数量——$count / 155
6.4.7 展开数组——$unwind / 155
6.4.8 结果汇入新表——$out / 156

6.5 映射和归约（MapReduce） / 157
6.5.1 MapReduce 介绍 / 157
6.5.2 范例 1：数据汇总 / 158
6.5.3 范例 2：存成数组 / 160

6.6 存储过程 / 162
6.6.1 保存存储过程 / 162
6.6.2 查看存储过程 / 163
6.6.3 执行存储过程 / 163

第 7 章
大文件存储——MongoDB GridFS / 165

7.1 GridFS 介绍 / 165
7.1.1 GridFS 如何存储文档 / 165
7.1.2 认识 chunks 与 files 集合 / 166

7.2 GridFS 操作 / 167
7.2.1 通过 GridFS 上传文件 / 168
7.2.2 通过 GridFS 查看文件列表 / 168
7.2.3 通过 GridFS 下载文件 / 168
7.2.4 通过 GridFS 删除文件 / 169
7.2.5 通过 GridFS 查找文件 / 169
7.2.6 GridFS 的其余参数 / 169
7.3 用 Python 实现 GridFS 操作 / 170

第 3 篇
运维与安全管理

第 8 章
数据库安全管理与审计 / 174
8.1 权限管理简介 / 174
8.2 用户管理 / 175
8.2.1 创建用户与登录 / 175
8.2.2 修改用户 / 178
8.2.3 删除用户 / 179
8.2.4 查询用户 / 180
8.2.5 授予用户权限 / 183
8.2.6 撤销用户权限 / 183
8.3 角色管理 / 184
8.3.1 内建角色 / 184
8.3.2 创建自定义角色 / 186
8.3.3 修改自定义角色 / 187
8.3.4 删除自定义角色 / 188
8.3.5 查询自定义角色 / 189
8.3.6 授予角色权限 / 191
8.3.7 撤销角色权限 / 192
8.4 身份验证 / 193
8.4.1 SCRAM / 193
8.4.2 x.509 / 195
8.5 数据加密 / 198
8.5.1 动态数据加密（传输加密） / 198
8.5.2 静态数据加密 / 198
8.6 审计 / 198
8.6.1 审计的启用与配置 / 199
8.6.2 审计事件与过滤 / 199
8.7 检测安全漏洞 / 200

第 9 章
备份与恢复 / 202
9.1 了解备份/恢复 / 202
9.2 逻辑备份/恢复的常用命令 / 203
9.2.1 备份/恢复命令 / 203
9.2.2 导出/导入命令 / 206
9.3 物理备份/恢复的常用命令 / 210
9.4 备份/恢复的具体方案 / 211
9.4.1 单机的备份/恢复 / 211
9.4.2 副本集的备份/恢复 / 212
9.4.3 分片集群的备份/恢复 / 213

第 10 章
监控管理 / 216

10.1 监控 MongoDB / 216
10.1.1 MongoDB 自带监控工具 / 217
10.1.2 mongo shell 中的监控指令 / 219
10.1.3 第三方监控工具 / 223
10.1.4 免费监控服务 / 224

10.2 官方提供的运维管理系统——MongoDB Ops Manager / 225
10.2.1 认识 Ops Manager / 226
10.2.2 Ops Manager 的功能 / 227

第 11 章
客户端软件 / 231

11.1 官方客户端软件 / 231
11.1.1 MongoDB Compass 简介 / 231
11.1.2 创建数据库及集合 / 232
11.1.3 新增集合中的文档及查询数据 / 233
11.1.4 查询文档 / 233
11.1.5 进行聚合操作 / 234
11.1.6 查询执行计划 / 235
11.1.7 建立数据校验规则 / 236
11.1.8 进行监控 / 237

11.2 第三方客户端软件 / 238
11.2.1 Studio 3T for MongoDB / 238
11.2.2 Robo 3T / 245
11.2.3 NoSQL Manager / 246

11.3 总结 / 251

第 4 篇
应用开发与案例

第 12 章
用 Java 操作 MongoDB / 254

12.1 环境准备 / 254
12.1.1 环境说明 / 254
12.1.2 配置 MongoDB 的 Java 驱动 / 255

12.2 建立连接与断开连接 / 256

12.3 应用与操作 / 259
12.3.1 新增文档 / 259
12.3.2 删除文档 / 261
12.3.3 修改文档 / 263

12.4 查询文档数据 / 266
12.4.1 限制查询结果集的大小 / 266
12.4.2 限制查询返回的字段 / 267
12.4.3 按条件进行查询 / 267
12.4.4 对查询结果分页 / 268
12.4.5 用聚合命令查询文档 / 271
12.4.6 应用索引查询 / 272

12.5 使用正则表达式 / 275

12.6 批量处理数据 / 276

12.7 创建文档关联查询 / 277

12.8 操作 MongoDB GridFS / 279

12.9 小结 / 282

第 13 章
用 C#操作 MongoDB / 283

13.1 环境准备 / 283

13.1.1 环境说明 / 283

13.1.2 配置 MongoDB 驱动 / 284

13.2 建立连接 / 285

13.3 应用与操作 / 287

13.3.1 新增文档 / 287

13.3.2 删除文档 / 289

13.3.3 修改文档 / 290

13.4 查询文档数据 / 293

13.4.1 限制查询结果集大小 / 293

13.4.2 限制查询返回的字段 / 294

13.4.3 按条件进行查询 / 295

13.4.4 将查询结果分页显示 / 296

13.4.5 使用聚合命令查询文档 / 297

13.4.6 应用索引查询 / 299

13.5 使用正则表达式 / 301

13.6 批量处理数据 / 302

13.7 创建文档关联查询 / 302

13.8 操作 MongoDB GridFS / 304

13.9 小结 / 307

第 14 章
用 Python 操作 MongoDB / 308

14.1 环境准备 / 309

14.1.1 安装 Python / 309

14.1.2 安装 pymongo / 310

14.2 建立连接与断开连接 / 310

14.3 应用与操作 / 311

14.3.1 新增文档 / 311

14.3.2 删除文档 / 315

14.3.3 修改文档 / 316

14.4 查询文档数据 / 318

14.4.1 限制查询结果集大小 / 318

14.4.2 限制查询返回的字段 / 320

14.4.3 用复杂条件进行查询 / 322

14.4.4 将查询结果分页显示 / 323

14.4.5 用聚合方法查询文档 / 325

14.4.6 用索引查询 / 326

14.5 使用正则表达式 / 331

14.6 批量处理数据 / 333

14.7 创建文档关联查询 / 336

14.8 操作 MongoDB GridFS / 339

14.9 小结 / 341

第 15 章
用 Node.js 操作 MongoDB / 342

15.1 准备环境 / 342

15.1.1 安装 Node.js / 342

15.1.2 安装 MongoDB 包 / 344

15.2 建立与断开连接 / 344

15.3 应用与操作 / 347

15.3.1 新增文档 / 347

15.3.2 删除文档 / 350

15.3.3 修改文档 / 351

15.4 查询文档 / 354

15.4.1 限制查询结果集大小 / 354

15.4.2 限制查询字段 / 357

15.4.3 查询条件使用 / 358

15.4.4 将查询结果分页 / 359

15.4.5 使用聚合方法查询文档 / 361

15.4.6 用索引进行查询 / 362

15.5 使用正则表达式 / 365

15.6 批量处理数据 / 366

15.7 创建文档关联查询 / 368

15.8 操作 MongoDB GridFS / 369

15.9 小结 / 371

第 16 章
实际应用案例 / 372

16.1 搭建跨区域数据中心 / 372

16.1.1 需求描述 / 372

16.1.2 架构设计 / 373

16.1.3 架构配置 / 375

16.2 用 MongoDB 实现流式数据处理 / 378

16.2.1 任务与目标 / 378

16.2.2 问题展开 / 378

16.2.3 解决方案 / 379

16.2.4 代码编写 / 382

16.3 用“Node.js+MongoDB”实现高并发的网络聊天室 / 386

16.3.1 需求描述 / 386

16.3.2 解决方案 / 387

16.3.3 MongoDB 应用 / 387

16.3.4 代码编写 / 389

读者服务

轻松注册成为博文视点社区用户（www.broadview.com.cn），扫码直达本书页面。

- **提交勘误**：您对书中内容的修改意见可在 提交勘误 处提交，若被采纳，将获赠博文视点社区积分（在您购买电子书时，积分可用来抵扣相应金额）。
- **交流互动**：在页面下方 读者评论 处留下您的疑问或观点，与我们和其他读者一同学习交流。

页面入口：http://www.broadview.com.cn/37224

第 1 篇

MongoDB 环境的理论与实践

本篇介绍了 MongoDB 的基本概念、特点、原理、整体架构，以及 MongoDB 的配置/启动和操作系统的优化。

第 1 章 初识 NoSQL 数据库与 MongoDB

NoSQL（Not Only SQL）数据库是“非关系型数据库”的统称。NoSQL 数据库是怎样的数据库呢？它和传统的关系型数据库（如 Oracle、SQL Server、MySQL 等）有什么区别？为什么在某些情况下需要选择使用 NoSQL 数据库，而不使用传统的关系型数据库（Relational Database, RDB）呢？本章将带着读者理解非关系型数据库（NoSQL 数据库）。

通过本章，读者将学习以下内容：

- 什么是 NoSQL 数据库；
- NoSQL 数据库有哪些特征和种类；
- NoSQL 数据库与 RDB 有什么区别，该如何选择；
- MongoDB 的特性和适用场景；
- MongoDB 有哪些数据类型。

1.1 初识 NoSQL 数据库

1.1.1 何为 NoSQL 数据库

NoSQL 数据库与传统的关系型数据库不同，NoSQL 数据库中数据之间的关联较少，因此更容易分散储存。

NoSQL 数据库通常用于存储超大规模数据。一些数据产业的巨头，如 Google、Facebook、

Insatgram 等，每天收集的数据量大到我们难以想象。NoSQL 数据库在储存这些大量数据时，通常没有绝对固定的模式，数据是独立存在的，无需多余操作就能以横向扩展的方式进行分布式存储。

随着 Web 2.0 网站的应用越来越广泛，一般关系型数据库越来越难适应这一类应用场景。所以，NoSQL 数据库在短短几年里有了迅速的发展。NoSQL 数据库主要是被用来处理大量且多元数据的存储及运算。

MongoDB 是一种采用文档形式进行存储的数据库，具有很强的灵活性和可扩展性。它除有 NoSQL 数据库的优势外，还扩展了关系型数据库的一些实用功能。

- MongoDB 具有直观且完善的数据处理指令，对新手来说比较容易上手。
- MongoDB 提供了驱动（Driver）和丰富的 API，这一点对于开发人员来讲也是非常友好的。
- MongoDB 还提供了完善的管理模式和配置方式，这让数据库管理员比较省心。

1.1.2　NoSQL 数据库有哪些特征

NoSQL 数据库主要有以下特征。

1. 可弹性扩展

NoSQL 数据库经常采用反正规化的设计，去掉了关系型数据库的关联特性，因此数据之间没有关联，更容易扩展。

2. BASE 特征

BASE 特征即基本可用性（Basically Available）、可伸缩性（Scalable）、最终一致性（Eventual Consistency）。

相比关系型数据库的 ACID 特征，NoSQL 数据库仅保证具有 BASE 特征。

ACID 特征是指数据库事务的四种基本特性：原子性（Atomicity）、一致性（Consistency）、隔离性（Isolation）和持久性（Durability）。

一个支持事务（Transaction）的数据库必须具有这四种特性，否则无法保证数据的正确性。

3. 大数据量、高性能

由于存储的数据关联性较小且数据结构单纯，所以数据更加容易分散存储，更易实现并发处理，因此 NoSQL 数据库往往有较好的读/写性能。

4. 灵活的数据模型

NoSQL 数据库不需要事先定义数据字段，可以随时存储自定义的数据格式，此特性有利于在一张大数据量的表中新增一个字段。这使得 NoSQL 数据库比较容易保存格式多变的非结构化数据或半结构化数据。

半结构化数据是一种介于结构化数据（如关系型数据库中的数据）和非结构化数据（如声音、图像文件等）之间的数据。如 JSON 文件、XML 文件、HTML 文档就属于半结构化数据。

5. 高可用

NoSQL 数据库可通过副本集实现故障转移，保证高可用。

1.1.3 为何 NoSQL 数据库会崛起

传统关系型数据库的优势如下：

在数据量暴增的时代，若想用传统的关系型数据库来满足数据高并发读写、巨量数据的存储、数据库的扩展与高可用等，则需要增加软硬件的规格，这将大幅提高成本。因此，NoSQL 数据库这种低成本的分布式数据库成为许多企业的首选。

NoSQL 的概念于 1998 年出现，但是一直没有盛行。直到大数据出现后，许多企业为了解决数据并发读写、巨量数据存取及数据库扩展的问题，才开始使用 NoSQL 数据库。

NoSQL 数据库为 Web 2.0 的高性能、弱事务应用提供了解决方案，所以其在大数据的背景下获得了极大的关注。

1.1.4 NoSQL 数据库有哪些种类

NoSQL 数据库的种类非常多，下面介绍几个代表性的 NoSQL 数据库。

1. 文档型数据库

文档型数据库采用文档的方式来存储数据，即将单个实体的所有数据都存在一个文档中，而文档存在集合中。

MongoDB 属于此类。

2. “键值对”（Key-Value）数据库

“键值对”数据库主要是使用数据结构中的键（Key）来查找特定的数据（Value）。

- 其优点是：这类数据库在存储时不采用任何模式，因此极易添加数据。
- 其缺点是：通过“键”和“值”一对一查找时性能较高，但只针对“值”来查找时性能就会比较差。

“键值对”数据库适用于大量数据的高访问负载场景，例如日志系统。

Redis、Voldemort、Scalaris、Oracle Berkeley DB 都是属于此类。

3. 列存储数据库

列存储数据库是以“列”为单位来存储数据的。相对于行存储的数据库，它更适合用于批量数据处理与实时数据查询。

- 其优点是：同一列数据的格式相同，所以适合数据压缩，也更善于处理大量数据的查询与计算，且有利于分布式扩展。
- 其缺点是：不适合做实时的删除或更新操作。

Sybase IQ、Vertica 都属于此类。

4. 图存储数据库

图存储数据库，采用图形理论来存储实体之间的关系信息，如社交关系网络、族谱。

Neo4j、FlockDB、GraphDB 都属于此类。

1.1.5　NoSQL 数据库与 RDB 该怎么选择

既然 NoSQL 数据库有这么多的优势，那它是否可直接取代关系型数据库呢?

NoSQL 数据库并不能完全取代关系型数据库。NoSQL 数据库主要被用来处理大量且多元数据的存储及运算问题。在这样的特性差异下，我们该如何选择合适的数据库以解决数据存储与处理问题呢? 这里提供以下几点作为判断依据。

1. 数据模型的关联性要求

NoSQL 数据库适合模型关联性较低的应用。因此：

- 若需要多表关联，则更适合用 RDB。
- 若对象实体关联少，则更适合用 NoSQL 数据库。其中 MongoDB 可支持复杂度相对高的数据结构，能将相关联的数据以文档的方式嵌入，从而减少数据之间的关联操作。

2. 数据库的性能要求

若数据量多且访问速度至关重要，那么使用 NoSQL 数据库可能是比较合适的。NoSQL 数据库能通过数据的分布存储大幅地提高存取性能。

3. 数据的一致性要求

NoSQL 数据库有一个缺点：其在事务处理与一致性方面无法与 RDB 相提并论。

因此，NoSQL 数据库很难同时满足强一致性与高并发性。如果应用程序对性能有高要求，则 NoSQL 数据库只能做到数据最终一致。

4. 数据的可用性要求

考虑到数据不可用可能会造成风险，NoSQL 数据库提供了强大的数据可用性（在一些需要快速反馈信息给使用者的应用程序中，响应延迟也算某种程度的非高可用）。

一个项目并非总是只选择一种数据库，可以将其拆开设计：将需要 RDB 特性的数据放在 RDB 中管理（如交易系统），而其他数据放在 NoSQL 数据库中管理（如每日交易记录）。

1.2 初识 MongoDB

1.2.1 何为 MongoDB

MongoDB 是一个半结构化的非关系型数据库，有着分布式的存储架构，能有效解决海量数据的存储与高并发访问效率的问题。它能提供性能佳且扩展性高的解决方案。

MongoDB 对于数据的结构没有硬性限制，以 BSON 格式（该格式与 JSON 格式非常类似）来保存数据，便于存储复杂多样、类型特殊的数据文件。

MongoDB 之所以强大，除它能通过分布式架构解决大数据量存储和高并发应用的难题外，还因为它有一个重要特点——能支持丰富多元的查询。它不仅支持大部分关系型数据库的单表查询，还支持范围查询、排序、MapReduce 等。MongoDB 的查询语法类似于面向对象的程序语言。

另外，MongoDB 还支持对数据建立索引，其中包含了复合索引、文本索引和地理空间索引。相对于其他 NoSQL 数据库，MongoDB 更接近关系型数据库。这会让曾经使用关系型数据库的人比较容易上手。

1.2.2 MongoDB 有哪些特性

在使用 MongoDB 之前必须知道 MongoDB 有哪些特性，这样才能够依照需求来决定适合的架构与配置。以下将从三个方面介绍 MongoDB。

1. 存储结构

MongoDB 的存储结构具有以下特点：

- MongoDB 采用“集合”来存储文档数据。“集合”的概念与关系数据库中的“表”相似。一个集合中可以存储海量的文档，这样可以非常容易地存储大量数据。
- 文档的存储架构是基于 JSON 格式改良的 Binary JSON（简称 BSON）。BSON 与 JSON 相同之处是，都是内嵌对象及数组架构；不同之处是，BSON 存储使用的是二进制的格式，因此可以存储的数据类型较为多样，包括视频、图片、音频等。
- MongoDB 可以存储无模式的文档，不需要事先定义数据结构和数据类型。这是非关系型数据库的典型特征。
- MongoDB 能让使用者根据应用程序的存取需求来设计反正规化的数据结构，以加快查询速度。

2. 数据查询

在数据查询方面 MongoDB 具有以下特点：

- 不仅支持大部分关系型数据库的单表查询功能，还支持强大的聚合计算（如：sum、avg、count、group 等），以及大数据引擎中常见的映射和归纳（MapReduce）。
- 在查询优化方面，MongoDB 可以在特定的集合字段上添加索引，以提高查询的性能。索引的使用与关系型数据库大同小异。

- 多种程序语言操作，包含 Java、Python、C、C#、C++、Node.js、JavaScript、Perl、PHP、Ruby 等，能满足应用开发存取数据库的要求。

3. 数据库架构

MongoDB 在架构方面有以下特点：

- MongoDB 集群具有副本集的架构，可以实现数据实时备援、故障转移等，能确保服务不会长时间中断或发生数据丢失的情况。
- MongoDB 支持数据块自动切分，可以实现横向扩容，能保证数据存储与访问的负载均衡，使得数据量可以不受单台硬件的限制。虽然数据是分布式储存的，但对应用程序来说，仍可以通过统一的路由来访问数据。

1.2.3　MongoDB 适用于哪些场景

MongoDB 适用于以下场景。

1. 需要处理大量的低价值数据，且对数据处理性能有较高要求

比如，对微博数据的处理就不需要太高的事务性，但是对数据的存取性能有很高的要求，这时就非常适合使用 MongoDB。

2. 需要借助缓存层来处理数据

因为 MongoDB 能高效地处理数据，所以非常适合作为缓存层来使用。将 MongoDB 作为持久化缓存层，可以避免底层存储的资源过载。

3. 需要高度的伸缩性

对关系型数据库而言，当表的大小达到一定数量级后，其性能会急剧下降。这时可以使用多台 MongoDB 服务器搭建一个集群环境，实现最大程度的扩展，且不影响性能。

MongoDB 4.0 之前的版本不支持事务，所以其不适合应用在以下系统：

（1）对事务一致性要求很高的系统，比如银行财务系统、各种交易系统等。

（2）对业务的完整性要求很高的系统，比如：传统的 ERP 系统、商务智能系统的部分模块等。

MongoDB 4.0 版本仅支持副本集的事务，只适合用在对事务要求较高的中小系统中。

1.2.4　MongoDB 中的对象

MongoDB 中包含以下对象。

1. 数据库（Database）

与关系型数据库相比，MongoDB 也存在“数据库”（Database）的概念。登录后可以用“use

<databasename>”指令切换到某个数据库并新增数据，此数据库就会自动创建了；若没有切换就新增数据，则数据会建在默认的数据库“test”下。

2. 集合（Collenction）

MongoDB 是面向集合（Collection）的存储。在储存数据时，MongoDB 会使用集合来做分类，在集合中可以储存许多文档。

集合（Collection）对应的是关系型数据库中的表（Table），差别在于——集合不需要事先定义模式（schema）。

3. 文档（Document）

文档是 MongoDB 存储数据的最基本单元，相当于关系型数据库中的行（Row）。文档内包括一至多个“键值对”（Key-Value）。每个“键”为一个“字段”（Field）。该字段的值可以是数值、字符串、数组或子文档等。

4. 视图（View）

视图与查询集合的结果相同，但视图并非实际存在的集合，而是通过指令来构建数据查询得出的结果。MongoDB 的视图与关系型数据库中视图的使用方法类似。从 3.4 版开始，MongoDB 能对现有的集合和视图创建只读视图。

5. 索引（Index）

MongoDB 索引的使用方法和原理都与传统关系型数据库的索引相同。MongoDB 还支持地理空间索引，以提升查询平面或球面坐标的速度。

6. 用户（User）

如果 MongoDB 开启了安全认证，则会在数据库中产生用户表。在 MongoDB 中，每个数据库都有独立的用户表。在用户权限配置方面，MongoDB 与关系型数据库基本一致。

7. 存储过程（Stored Procedure）

MongoDB 的存储过程是用 JavaScript 撰写的，储存在 system.js 集合中，具有输入/输出参数、嵌套调用等特性，可提供应用程序调用。

8. 字段（Field）

字段是 MongoDB 文档中的元素，相当于关系型数据库中的“列”（Column）。在 MongoDB 中，字段可以弹性地增加或减少，并不需要事先定义。

MongoDB 与关系型数据库中的术语有一些对应关系，见表 1-1。

表 1-1　MongoDB 与关系型数据库的术语对应关系

MongoDB 数据库	关系数据库
Database（数据库）	Database（数据库）
Collection（集合）	Table（表）
Document（文档）	Row（行）
View（视图）	View（视图）
Index（索引）	Index（索引）
User（用户）	User（用户）
Stored Procedure（预存程序）	Stored Procedure（预存程序）
Field（字段）	Column（列）

1.2.5　MongoDB 的文档知识

1. JSON

JSON（JavaScript Object Notation）是一种基于 JavaScript 的数据格式规范，将数据用纯文本的模式结构化地表示出来。

JSON 格式可以不依附 JavaScript 而独立使用，在许多程序中容易被编译，因此常作为程序间数据交换的格式。而且，JSON 格式的数据是人可以直接阅读和编写的，这为我们带来很大的方便。

JSON 格式是由对象（Object）和数组（Array）所组成的。

对象（Object）使用大括号{}来表示，而数组则使用中括号[]来表示，如下：

{ " name " : " jason " , " sex " :1, " course " ： [" english " , " history " , " mathematics "] }

（1）对象。

对象（Object）是由键和值组合而成的，中间用冒号隔开。对象彼此之间没有顺序性，结构如下：

{key1:value1, key2:value2, …}

其中，key 为数据的键，value 为值。

在应用程序中，可通过指定键（key）来获取值（value）。以下为文档中一个对象的表达方式：

" firstName " : " Jason "

对象很容易理解，上一行代码等同于 JavaScript 语句：firstName= " Jason " 。

（2）数组。

数组则是有顺序性的，各元素之间用逗号隔开，如下所示：

" course " ： [" english " , " history " , " mathematics "]

在 JSON 数据中，“值”可以是字符串（string）、数字（number）、布尔值（Boolean）或空值（null）。

- 字符串使用双引号表示，如 " Jason " 。
- 数字直接使用整数或浮点数，如：100、100.1。

- 布尔值使用 true 或是 false。
- 空值使用 null。

（3）对象和数组组合。

通过对象和数组两种结构可以组合成复杂的数据结构。范例如下：

```
{
   " members " : [
        {
              " FirstName " : " Jason " ,
              " LastName " : " Chang " ,
              " Email " : " jason @mengkuo.com "
         },
         {
              " FirstName " : " Amber " ,
              " LastName " : " Cai " ,
              " Email " : " amber @mengkuo.com "
         },
         {
              " FirstName " : " Penny " ,
              " LastName " : " Hung " ,
              " Email " : " penny @mengkuo.com "
         }
    ]
}
```

2. BSON

为了更好地储存数据，MongoDB 基于 JSON 进行了改良，采用了 BSON（Binary JSON）格式进行储存。

BSON 与 JSON 同样为无模式化（schema-less）的存储形式，可以支持内嵌的文档以及数组。

BSON 的类型比 JSON 更全面，例如，BSON 格式多了 Date（日期）类型、Binary Data（二进制）类型、Decimal（十进制）类型、ObjectId（对象 ID）类型等。其中，Binary Data（二进制）类型可以让数据以二进制的形式进行存储，而不必将数据先转换为 Binary 类型再进行存储。

不过，BSON 格式一般在储存上会占用较多的空间。

总体来说，BSON 更轻量，具有遍历性和高性能，但缺点是会占用比较多的储存空间。

3. 文档

MongoDB 存储的是以文档为单位的 BSON 格式数据。文档的表示方式如同 Javascript 对象，必须是“键值对”架构。在关系型数据库中保存的是结构化数据，在表结构定义好之后，要存储的内容必须符合字段的要求才能被写入。

而 MongoDB 的文档不要求事先申明表结构，也不用指明数据类型及字段是否对应。这就是 MongoDB 模式自由的显著特点，为开发带来了极大的弹性和便利性，但也会有相应的缺点。

不同的编程语言对文档的表示方法不同。在 JavaScript 中，文档表示为：

```
{ " name " : " jason " }
```

上述文档很单纯，只包含一个键“name”，其值为“jason”。在多数情况下，文档比这个更复杂，它包含多个“键值对”。以下是描述服务器状态的文档，包含了多组“键值对”：

```
{
    "host" : "mongodb-test-228:27017",
    "version" : "3.6.2",
    "process" : "mongos",
    "pid" : NumberLong ( 5501 ) ,
    "uptime" : 7669087,
    "uptimeMillis" : NumberLong ( "7669086681" ) ,
    "uptimeEstimate" : NumberLong ( 7669086 ) ,
    "localTime" : ISODate ( "2018-07-14T03:27:29.494Z" )
}
```

各个键的值

文档中的键

文档的结构与 JSON、BSON 类似，由对象和数组组成。

4. 原子性

MongoDB 3.6 及之前版本不支持多文档事务。到了 4.0 版，已经可以在其副本集架构里实现多文档事务。而在 4.2 版中，其官方实现对分布式架构的多文档事务。所以，如果你在实际项目中使用的是 4.0 之前的版本，在涉及多个文档的操作时，必须自行设计发生错误时的回滚机制。

在 MongoDB 中，对单个文档的操作还是具有原子性的。即对单个文档进行增加、删除、修改时：若操作成功，则所有变更都是成功的；若有一个操作失败，则所有操作都不会保存。

例如，对某个文档中的多个字段的值进行更新操作，如果在其中一个字段的更新过程中发生错误，则其他已更新的字段将进行回滚。原子性操作指令，在第 6 章会有更详细的介绍。

1.2.6　MongoDB 的数据类型

1. 基本数据类型

MongoDB 使用的是 BSON 文档格式，储存数据时会区分类型，每个类型都有其对应的数字。在 MongoDB 中，若需要修改字段类型，则须依照对应的名称或数字来修改。BSON 类型见表 1-2。

表 1-2　数据类型对照表

类　　型	对应数字	名　　称	备　　注
Double	1	double	-
String	2	string	-
Object	3	object	-
Array	4	array	-
Binary data	5	binData	-
Undefined	6	undefined	弃用

续表

类　型	对应数字	名　称	备　注
ObjectId	7	objectId	–
Boolean	8	bool	–
Date	9	date	–
Null	10	null	–
Regular Expression	11	regex	–
DBPointer	12	dbPointer	弃用
JavaScript	13	javascript	–
Symbol	14	symbol	弃用
JavaScript （with scope）	15	javascriptWithScope	–
32-bit integer	16	int	–
Timestamp	17	timestamp	–
64-bit integer	18	long	–
Decimal128	19	decimal	MongoDB 3.4 以后的新类型
Min key	-1	minKey	–
Max key	127	maxKey	–

2. 对象 ID（ObjectId）

MongoDB 文档中有一个自动生成的字段——_id，此字段会被自动指定为一个不重复的值。若不对其进行定义，则 MongoDB 的驱动程序在写入数据时会自生成一个类型为 ObjectId 的唯一值。

MongoDB 默认用 ObjectId 作为主键，此 ObjectId 由 12byte 的字符串组成。以下是一个 ObjectId 的范例：

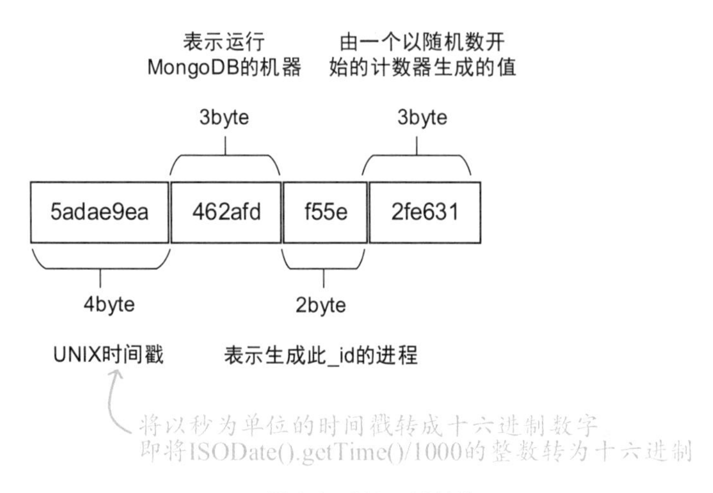

图 1-1　ObjectId 结构

既然 ObjectId 中嵌入了时间类型，那么其中的时间就是文档的写入时间，如以下范例：

```
mongos >db.Product.findOne()          查看文档内容
{
        "id"：Objects（"5adae9ea462afdf55e2fe631"）      Id 信息
        "Sysno"：2971
        "ProductName"："DE － 1300 Earbuds"
        "weight"：465
        "ProdutMode"："set"
}

mongos >db.Product.findOne()._id.getTimestamp()       从 Id 信息中取得文档的插入时间
ISODate（"2018-04-21T07:36:10Z"）
```

ObjectId 为 MongoDB 的默认索引，会依照写入时间进行排序。一般情况下，可以通过此索引进行排序。

3. 子文档

文档本身为一组“键值对”，值的对象可以是许多类型数据的集合。当值的对象是一个文档时，我们称之为子文档，如图 1-2 所示。

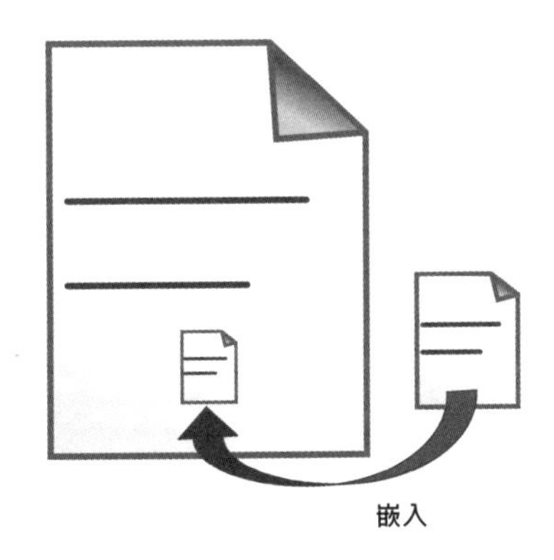

图 1-2　子文档示意图

MongoDB 支持的子文档，能大幅提升文档表达信息的能力，支持更多元、更多层次、更丰富的描述方式。

4. 数组

MongoDB 可以将数组作为一种数据类型赋值给某个字段。数组由零至多个元素组合而成，放在中括号[]中，元素间用逗号隔开，且每个元素可以是不同的数据类型，如：[1,2,"foo","bar"]。数组元素还可以是一个文档，如：[{ id:"1", title:"foo" } , { id:"2", title:"bar" }]。

MongoDB 能够解读数组结构，并知道如何在数组内部查询数据，这样就能方便地对数组里面的内容进行筛选查询和构建索引。

以下创建含有数组的文档，范例如下：

```
mongos >db.foo.insertMany ( [
{ id: "1", qty: 125, lenWidth: [ 12, 18] },
{ id: "2", qty: 500, lenWidth: [ 14 25 ] },
{ id: "3", qty: 180, lenWidth: [ 18 21 ] },
{ id: "4", qty: 175, lenWidth: [ 22 30 ] },
{ id: "5", qty: 145, lenWidth: [ 10, 15 ] }
] ) ;
```

lenWidth.0 可以取得 lenWidth 字段中的第 1 个元素　lenWidth.1 可以取得 lenWidth 字段中的第 2 个元素

若要查询“lenWidth＞20”的数据，则查询语句如下：

```
mongos >db.foo.find ( { "lenWidth": { $gt: 20 } } )
```

只要数据内任意一个元素的值大于 20 都符合查询条件，那么，id 为 2、3、4 的文档会被查询出来。如果要查询 lenWidth 中第 1 个元素值大于 20，则查询语句如下：

```
mongos >db.foo.find ( { "lenWidth.0": { $gt: 20 } } )
```

最终只有 id 为 4 的文档被查询出来。

5. 日期和时间

在 MongoDB 中可以使用多种方法来创建日期，如：“Date()”可以取得字符串类型的日期，“new Date()”“ISODate()”可以取得日期对象类型的日期。

```
mongos>Date()//取得字符串类型的日期
Mon Jul 30 2018 15:43:15 GMT+0800 (CST)

mongos> new Date()//取得日期对象类型的日期
ISODate("2018-07-30T07:43:22.892Z")

mongos>ISODate()//取得日期对象类型的日期
ISODate("2018-07-30T07:44:14.388Z")
```

ISODate 使用的是 UTC（Coordinated Universal Time）时间，等同于使用 GMT（格林尼治标准时间）时间。而我们所在的地区使用的是北京时间 GMT+0800，两者相差 8 个小时。

可以使用 new Date("<YYYY-mm-dd>")的方法将字符串格式的日期转换为 ISODate 格式。

```
mongos> new Date ( "2018-05-06" )
ISODate ( "2018-05-06T00:00:00Z" )
```

将字符串类型转换成了 ISODate 类型

```
mongos> new Date ( "2018-05-06T19:03:33" )
ISODate ( "2018-05-06T11:03:33Z" )
```

MongoDB 中所应用的日期类型（Date）实际上就是通过 ISODate()构造的日期类型，因此与北京时间差 8 个小时。下面来验证一下：

```
mongos>var d1=Date()
mongos> d1  instanceof  Date
false
mongos>var d2=new Date()
mongos> d2  instanceof  Date
true
mongos>var d3=ISODate()
mongos> d3  instanceof  Date
true
```

判断是否属于日期数据类型

从以上结果中可以看出，通过 Date()方法创建的日期不是 MongoDB 所定义的 Date 类型。

第 2 章 部署 MongoDB 单机版

在 MongoDB 的安装配置中，最容易上手的就是单机版。但单机版无法实现 MongoDB 的高可用及分散读写压力特性。

在正式进入 MongoDB 的安装部署之前，需要先了解一下 MongoDB 支持哪些版本的操作系统。因此，本章首先会介绍各版本操作系统适用的 MongoDB 版本，然后以最为常用的 Windows、Linux 为例来介绍单机版 MongoDB 的部署。

通过本章内容，读者将会学到以下内容：

- MongoDB 支持的操作系统版本；
- MongoDB 在 Windows 上的安装；
- MongoDB 在 Linux 上的安装方法。

2.1 操作系统硬件规格选择

表 2-1 至表 2-4 中列出了 MongoDB 所支持的操作系统版本。大家可以选择合适的操作系统。

MongoDB 3.4 版本后不再支持 32 bit 的操作系统。

另外，不同的 CPU 和操作系统，适用的 MongoDB 版本也有差别。最好是先检查一下使用的 CPU 及操作系统版本，以免最后才发现不能使用。

表 2-1　X86_64 处理器

操作系统	MongoDB 4.0 社区版&企业版	MongoDB 3.6 社区版&企业版	MongoDB 3.4 社区版&企业版	MongoDB 3.2 社区版&企业版
RHEL/CentOS 6.2 以上	√	√	√	√

续表

操作系统	MongoDB 4.0 社区版&企业版	MongoDB 3.6 社区版&企业版	MongoDB 3.4 社区版&企业版	MongoDB 3.2 社区版&企业版
RHEL/CentOS 7.0 以上	√	√	√	√
Amazon Linux 2013.03 以上	√	√	√	√
Amazon Linux 2	√	–	–	–
Debian 8	√	√	√	√
Debian 9	√	3.6.5 版本以后支持	–	–
SLES 12	√	√	√	
Soiaris 11 64 bit	–	–	只支持社区版	只支持社区版
Ubuntu 16.04	√	√	√	√
Ubuntu 18.04	√	–	–	–
Windows Vista	–	–	√	√
Windows 7/Server 2008 R2	√	√	√	√
Windows 7/Server 2008 R2 以上	√	–	–	–
macOS 10.11 以上	√	√	√	√

表 2-2　S390x 处理器

操作系统	MongoDB 4.0 社区版&企业版	MongoDB 3.6 企业版	MongoDB 3.4 企业版
RHEL/CentOS 6	√		

表 2-3　ARM64 处理器

操作系统	MongoDB 4.0 社区版&企业版	MongoDB 3.6 社区版&企业版	MongoDB 3.4 社区版&企业版
Ubuntu 16.04	√	√	√

表 2-4　PPC64LE 处理器

操作系统	MongoDB 4.0 企业版	MongoDB 3.6 企业版	MongoDB 3.4 企业版
RHEL/CentOS 7	√	√	√
Ubuntu 16.04	√	3.6.13 版本以后不支持	3.6.13 版本以后不支持

相对来说，CentOS 的驱动包还是比较丰富的。为避免兼容性问题，我们将在 CentOS 中安装 MongoDB。后续章都将使用 CentOS 7.0 来做操作。

2.2 部署 Windows 版 MongoDB

2.2.1 下载软件

MongoDB 官方网站软件下载网址：

- 社区版：https://www.mongodb.com/download-center/community。
- 企业版：https://www.mongodb.com/download-center/enterprise。

接下来以 64 位 Windows 的 MongoDB 4.0 为例。

1. 社区版

社区版的下载步骤如图 2-1 所示。

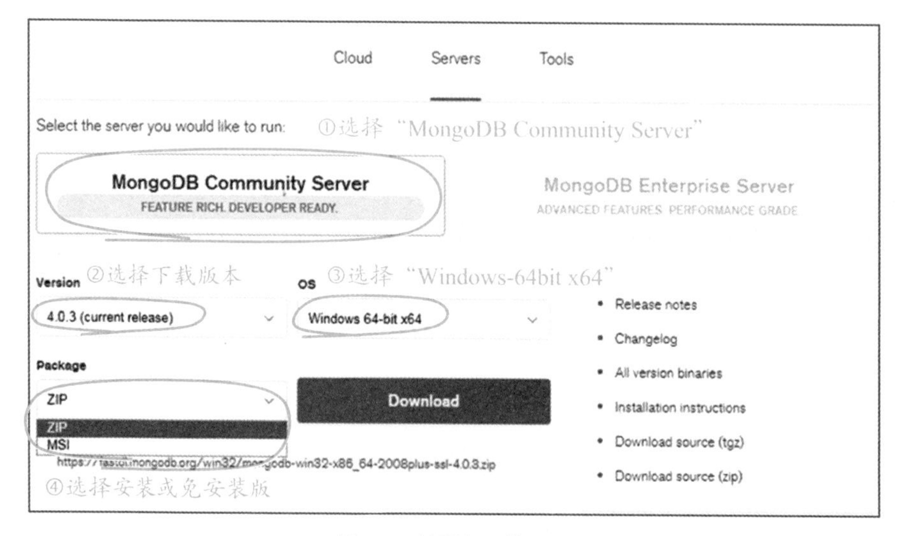

图 2-1　社区版下载步骤

2. 企业版

企业版的下载步骤如图 2-2 所示。其中 Windows 为 64 位。

下载企业版须先填写如图 2-3 所示的信息。

软件有两种版本可选择：

- 安装版本，可避免环境缺少特定对象。
- 免安装版本，解压缩后即可使用，但必须在特定路径下或设置为环境变量时才能使用。

Cloud
Servers
Tools
Select the server you would like to run:
①选择“MongoDB Enterprise Server”
MongoDB Community Server
FEATURE RICH. DEVELOPER READY
MongoDB Enterprise Server
ADVANCED FEATURES. PERFORMANCE GRADE.
Version
②选择下载版本
OS
③选择“Windows 64bit x64”
4.0.3 (current release)
Windows x64 x64
Current releases & packages
Development releases
Archived releases
Documentation
Release notes
Changelog
Package
ZIP
Download
ZIP
MSI
shell
④选择安装或免安装版

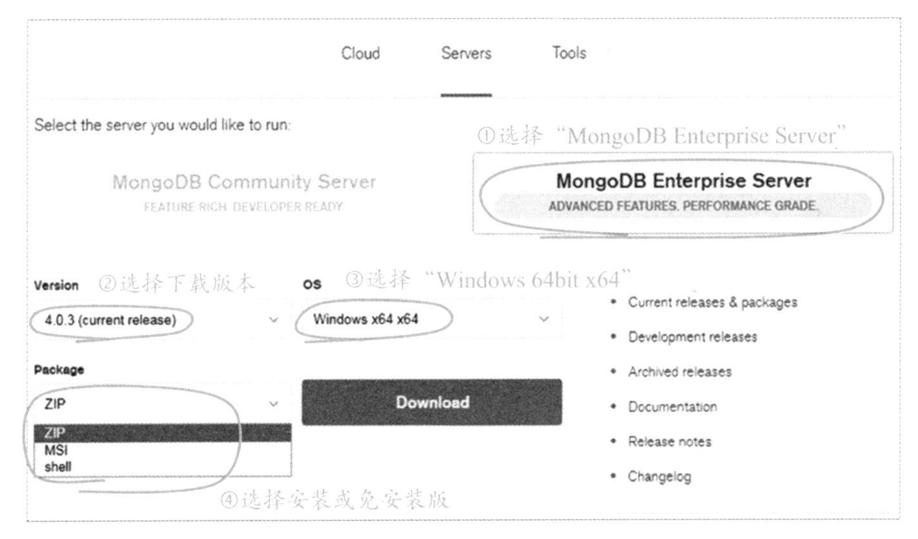

图 2-2　企业版下载步骤

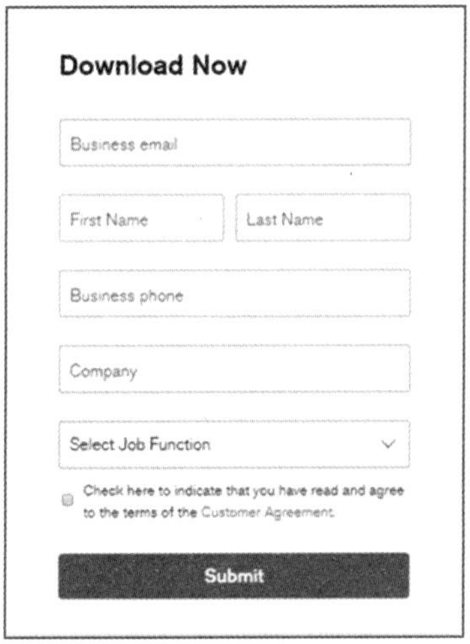

Download Now
Business email
First Name
Last Name
Business phone
Company
Select Job Function
Check here to indicate that you have read and agree to the terms of the Customer Agreement.
Submit

图 2-3　填写信息

2.2.2　部署安装版

本案例使用的安装文件如下：

社区版下载后的安装文件为：mongodb-win32-x86_64-2008plus-ssl-4.0.1-signed。

企业版下载后的安装文件为：mongodb-win32-x86_64-enterprise-windows-64-4.0.1-signed。

以下介绍企业版的安装过程，社区版的安装过程与其类似。

1. 安装步骤

（1）双击安装文件，弹出如图 2–4 所示对话框，单击“Next”按钮。

（2）弹出如图 2–5 所示对话框，勾选同意条款选项，然后单击“Next”按钮。

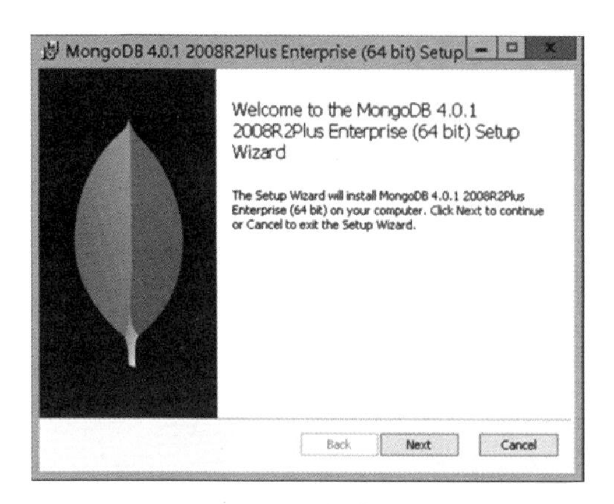

图 2-4　开始安装

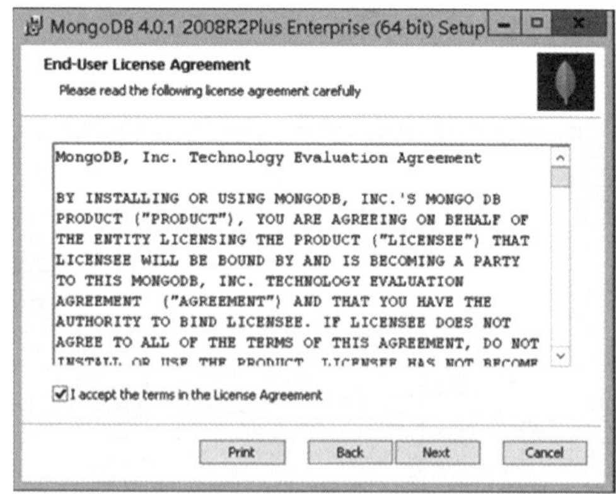

图 2-5　同意条款

（3）单击“Complete”或“Custom”按钮，如图 2–6 所示。

- Complete 为默认 log 及 data 路径。
- Custom 为用户定义 log 及 data 路径。

（4）单击“Complete”或 “Custom”按钮设定好路径后，会弹出如图 2–7 所示的对话框，确认好安装信息后单击“Next”按钮。

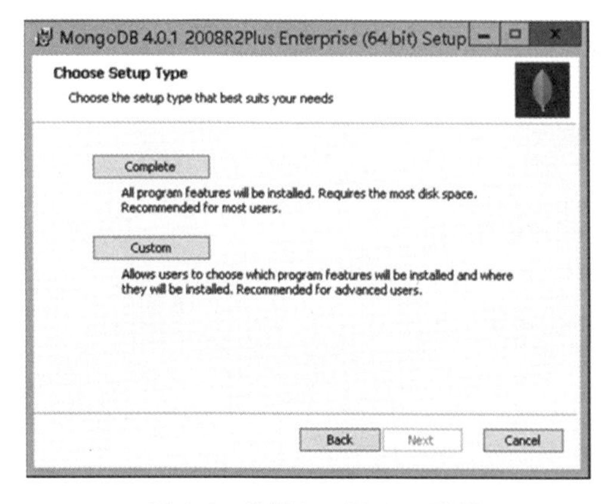

图 2-6　选择 log 及 data 路径

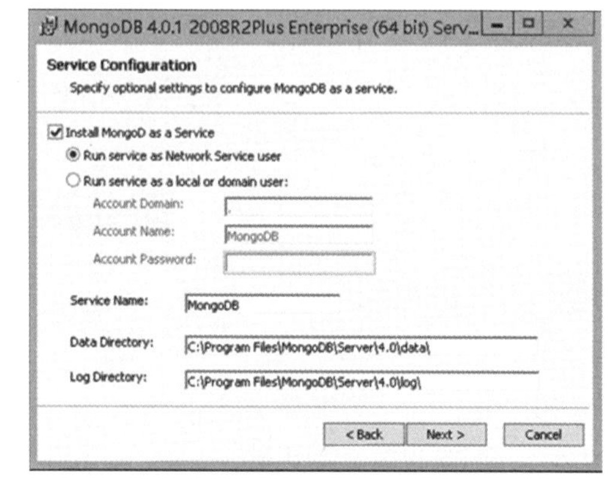

图 2-7　确认安装信息

（5）选择是否安装 MongoDB Compass（它是 MongoDB 官方提供客户端软件工具，请参阅“第 11 章　客户端软件”），若欲安装直接单击“Next”按钮，如图 2–8 所示。

（6）弹出如图 2–9 所示对话框，单击“Install”按钮开始安装。

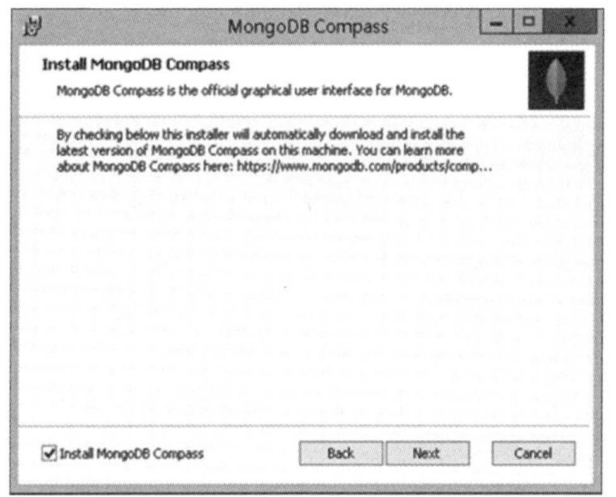

图 2-8　选择是否安装 MongoDB Compass

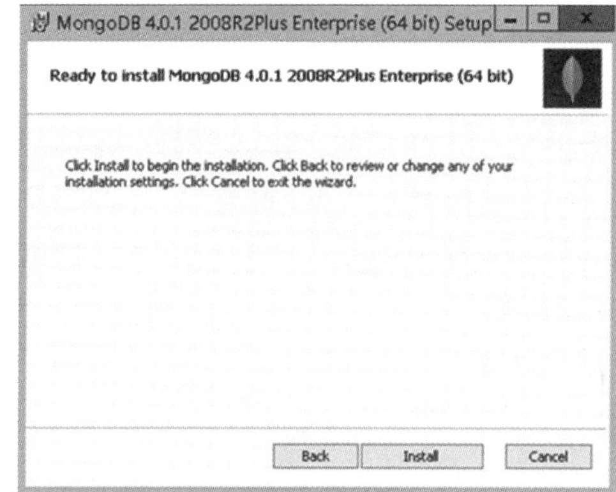

图 2-9　单击“Install”按钮

（7）开始安装，如图 2-10 所示。

（8）安装完毕后单击“Finish”按钮，如图 2-11 所示。

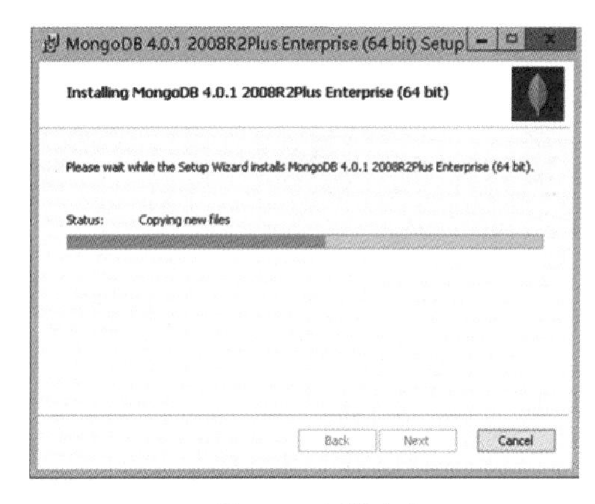

图 2-10　开始安装

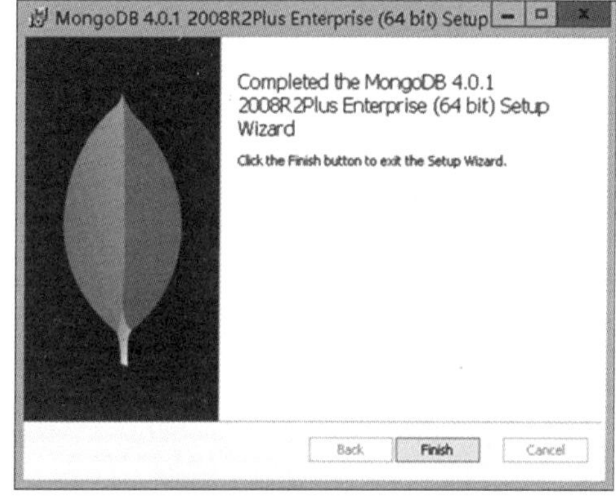

图 2-11　完成安装

（9）安装完成后会自动配置成 Windows 服务。可在 Windows 服务中确认 MongoDB 服务正在运行中，如图 2-12 所示。

Services (Local)

MongoDB Server

Stop the service
Restart the service

Description:
MongoDB Database Server

Name	Description	Status	Startup Type	Log On As
MongoDB Server	MongoDB Database Server	Running	Automatic	Network Service
MS-MPI Launch Service	Service for launching MS-...		Manual	Local System
Multimedia Class Scheduler	Enables relative prioritizati...		Manual	Local System
Net.Tcp Port Sharing Service	Provides ability to share T...		Disabled	Local Service
Netlogon	Maintains a secure chann...		Manual	Local System
Network Access Protection ...	The Network Access Prot...		Manual	Network Service

图 2-12　确认 MongoDB 服务正在运行中

2. 登录 MongoDB

（1）开启“命令提示字符（cmd）”，进入 MongoDB bin 路径下，具体命令如下。

```
> cd C:\Program Files\MongoDB\Server\4.0\bin
```

（2）输入“mongo”命令登录 MongoDB：

```
C:\Program Files\MongoDB\Server\4.0\bin> mongo
```

登录画面如下：

```
MongoDB shell version v4.0.1
connecting to: mongodb://127.0.0.1:27017
MongoDB server version: 4.0.1
Server has startup warnings:
2018-08-29T13:50:02.144+0800 I CONTROL [initandlisten]
2018-08-29T13:50:02.145+0800 I CONTROL [initandlisten] ** WARNING: Access control is not enabled for the database.
2018-08-29T13:50:02.145+0800 I CONTROL [initandlisten]**          Read and write access to data and configuration is unrestricted.
2018-08-29T13:50:02.145+0800 I CONTROL [initandlisten]
MongoDB enterprise>
```

此时，MongoDB 已经成功登录了。

3. 自定义 MongoDB 配置

安装后，数据库的配置是默认的，若想自定义配置可以做以下修改。

（1）到默认安装路径（C:\Program Files\MongoDB\Server\4.0\bin）下，找到 mongod.cfg 文件，如图 2-13 所示。

bsondump	8/3/2018 5:44 PM	Application	8,631 KB
InstallCompass	8/3/2018 6:11 PM	Windows PowerShell Script	2 KB
libeay32.dll	4/3/2018 6:58 PM	Application extension	2,405 KB
libsasl.dll	7/23/2015 7:26 PM	Application extension	109 KB
libsasl.pdb	7/23/2015 7:26 PM	PDB File	820 KB
mongo	8/3/2018 6:08 PM	Application	17,893 KB
mongod	8/31/2018 6:02 PM	CFG File	1 KB
mongod	8/3/2018 6:11 PM	Application	32,157 KB
mongod.pdb	8/3/2018 6:11 PM	PDB File	353,380 KB
mongodecrypt	8/3/2018 6:11 PM	Application	2,138 KB
mongodump	8/3/2018 5:48 PM	Application	10,697 KB
mongoexport	8/3/2018 5:46 PM	Application	8,885 KB
mongofiles	8/3/2018 5:46 PM	Application	8,816 KB
mongoimport	8/3/2018 5:47 PM	Application	8,984 KB
mongoldap	8/3/2018 6:12 PM	Application	2,263 KB
mongorestore	8/3/2018 5:47 PM	Application	11,783 KB
mongos	8/3/2018 6:10 PM	Application	16,592 KB
mongos.pdb	8/3/2018 6:10 PM	PDB File	185,324 KB
mongostat	8/3/2018 5:45 PM	Application	8,973 KB
mongotop	8/3/2018 5:49 PM	Application	8,782 KB
netsnmp.dll	7/23/2015 7:57 PM	Application extension	673 KB
netsnmp.pdb	7/23/2015 7:57 PM	PDB File	2,140 KB
ssleay32.dll	4/3/2018 6:58 PM	Application extension	350 KB

图 2-13　mongod.cfg 文件

（2）编辑 mongod.cfg 文件（以下为默认内容）：

```
#  mongod.conf
#  for documentation of all options, see:
#    http://docs.mongodb.org/manual/reference/configuration-options/


#  Where and how to store data.
storage:
  dbPath: C:\Program Files\MongoDB\Server\4.0\data
  journal:
    enabled: true
#    engine:
#    mmapv1:
#    wiredTiger:
```

存储相关的配置

```
#  where to write logging data.
systemLog:
  destination: file
  logAppend: true
  path: C:\Program Files\MongoDB\Server\4.0\log\mongod.log
```

系统日志相关的配置

```
#  network interfaces
net:
  port: 27017
  bindIp: 127.0.0.1
```

网络相关的配置

```
# processManagement:

# security:

# operationProfiling:

# replication:

# sharding:

## Enterprise-Only Options

# auditLog:

# snmp:
```

表 2-5 列出了 Windows 单机版的配置文件说明。

表 2-5　Windows 单机版的配置文件说明

属性值		说　　明
存储相关的配置	dbPath	数据的存放路径
	journal	“enabled: true”表示启动永久性日志，以确保数据文件可以保持有效并可以恢复
系统日志相关的配置	destination	指定 file 或 syslog。如使用 file，则需要指定 path
	logAppend	如使用 true，则当实例重启时，新的 log 会附加在现有日志里；若没有使用 true，则实例重启时，会将现有日志备援截断并重新创建日志文件
	path	日志存放的路径文件名
网络相关的配置	port	设置 MongoDB 启动时端口，默认为 27017
	bindIp	监听客户端连接的 IP 地址，默认为 127.0.0.1。如果要绑定所有 IP 地址，则设定为 0.0.0.0 或使用 bindIpAll；如果要绑定多个 IP 地址，则需用逗号隔开

（3）若要加入启动权限管控，则仅需在文件中的 security 属性值中添加设置，具体设置内容如下。

```
security:
  authorization: enabled
```

（4）修改完后，单击 Windows Services 中的“Restart”链接重启 MongoDB 服务，如图 2-14 所示。重启后就会按照改后的设置来执行 MongoDB 了。

图 2-14　单击“Restart”链接

（5）若设置了启动权限管控，则在登录后要新建一个具有账号管理的用户，具体指令如下。

```
> use admin
> db.createUser ( {user:"<User_name>",pwd: "<User_pwd>",roles:['root']} )
```

使用 root 权限可以管理整个集群

执行结果如下：

```
Successfully added user:{ "user" : "<User_name>" , "roles" :[ "root" ]}
```

至此，单机的 MongoDB 企业版就安装完成了。社区版的安装方法与此类似。

因为 Windows 版本通常使用在开发测试环境中，因此建议使用默认配置即

2.2.3　部署免安装版

（1）解压缩文件至 C:\Program Files\MongoDB 4.0 目录下，文件名为：mongodb-win32-x86_64-enterprise-windows-64-4.0.1。

（2）在解压缩后的文件夹下创建两个文件夹，用来放置 data 及 log 文件，如图 2-15 所示。

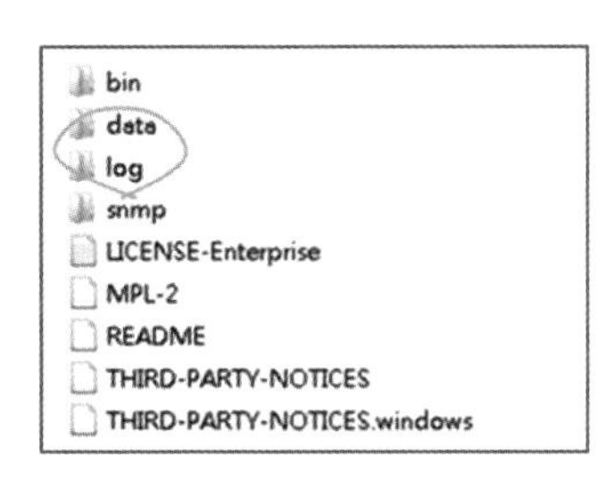

图 2-15　创建 date 及 log 文件夹

（3）自行创建一个 mongod.cfg 文件（具体内容如下），记录配置的信息。

```
systemLog:
        destination: file
        path: C:\Program Files\MongoDB 4.0\log\mongod.log
storage:
        dbPath: C:\Program Files\MongoDB 4.0\data
net:
        port: 27017
        bindIp: 0.0.0.0
```

> 若没有设定端口，则默认为 27017。
> 若没有设定 bindIp（监听 IP），则只能从本机登录。

属性配置可参照表 2-5。

（4）使用“命令提示符（cmd）”配置及操作 MongoDB 服务，具体命令如下。

- 进入 MongoDB 的 bin 目录下：

```
> cd C:\Program Files\MongoDB 4.0\bin
```

- 用“--install”将 MongoDB 安装成 Windows 服务：

```
C:\Program Files\MongoDB 4.0\bin> mongod -f “C:\Program Files\MongoDB 4.0\mongod. cfg” --install
```

- 启动 MongoDB 服务：

```
C:\Program Files\MongoDB 4.0\bin> net start MongoDB
```

- 关闭 MongoDB 服务：

```
C:\Program Files\MongoDB 4.0\bin> net stop MongoDB
```

- 移除 MongoDB 服务：

```
C:\Program Files\MongoDB 4.0\bin> mongod --remove
```

（5）使用“命令提示符（cmd）”登录 MongoDB，具体命令如下。

```
C:\Program Files\MongoDB 4.0\bin> mongo
```

至此，免安装的 MongoDB 单机版就可以使用了。

2.3 部署 Linux 版 MongoDB

2.3.1 下载软件

MongoDB 官方网站上软件下载链接如下。

- 社区版：https://www.mongodb.com/download-center/community。
- 企业版：https://www.mongodb.com/download-center/enterprise。

1. 社区版软件下载页面（见图 2-16）

其中，Linux 环境为 CentOS 7.0。

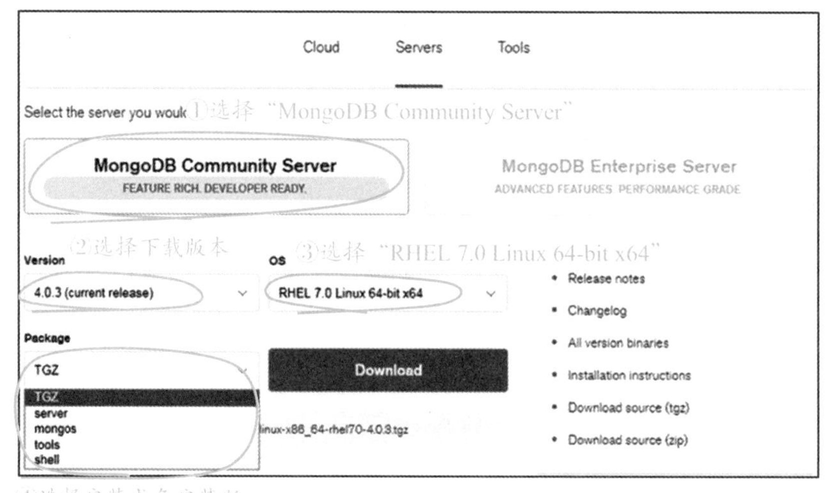

图 2-16　社区版软件下载页面

2. 企业版软件下载页面（见图 2-17）

Linux 环境为 CentOS 7.0。

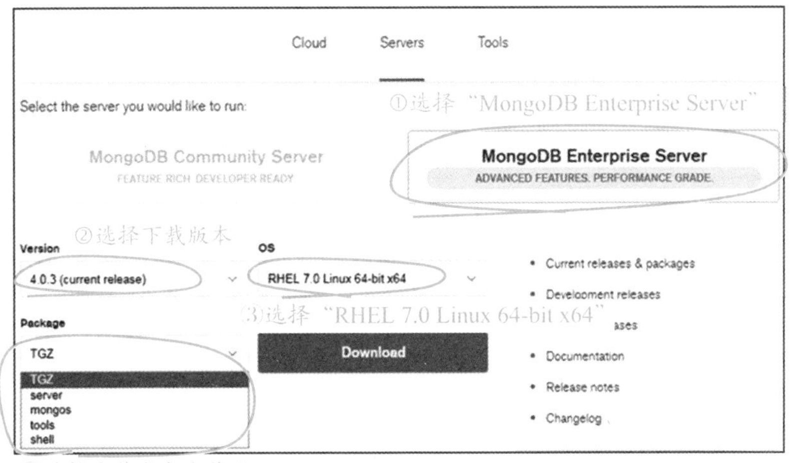

图 2-17　企业版软件下载页面

企业版下载也必须先填写如图 2-3 所示的信息。

Linux 版软件分成两种：

- 免安装版本，解压缩后即可使用，但必须将解压后的 bin 路径放到"$PATH"系统变量中，这样才能在任意路径下使用。
- 安装版本，可避免环境缺少特定对象。

2.3.2　启动 MongoDB

1. 免安装版本

免安装版本在解压缩后即可使用。

（1）在根目录下创建新文件夹：

```
# mkdir /mongodb
```

（2）将下载的 TGZ 文件放在 mongodb 文件夹下解压缩：

```
# tar zxvf mognodb-linux-x86_64-rhel70-4.0.0.tgz
```

（3）执行结果如下：

```
mongodb-linux-x86_64-enterprise-rhel70-4.0.0/LICENSE-Enterprise.txt
mongodb-linux-x86_64-enterprise-rhel70-4.0.0/README
mongodb-linux-x86_64-enterprise-rhel70-4.0.0/THIRD-PARTY-NOTICES
mongodb-linux-x86_64-enterprise-rhel70-4.0.0/MPL-2
mongodb-linux-x86_64-enterprise-rhel70-4.0.0/snmp/MONGOD-MIB.txt
mongodb-linux-x86_64-enterprise-rhel70-4.0.0/snmp/MONGODBINC-MIB.txt
mongodb-linux-x86_64-enterprise-rhel70-4.0.0/snmp/mongod.conf.master
```

```
mongodb-linux-x86_64-enterprise-rhel70-4.0.0/snmp/mongod.conf.subagent
mongodb-linux-x86_64-enterprise-rhel70-4.0.0/snmp/README-snmp.txt
mongodb-linux-x86_64-enterprise-rhel70-4.0.0/bin/mongodump
mongodb-linux-x86_64-enterprise-rhel70-4.0.0/bin/mongorestore
mongodb-linux-x86_64-enterprise-rhel70-4.0.0/bin/mongoexport
mongodb-linux-x86_64-enterprise-rhel70-4.0.0/bin/mongoimport
mongodb-linux-x86_64-enterprise-rhel70-4.0.0/bin/mongostat
mongodb-linux-x86_64-enterprise-rhel70-4.0.0/bin/mongotop
mongodb-linux-x86_64-enterprise-rhel70-4.0.0/bin/bsondump
mongodb-linux-x86_64-enterprise-rhel70-4.0.0/bin/mongofiles
mongodb-linux-x86_64-enterprise-rhel70-4.0.0/bin/mongoreplay
mongodb-linux-x86_64-enterprise-rhel70-4.0.0/bin/mongod
mongodb-linux-x86_64-enterprise-rhel70-4.0.0/bin/mongos
mongodb-linux-x86_64-enterprise-rhel70-4.0.0/bin/mongo
mongodb-linux-x86_64-enterprise-rhel70-4.0.0/bin/mongodecrypt
mongodb-linux-x86_64-enterprise-rhel70-4.0.0/bin/mongoldap
mongodb-linux-x86_64-enterprise-rhel70-4.0.0/bin/install_compass
```

2. 安装版本

如选择安装版本，则需要将下载的 4 个 rpm 文件放在同一个目录下（这里使用自建的/software 文件夹），然后再安装 4 个 rpm 文件，具体命令如下。

（1）切换至/software 目录：

```
# cd /software
```

（2）执行查看文件命令：

```
# ll
```

（3）看到的结果如下：

```
mongodb-enterprise-mongos-4.0.0-1.el7.x86_64.rpm
mongodb-enterprise-server-4.0.0-1.el7.x86_64.rpm
mongodb-enterprise-shell-4.0.0-1.el7.x86_64.rpm
mongodb-enterprise-tools-4.0.0-1.el7.x86_64.rpm
```

（4）安装所有以“mongodb-enterprise”开头的文件：

```
# yum install mongodb-enterprise-*
```

如果是免安装版本，则需到解压缩文件夹的/bin 路径下进行操作，或将/bin 路径设定成环境变量。

如果是安装版本，则可以在任意路径下使用。

2.3.3 配置启动文件

无论是安装版本还是免安装版本，启动时的步骤基本一致，差别在于：

- 安装版本在安装时已经默认创建了启动文件，以及存放数据、日志（Log）、程序标识符（PID）文件的路径。
- 免安装版本则需要自己创建启动文件，以及存放数据、日志（Log）、程序标识符（PID）文件的路径。若不是使用后台进程（daemon）启动，则不需要指定程序标识符。

注意，创建的路径需要与启动文件中配置的路径一致。

> 安装版本也可以自己创建存放数据、日志（Log）、程序标识符（PID）的路径，保证与启动文件配置符合即可。

（1）创建存放数据、日志（Log）、程序标识符（PID）文件的文件夹，具体命令如下。（若为安装版，则无须创建。）

```
# mkdir -p /var/log/mongodb/
# mkdir -p /var/lib/mongo
# mkdir -p /var/run/mongodb/
```

> 上面命令第 3 行中的"/var/run/mongodb/"为内存文件夹，因此在重开机之后，必须要重建此文件夹才能成功启动 MongoDB。

（2）修改启动文件，具体命令如下。

```
# vim /etc/mongod.conf
```

文件内容如下：

```
#  mongod.conf
#  for documentation of all options, see:
#    http://docs.mongodb.org/manual/reference/configuration-options/

#  where to write logging data.
systemLog:
  destination: file
  logAppend: true
  path: /var/log/mongodb/mongod.log

#  Where and how to store data.
storage:
  dbPath: /var/lib/mongo
  journal:
    enabled: true

#    engine:
#    mmapv1:
```

> 默认文件仅有基本参数设定：为单机且无启动身份验证

```
#    wiredTiger:

#  how the process runs
processManagement:
  fork: true  #   fork and run in background
  pidFilePath: /var/run/mongodb/mongod.pid  #   location of pidfile
  timeZoneInfo: /usr/share/zoneinfo

#  network interfaces
net:
  port: 27017
  bindIp: 127.0.0.1  #   Listen to local interface only, comment to listen on all interfaces.

# security:

# operationProfiling:

# replication:

# sharding:

# #  Enterprise-Only Options

# auditLog:

# snmp:
```

启动文件以空格来区分层次。请注意有空格的地方不要漏掉。例如属性“ port: 27017”，在“port:”的前后都要有空格。

其中，默认配置文件的基本属性说明见表 2-6。

表 2-6 默认配置文件的基本属性说明

属　性		说　明
日志相关的配置	destination	指定 file 或 syslog。如使用 file，则需要指定 path
	logAppend	如使用 true，则在实例重启时，新的 log 会附加在现有日志里；若没有使用 true，则在实例重启时，会将现有日志备援截断并重新创建日志文件
	path	日志存放的路径
存储相关的配置	dbPath	数据存放的路径
	journal	“enabled: true”表示启动永久性日志，以确保数据文件可以保持有效并可以恢复
程序管理相关的配置	fork	使用 true，则程序可以在后台执行
	pidFilePath	程序标识符（PID）文件的储存路径。若不是使用 Daemon 启动，则不需指定
	timeZoneInfo	加载数据库时区的路径。Linux 的安装包默认路径为“/usr/share/zoneinfo”

续表

属　性		说　明
网络相关配置	port	设置 MongoDB 启动时端口，默认为 27017
	bindIp	监听客户端连接的 IP 地址，默认为 127.0.0.1，仅能用本机 IP 地址登录。若不绑定 IP 地址，则设定为 0.0.0.0 或使用 bindIpAll；如希望绑定多个 IP 地址，则需用逗号将它们隔开

在 destination 属性中，syslog 是在记录消息时才生成的时间戳，而不是在 MongoDB 发出消息时生成的，因此可能会导致日志记录的时间戳有误。建议使用 file 来记录日志，以确保时间戳的准确性。

2.3.4　启动、终止服务

在启动文件配置完成后，可以使用命令来启动或终止 MongoDB 服务。而在启动 MongoDB 后，可能会出现一些警告提示，下面将介绍如何解决这类问题。

1. 启动 MongoDB 服务

（1）用配置文件启动。

- 如果是安装版本，则无须在特定路径下启动，直接执行启动命令即可，具体命令如下。

```
# mongod  -f /etc/mongod.conf
```

- 如果是免安装版本，则须进入解压缩文件的 bin 路径下执行启动命令，具体命令如下。

```
# cd /mongodb/mognodb-linux-x86_64-rhel70-4.0.0/bin
# ./mongod  -f /etc/mongod.conf
```

（2）用命令启动。

也可以采用命令启动的方式，将配置属性值放在启动命令后方。

- 如果是安装版本，具体命令如下。

```
# mongod --logpath /mongodb/data/shard/log/mongod.log --logappend --dbpath
/mongodb/data/shard/data --journal --pidfilepath /var/run/mongodb/mongod.pid --port 27018 --bind_ip
0.0.0.0 --fork
```

- 如果是免安装版本，则在 bin 路径下执行，具体命令如下。

```
# ./mongod --logpath /mongodb/data/shard/log/mongod.log --logappend --dbpath
/mongodb/data/shard/data --journal --pidfilepath /var/run/mongodb/mongod.pid --port 27018 --bind_ip
0.0.0.0 --fork
```

在使用命令启动时，若要启用权限管控，仅需在以上的命令后加上“--auth”属性值。

不建议使用命令启动，因为命令启动只能通过“ps awx”命令查看执行程序才能知道启动属性值，且若程序因故中断，则没有记录可以知道启动时的配置，所以建议使用配置文件启动。

2. 确认 MongoDB 服务正常运行

（1）登录 MongoDB。

- 如果是安装版本，且使用默认端口，则可直接使用“mongo”命令：

```
# mongo
```

或在登录时指定特定端口，具体命令如下。

```
# mongo  --port 27017
```

- 如果是免安装版本，则需进入 bin 路径下登录，具体命令如下。

```
# cd /mongodb/mognodb-linux-x86_64-rhel70-4.0.0/bin
```

如使用默认端口则可直接使用“mongo”命令，具体命令如下：

```
# ./mongo
```

或在登录时指定特定端口，具体命令如下。

```
# ./mongo  --port 27017
```

（2）成功登录 MongoDB 画面如下：

```
MongoDB shell version v4.0.0
connecting to:mongodb://127.0.0.1:27017
MongoDB server version:4.0.0
Server has startup warnings:
** ①WARNING: Access control is not enabled for the database.
**           Read and write access to data and configuration is unrestricted.
** ②WARNING: You are running this process as the root user, which is not recommended.
** ③WARNING: You are running on a NUMA machine.
               We suggest launching mongod like this to avoid performance problems:
                    numactl --interleave=all mongod [other options]
** ④WARNING: /sys/kernel/mm/transparent_hugepage/enabled is 'always'.
**         We suggest setting it to 'never'
** ⑤WARNING: /sys/kernel/mm/transparent_hugepage/defrag is 'always'.
**         We suggest setting it to 'never'
>
```

（3）MongoDB 警告提示说明。

使用最简易的配置启动后会有一些警告信息，说明如下：

①表示此 DB 没有对读写做管控，即没有做权限配置。配置权限请参阅 2.3.5 节“配置单机权限——Auth 属性值”。

②表示此 DB 是用 Linux 中的 root 角色启动的。出于信息安全的考虑，不建议使用 root 角色启动。若使用服务启动程序，便可以解决这个问题，请参阅 2.3.6 节“配置自启动服务”。

③表示没有禁用 NUMA，详细说明及关闭方式请参阅 5.5 节“禁用‘非统一内存访问’（NUMA）”。

④和⑤表示没有关闭内存管理（Disable Transparent Huge Page），详细说明及关闭方式在请参阅

5.4“关闭内存管理”。

3. 终止 MongoDB 服务

终止 MongoDB 服务有两种方式。

方式一：登录后在 MongoDB shell 下执行终止指令。

（1）切换至 admin 数据库，具体指令如下。

```
> use admin
Switched to db admin
```

（2）将 MongoDB 服务关闭（Shutdown），具体指令如下。

```
> db.shutdownServer()
```

方式二：在操作系统下终止服务。

（1）查询含有“mongod”字符的服务，具体命令如下。

```
# ps awx | grep mongod
```

执行结果如下：

找到服务的程序标识符（PID）

```
1361     ?        S1    2:36      ./mongod  -f /etc/mongod.conf
1554     pts/0 S+   0:00      grep --color=auto mongod
```

（2）终止服务：

```
# kill 1361
```

注意：不建议使用“kill -9”，那样可能造成程序出错

一般来说，第一种方式会比较安全，但在无法登录的情况下可以选择第二种方式。

2.3.5　配置单机权限——Auth 属性值

到这里我们已经学会了如何配置最简单的 MongoDB 单机版本，但是却还没有做权限管控。对于数据库来说，权限管控非常重要。通过权限的管控，可以限制不同角色对数据库的操作权限。

本节只介绍如何启动有权限管控的数据库，以及如何新增第 1 个账号。至于有哪些角色可以使用，以及每种角色可以做什么操作，请参阅第 8 章“数据库安全管理与审计”。

（1）编辑启动文件，修改 security 属性值。具体命令如下。

```
# vim /etc/mongod.conf
```

文件内容如下：

```
#   mongod.conf

#   for documentation of all options, see:
#     http://docs.mongodb.org/manual/reference/configuration-options/

#   where to write logging data.
```

```
systemLog:
  destination: file
  logAppend: true
  path: /var/log/mongodb/mongod.log

#  Where and how to store data.
storage:
  dbPath: /var/lib/mongo
  journal:
    enabled: true

#    engine:
#    mmapv1:
#    wiredTiger:

#  how the process runs
processManagement:
  fork: true  #  fork and run in background
  pidFilePath: /var/run/mongodb/mongod.pid  #  location of pidfile
  timeZoneInfo: /usr/share/zoneinfo
#  network interfaces
net:
  port: 27017
  bindIp: 0.0.0.0  #  Listen to local interface only, comment to listen on all interfaces.

security:
  authorization: enabled
```

在这里启动权限管控

```
# operationProfiling:

# replication:

# sharding:

##  Enterprise-Only Options

# auditLog:

# snmp:
```

（2）使用配置文件启动，具体命令如下。（如服务已经启动，则需要先将其关闭。关闭使用 db.shutdownServer()指令。）

```
# mongod -f /etc/mongod.conf
```

（3）输入登录命令。

```
# mongo --port 27017
```

登录后画面如下：

```
MongoDB shell version v4.0.0
connecting to: mongodb://127.0.0.1:27017
MongoDB server version:4.0.0
>
```

（4）加入具有管理集群权限的账号，具体指令如下。

```
> use admin
> db.createUser({user: "<User_name>",pwd: "<User_pwd>",roles:['root']})
```

用 root 权限可以管理整个集群

执行结果如下：

```
Successfully added user:{"user": "<User_name>", "roles":["root"]}
```

（1）创建的第一个账号必须拥有账号管理的权限。

（2）开启权限管控后，如果 MongoDB 里尚无账号，则可以直接新增第一个账号。

（3）若 MongoDB 里已经有账号，则必须使用“有管理账号权限的用户”才能添加新的账号。

账号角色的权限请参阅“第 8 章　数据库安全管理与审计”。

2.3.6　配置自启动服务

问：到这里，我已经学会搭建最基本的单机环境了。但是还有一个问题，在主机重新启动之后，MongoDB 服务需要手动启用，有没有什么方法可以让 MongoDB 服务自动启动呢？

答：那就必须将服务配置成自启动的，这样在主机开机时就会自动启动 MongoDB。下面会介绍如何配置。

1. 关闭 SELinux

（1）检查 SELinux 是否开启，具体操作命令如下。若开启，则可能造成服务无法启动。

```
# /usr/sbin/sestatus  -v
```

执行结果如下：

```
SELinux status:              enabled
SELinuxfs mount:             /sys/fs/selinux
SELinux root directory:      /etc/selinux
```

enabled 表示开启，disabled 表示关闭

```
Loaded policy name:        targeted
Current mode:        enforcing
（以下略）
```

（2）若为开启，则需要将 SELinux 文件修改成关闭，具体操作命令如下：

```
# vim /etc/selinux/config
```

文件内容如下：

```
#    This file controls the state of SELinux on the system.
#    SELINUX= can take one of these three values:
#    enforcing -SELinux security policy is enforced.
#    permissive -SELinux prints warnings instead of enforcing.
#    disabled -No SELinux policy is loaded.

SELINUX=disabled
```

将“enforcing”修改为“disabled”

```
#    SELINUXTYPE= can take one of three two values:
#    targeted -Targeted processes are protected,
#    minimum -Modification of targeted policy. Only selected processes are protected.
#    mls -Multi Level Security protection.

SELINUXTYPE=targeted
```

（3）修改完储存后重启机器：

```
# reboot
```

2.确保 MongoDB 的文件夹所属者与 MongoDB 服务启动者一致

安装 MongoDB 后，Log、数据、程序标识符（PID）文件夹的所属者及 MongoDB 的启动用户均为“mongod”。若需修改，可以使用以下方法。

（1）将 3 个文件夹的所属者都改为“mongod”，具体命令如下。

```
# chown -R mongod:mongod /var/log/mongodb/
# chown -R mongod:mongod /var/lib/mongo/
# chown -R mongod:mongod /var/run/mongodb/
```

加上“-R”表示修改这个目录下的所有文件夹或文件

（2）查看 3 个文件夹的所属者。

- 查看 log 文件夹的所属者：

```
# ll /var/log/
```

执行结果如下：

mongodb 文件夹的所属者为“mongod”

```
drwxr-xr-x 2    mongod   mongod    48    Mar  5     17:36       mongodb
```

- 查看数据文件夹的所属者：

```
# ll /var/lib
```

执行结果如下：

mongo 文件夹的所属者为“mongod”

```
drwxr-xr-x 4    mongod   mongod 4096   Mar  5    17:36    mongo
```

- 查看程序标识符（PID）文件夹的所属者：

```
# ll /var/run/
```

执行结果如下：

mongodb 文件夹所属者为“mongod”

```
drwxr-xr-x 2    mongod   mongod   48   Mar  5    17:36    mongodb
```

需确保这些文件夹下所有文件的所属者都被设为“mongod”。若有任何一个漏掉，则会造成自启动服务无法成功。

另外，可以将 Log 文件与数据文件存放在同一个路径下。例如，在“/mongodb/”下创建“data”文件夹（用于放置数据）和“log”文件夹（用于放置 Log 文件），则可以使用“chown -R mongod:mongod /mongodb/”命令统一修改这两个文件夹的所属者。程序标识符（PID）文件被存放在暂存盘中，因此，建议保持使用暂存盘路径。

3. 编辑自启动服务文件

自启动服务文件是在操作系统环境下配置的，CentOS 7 之后是通过“systemd”命令来管理服务的，大部分的服务文件会被放置在“/usr/lib/system/system”这个路径下。使用“systemctl”命令来开启自启动服务的功能后，系统便会在“/etc/systemd/system/multi-user.target.wants/”路径下建立连接，并在开机时启动服务。

在安装版本中已经有“/usr/lib/systemd/system/mongod.service”这个 MongoDB 的服务文件。而在免安装版本中，则需要自己创建。

（1）编辑 MongoDB 服务文件（mongod.service），具体命令如下。

```
# vim /usr/lib/systemd/system/mongod.service
```

文件内容如下：

```
[Unit]
Description=High-performance, schema-free document-oriented database
After=network.target
Documentation=https://docs.mongodb.org/manual
```

```
[Service]
User=mongod
Group=mongod
Environment="OPTIONS=-f /etc/mongod.conf"
ExecStart=/usr/bin/mongod $OPTIONS
ExecStartPre=/usr/bin/mkdir -p /var/run/mongodb
ExecStartPre=/usr/bin/chown mongod:mongod /var/run/mongodb
ExecStartPre=/usr/bin/chmod 0755 /var/run/mongodb
PermissionsStartOnly=true
PIDFile=/var/run/mongodb/mongod.pid
Type=forking
#   file size
LimitFSIZE=infinity
#   cpu time
LimitCPU=infinity
#   virtual memory size
LimitAS=infinity
#   open files
LimitNOFILE=64000
#   processes/threads
LimitNPROC=64000
#   locked memory
LimitMEMLOCK=infinity
#   total threads  (user+kernel)
TasksMax=infinity
TasksAccounting=false
#   Recommended limits for for mongod as specified in
#   http://docs.mongodb.org/manual/reference/ulimit/# recommended-settings
[Install]
WantedBy=multi-user.target
```

需依照 MongoDB 启动文件进行修改

在 MongoDB 中，服务文件常用的属性值及其说明见表 2-7。其余未列出的属性值是赋予这个程序的系统资源，建议使用默认值。

表 2-7　MongoDB 服务文件的常用属性值及说明

属 性 值	说　明
User=mongod Group=mongod	启动角色，默认是 mongod
Environment="OPTIONS=-f /etc/mongod.conf"	MongoDB 启动文件的路径
ExecStart=/usr/bin/mongod $OPTIONS	启动 MongoDB 命令
ExecStartPre=/usr/bin/mkdir -p /var/run/mongodb ExecStartPre=/usr/bin/chown mongod:mongod /var/run/mongodb ExecStartPre=/usr/bin/chmod 0755 /var/run/mongodb	创建用来存放程序标识符（PID）文件的文件夹，并赋予文件夹所属者权限

续表

属 性 值	说 明
PermissionsStartOnly=true	以 root 权限来启动程序
PIDFile=/var/run/mongodb/mongod.pid	程序标识符（PID）文件的存放路径

（2）启用自启动服务：

```
# systemctl enable mongod.service
```

启用后在“/etc/systemd/system/multi-user.target.wants/”路径下会出现“/usr/lib/system/system/mongod.service”连接。

（3）关闭自启动服务：

```
# systemctl disable mongod.service
```

（4）开启服务：

```
# systemctl start mongod.service
```

（5）查询服务状态：

```
# systemctl status mongod.service
```

执行结果如下：

```
mongod.service -High-performance, schema-free document-oriented database
Loaded: loaded （/usr/lib/systemd/system/mongod.service; enabled）
Active: active （running） since Sat 2018-05-12 15:52:52 CST; 4s ago
Docs: https://docs.mongodb.org/manual
Process: 36781 ExecStart=/usr/bin/mongod $OPTIONS （code=exited, status=0/SUCCESS）
Process: 36778 ExecStartPre=/usr/bin/chmod 0755 /var/run/mongodb（code=exited, status=0/SUCCESS）
Process: 36773 ExecStartPre=/usr/bin/chown mongod:mongod /var/run/mongodb （code=exited,
status=0/SUCCESS）
Process: 36771 ExecStartPre=/usr/bin/mkdir -p /var/run/mongodb （code=exited, status=0/SUCCESS）
Main PID: 36783 （mongod）
CGroup: /system.slice/mongod.service
└─36783 /usr/bin/mongod -f /etc/mongod.conf
...
```

表示成功执行

（6） 停止服务，具体命令如下。（如果自启动服务没有被设为 disable，那么即使用“stop”命令停止服务，重启服务器后，MongoDB 服务仍然会启动。）

```
# systemctl stop mongod.service
```

到这里整个单机版就配置完了，这个环境足够用来做一些简单的操作。如果想开始练习对数据的操作，则可以直接进入第 6 章“MongoDB 的基础操作”接着学习；如果想继续配置更高级的环境，则可以按着顺序往下学。

第 3 章 认识 MongoDB 集群

本章将介绍强大且吸引人的 MongoDB 集群。

MongoDB 支持故障恢复（副本集），也支持横向扩容（分片集）。所以，你不用担心数据量的增长，也不需要为数据的高并发存取而烦恼，MongoDB 提供了可扩容的架构，让你更灵活地处理这一切。

本章会以图解的方式讲解 MongoDB 集群的架构。

通过本章，读者将学到以下内容：

- 什么是 MongoDB 分片集群（Sharding Cluster）；
- MongoDB 如何实现实时的故障转移（Automatic Failover）；
- MongoDB 如何实现横向扩容，满足大量数据存取与存储的需求；
- 拆分数据（分片）片键。

3.1 认识集群

3.1.1 从一个日常生活情境着手

1. 一个生活场景

我们先来看一个日常生活中的情境。假设，保险公司为避免保险合同文件遗失或损毁，复制这些文件生成多份副本，存放在不同的文件仓库中，如图 3-1 所示。

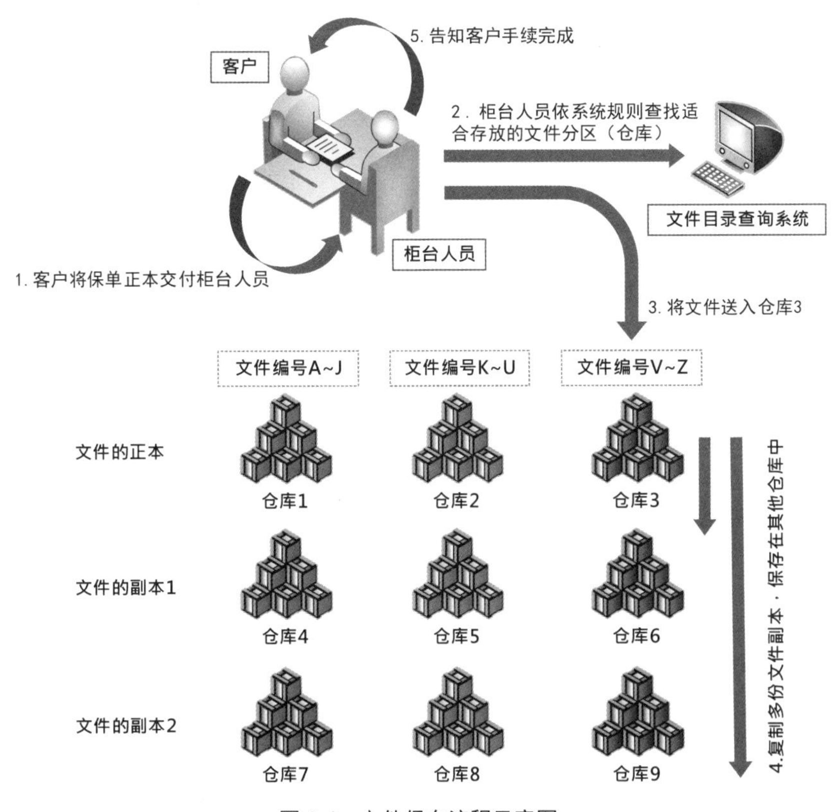

图 3-1　文件保存流程示意图

文件保存流程说明如下：

（1）客户将手上持有的保单正本完整地交付给柜台人员。

（2）柜台人员通过文件目录系统查看该文件应该被存放到哪个仓库。

（3）柜台人员告知仓库人员将文件按“文件编号”放到系统指定的仓库中。

（4）将文件保存到仓库后，仓库人员将该文件打印成多份，存放到其他仓库中备存。

（5）柜台人员告知客户文件已经入库。提示，此步骤也可在第（3）步骤完成后进行，依客户要求而定。

在整个流程中，有以下几点值得注意：

- 柜台人员在柜台为客户服务，客户不需要知道他提供的保单将被如何被保存，未来要调出文件时也只需要到柜台办理。
- “文件目录查询系统”记录并管理着每个文件保存的位置，以及文件库、文件分区的容量、状态等信息，以供随时查询取用。
- 图 3-1 中的仓库才是真正存放合同文件的地方。

- 为了避免文件库失火或是文件受潮损坏而造成不可挽回的损失，在保存保单正本时，仓库人员会将文件打印多个副本并保存在其他的文件库中。
- 考虑到随着时间的增长、文件量逐渐累积，可能会出现某个区域文件过多导致无法存放的情况，所以，将文件依编号排序（如：A～Z）分区存放在不同文件库中。

图 3-1 所示的流程对应于 MongoDB 的副本集和分片集架构：

- "打印多份副本并保存在不同仓库"对应于 MongoDB 集群中的副本集。
- "将不同编号的文件分发到不同仓库保存"对应于分片集的架构。

2.副本集和分片集

下面将以图示的方式来介绍何为副本集、何为分片集。

（1）副本集。

副本集（replica set）包含多个副本。它可让数据实现"接近实时的同步"，从而实现高可用（这类似微软 SQL Server 提供的 AlwaysOn 技术），它提供了一个安全且有保障的数据库架构。

图 3-2 所示的是一个包含"一个正本和两个副本"（简称一主二副）的副本集，将正本复制两份作为副本，副本保存的内容与正本一样。如果正本保存了 A、B、C、D 四份数据，则副本也将包含 A、B、C、D 四份数据。

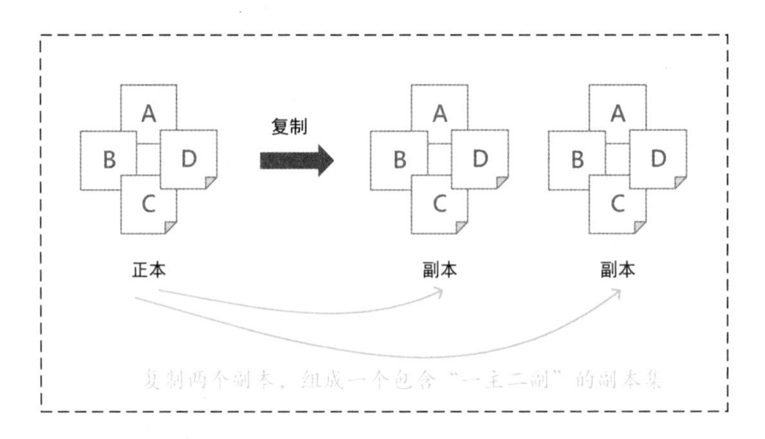

图 3-2 "一主二副"的副本集

（2）分片集。

分片集（sharding cluster）与一般数据库中的数据库分区（database partition）类似，它可以将数据按自定义条件切割并分区存放。

图 3-3 则是数据分片的概念说明。数据被拆分成三个数据分片。通常，数据会按配置均匀地分配到各个分片中。数据分片是一个分布式存储的应用，分片间不会出现数据重复的情况。

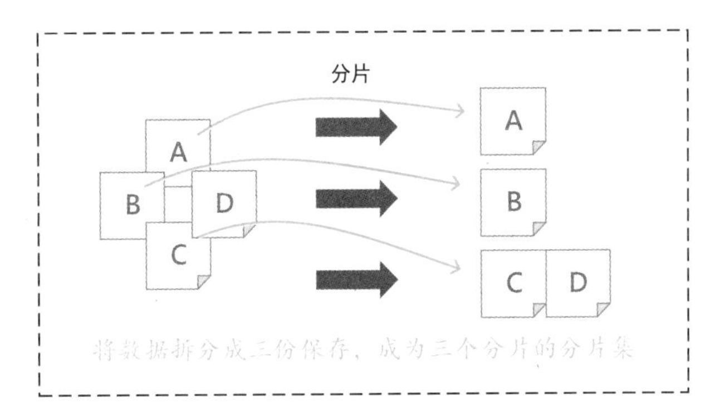

图 3-3　三个分片的分片集

（3）副本集与分片集并存。

可以依据扩容及故障恢复的需求，来配置分片集及副本集两者并存的架构。

图 3-4 将分片集与副本集结合在一起，以“一主二副”的副本集作为一个分片，并由三个分片作为一个集群整体。此架构除能将数据分散存储外，还能复制数据。

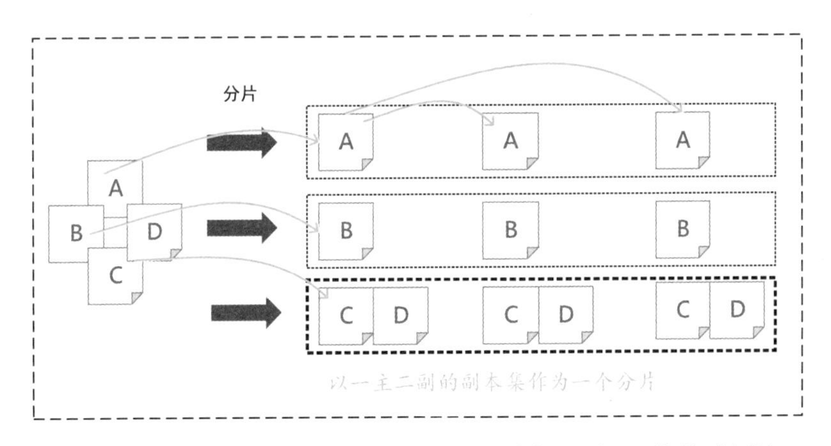

图 3-4　副本集与分片集并存（三分片，每个分片为“一主二副”的副本集）

3. MongoDB 的集群架构

有了上述的概念，接下来回到正题。MongoDB 的集群架构主要包括：mongos（路由）、Config Server（配置服务器）、shard（数据分片）。整体架构如图 3-5 所示。

对比图 3-1 与图 3-5，两者其实是彼此呼应的：

- mongos 等同于图 3-1 中的服务台人员。
- Config Server 对应图 3-1 中的“文件目录查询系统”。
- 分片集群（sharding cluster）对应的是图 3-5 中 3×3 的仓库（现实状况不一定是九个，视情况而定），包括图 3-1 中的“按文件编号分区存放”的数据分片机制（分片集）和“打印文件分开保存"的副本机制（副本集）。

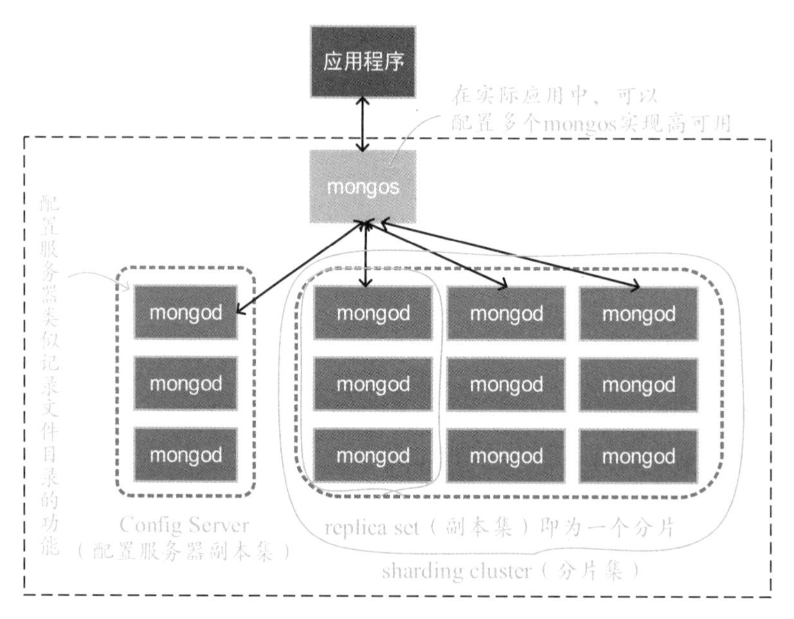

图 3-5　MongoDB 集群架构图

4. 初识数据节点的最小单位——mongod 进程

单独的一个 mongod 进程可以是一个独立的 MongoDB 单机服务，即在一台服务器挂载一个mongod进程就能作为一个最简单的MongoDB单机数据库，可以提供应用程序的数据存取与管理服务。

如有多个 mongod 进程，则可以通过配置文件中的以下两个参数来控制这些进程的行为。

- replication.replSetName：此 mongod 进程的副本集名称，可自行用便于管理的名称定义。
- sharding.clusterRole：用于指定此进程属于何种角色。若设置为 configsvr，则此进程为配置服务器；若设置为 shardsvr，则此进程为一般的数据节点。

简而言之，mongod 是组成架构中"配置服务器副本集""数据副本集""分片集"的最基础进程元素。

在本节读者只需要理解可通过两个参数决定 mongod 的行为，更具体的集群配置方式将在第 4 章介绍。

3.1.2　mongos 服务

1. mongos 简介

mongos 在 MongoDB 架构中扮演一个存取路由器的角色，是为应用程序与数据库集合交互的接口。

即使数据已经被分散地存储到不同的物理服务器中，但对应用程序而言，数据还是完整的，并未被拆分。数据存取过程中相关的复杂工作，mongos 都能帮你完成了。

简单来说，mongos 使应用程序可以将 MongoDB 集群视为单一数据库实例来操作使用，这提升了应用程序开发存取数据功能的便易性。

2. mongos 的特点

mongos 属于轻量级的服务，可以同时存在多个 mongos 对 MongoDB 集群进行存取。因为 mongos 本身不会保存数据的查询目录和索引信息，数据的查询目录和索引信息被保存在配置服务器（Config Server）中，所以，可考虑将 mongos 与应用程序放在同一台服务器上，当应用程序服务器异常或下架时，mongos 也随之失效，避免出现 mongos 闲置的状况。

3. mongos 的操作

在集群已经分片的情况下，应用程序经过 mongos 即可对所有分片数据进行查询或写入操作。所以，请避免直接对单个分片中的数据进行修改，否则容易造成严重后果。

在图 3-6 中，mongos 根据预先定义好的片键字段（片键在 3.3.2 节将会详细介绍）从元数据中找出对应的位置进行写入。在查询时，如果查询条件中不包含片键字段，则 mongos 必须在所有分片中查找数据，因此查找效率会降低一些。

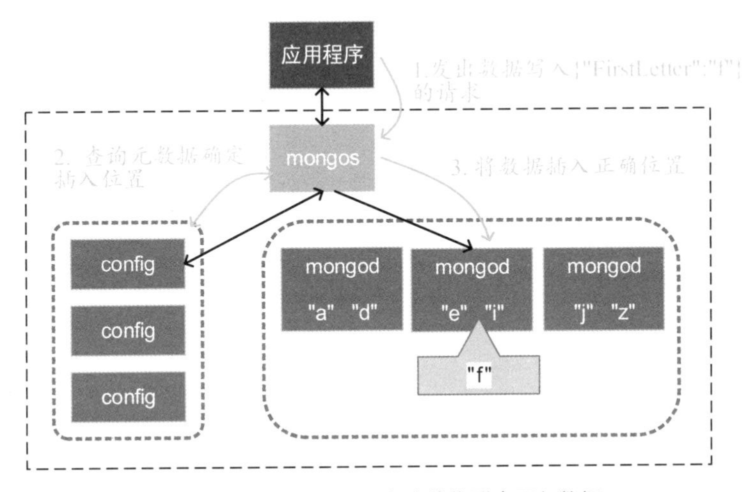

图 3-6　通过 mongos 在分片集群中写入数据

片键是将文档保存在不同分片的一个分类依据，需要事先定义好。它决定文档将被保存在哪一个分片中，等同于图 3-1 中的文件编号。

片键在 3.3.2 节会继续介绍，在现阶段只要知道它是个分类条件即可。

图 3-6 说明了在分片集群架构下，MongoDB 如何通过 mongos 写入包含字段 { "FirstLetter"："f" } 的文档。其中“FirstLetter”字段已被设置为数据分发的条件（即片键），所以，“FirstLetter”字段中值为“f”的文档将按片键的分配被插入到第 2 个分片中。

一般一个应用程序会被配置多个 mongos，以实现连接的高可用。

也有人会将 mongos 放在与应用程序相同的服务器上，这样不但可以减少网络传输成本，也可以避免未来应用程序关闭时 mongos 服务被遗忘而持续占用资源。

3.1.3 config 服务

3.1.2 节提到了 MongoDB 的“客户端服务窗口”——mongos，本节将介绍 MongoDB 的“服务指南”——config 服务器（Config Server）。

1. config Server 简介

Config Server 即 MongoDB 的配置服务器，用来保存说明数据结构的元数据，例如：每个分片上的数据块列表及每个数据块的数据范围。另外，Config Server 也保存了身份验证的相关信息，例如：每个角色的访问控制。

一般情况下，我们不应该变更 config 的数据，否则很可能造成整个数据库的异常。Mongos 在启动后会从 Config Server 加载数据库配置信息到缓存中，若我们通过 mongos 对分片中的数据结构进行了变更，则 MongoDB 也会自行在 Config Server 中做出相应的调整。倘若一定要调整 Config Server，则在调整后必须重启 mongos 才会得到变更后的结果。

2. Config Server 的操作

（1）创建 Config Server 副本的规范。

在生产环境中，我们通常会创建多个 Config Server 的副本来实现高可用（最常见的数量为 3 个），因为 Config Server 保存了分片的元数据，这些数据一旦丢失，问题会非常严重。如果存在多个 Config Server，则小于半数的配置服务器发生损坏并不会影响集群的运作。这也是为什么官方建议生产环境要配置 Config Server 副本集。

MongoDB 从 3.2 版开始提供了配置服务器的副本集，在 3.4 版本时不再支持官方不推荐的 SCCC（sync cluster connection configuration）结构，必须使用 CSRS（config server replica set）架构，它强制要求集群的 Config Server 必须是一个完整的副本集。

SCCC 架构由多个镜像的 Config Server 节点组成，如果一个节点宕机，则 config 将只能读不能写，元数据相关的操作（如：创建索引、创建集合等）会受到影响；而当 CSRS 为副本集配置三台实例时，若其中一台出现故障，则不会影响应用程序的读写与负载均衡。部署集群后，MongoDB 会自动生成一个名为“config”的数据库，此数据库是 MongoDB 集群本身内部运作所需使用的数据库。一般的使用者都不应该直接变更它的内容。若要直接对它进行操作，则需要先进行全备份。

（2）查询 Config Server 集合信息。

在 config 数据库中，可以用“show collections”指令查到许多集合，这些集合分别保存不同的重要信息，包含以下集合：

```
mongos> use config          进入 config 数据库
switched to db config
mongos > show collections
actionlog
changelog
chunks
collections
databases
lockpings
locks
mongos
shards
tags
transactions
version
```

config 数据库中有许多保存元数据的集合。可以在安装后查看其内容，在此就不一一赘述。

关于 config 数据库中集合的介绍可参考 MongoDB 官方支持的“萌阔论坛”（https://forum.foxera.com/mongodb）。

查看【教学区】>MongoDB 简介/设计理论/使用技巧> MongoDB 的配置服务器（config server）中的内容。

3.1.4 shard 服务

在 MongoDB 集群中，shard 是数据分片，负责着存储数据的任务。每一个分片都是一个完整的副本集，而每个副本集由一个或多个 mongod 节点组成。shard 负责的任务看似简单，却是涵盖最多变化的配置。副本集与分片集都属于 shard 范畴。总而言之，shard 在集群中代表的可能是一组 mongod 实例的集合。

3.2 认识副本集（Replica Set）

在早期版本中，MongoDB 采用的是“主/从”模式（master-slave），以达到备援的目的。

但如今“主/从”模式已经被新版本提供的“副本集”所取代（“主/从”模式在 3.6 版后彻底被废弃）。本书以 4.0 版本为主，将不再讨论“主/从”模式。

副本集在生产环境中尤其重要，可通过实时的数据同步提高数据的可用性。最常使用写入策略（write concern）和读取策略（read preference）来提升数据的读写性能。

设计副本集没有绝对的模式，读者可以依据自己的需求做弹性规划。但必须先清楚几点：

（1）MongoDB 副本集的各种配置有何特点。如：读写策略。

（2）应用程序会面临哪些挑战。如：高并发程度、多读少写。

（3）可负担的服务器硬件成本有多少。

3.2.1 副本集简介

副本集（Replica Set）是数据高可用的必要配置，它主要包含三种角色：

- 主节点（Primary）。
- 副节点（Secondary）。
- 仲裁节点（Arbiter）。

建立一个副本集，至少包含一个主节点（Primary）与一副节点（Secondary）才有意义。通过不同的节点与数量，可以配置出不同效果的副本集。

1. 主节点与副节点

主节点与副节点均属于数据节点，其中保存了完整的数据。

“数据写入的需求”由主节点接收并处理，然后通过同步机制同步到所有的副节点上，使得数据得以复制保存。

节点间通过“心跳”机制进行沟通，确保所有节点都能正常运行（心跳机制将在 3.2.2 节再进一步介绍）。

2. 仲裁节点

关于仲裁节点，我们可以将它看作是副本集中的一个投票者，负责在主节点出现异常需要切换时，发挥副本集仲裁（投票）的角色。

其实副本集中每个副本都可以拥有投票权，但仲裁节点的不同之处在于：仲裁节点只具备投票权，不会保存数据，对服务器的资源要求较低。

所以，可将它视为“副本集中拥有投票权，但不可能成为主节点的一种节点”。

这为副本集设计提供了极大的弹性，在硬件资源有限的情况下，我们仍可实现灾难还原。

3. 副本集的基本架构

副本集的最低要求为：1 个主节点+ 1 个副节点 + 1 个仲裁节点。3 个具有投票权的节点（单数）即可进行有效的投票。

图 3-7 和图 3-8 分别为一个典型的“一主二副”以及“一主一副一仲裁”的副本集架构，这两个架构是推荐用于生产环境的最小配置。

MongoDB 官方不推荐使用偶数个节点组成的副本集。

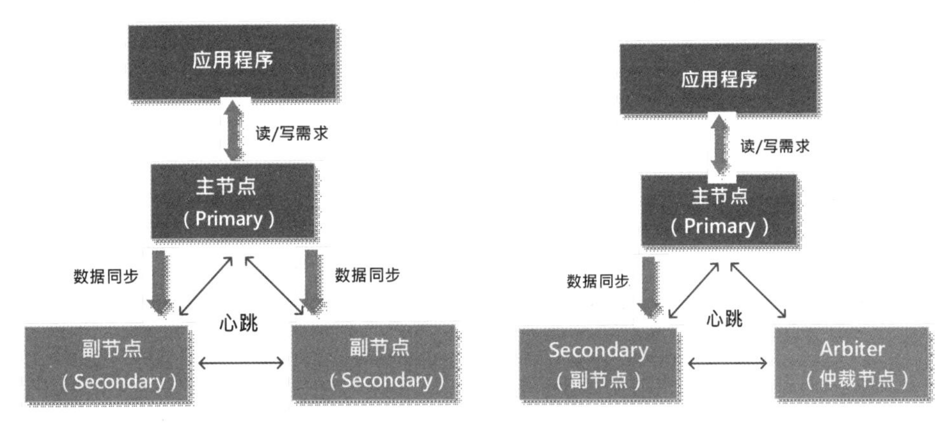

图 3-7　“一主二副”副本集架构　　图 3-8　“一主一副一仲裁”副本集架构

一旦服务器发生故障（无论是服务异常、机房断电、硬盘损坏或是人为疏失），通常视为数据库管理人员的灾难。

MongoDB 利用副本集很好地解决了这个问题。副本集实在是数据库运维人员的一大福音，他们不再需要整天担心服务器出问题而影响应用平台的运作。

4.副本集的配置

在配置时，副本集可以包含一个或多个数据库实例。不过，若副本集只有一个实例，则跟单机几乎没有差别。我们一再强调，副本集提供了数据的高可用，能实现接近实时的灾难还原，这是大多数企业用户最主要的需求之一。所以，使用副本集时，大部分情况下不会考虑配置仅有一个实例的副本集。

除此之外，在配置副本集时，通过不同的设定能达到不同的效果。例如，指定延迟时间，可配置成延迟同步的副本，达到保留某段时间前的数据库状态。可以依照管理与应用的需求自行配置副本集。

若以三个成员（实例）作为副本集，我们强烈建议将三个成员分别配置在不同的服务器上，甚至是不同的机房中，这样可以避免在服务器或机房出现网络异常时，造成无法修复的情况。从图 3-9 可看出，单一机房出现异常不会影响整体运作。

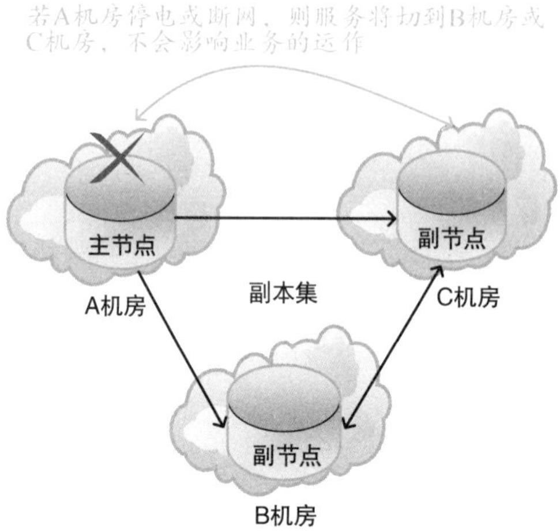

若A机房停电或断网，则服务将切到B机房或C机房，不会影响业务的运作

主节点
副节点
副本集
A机房
C机房
副节点
B机房

图 3-9　副本集服务器硬件配置建议（不放在同一机房）

3.2.2　高可用（节点故障转移）

在副本集中实现高可用有几个重要的机制，包括：Oplog 的同步、心跳机制（Heartbeat）、选举策略（Vote）、副本集的回滚（Rollback）。

1. Oplog（operations log）的同步

（1）Oplog 是什么。

Oplog 即操作记录，是副本集成员特有的集合，默认为固定大小。它是副本之间数据同步的关键设计。应用端对数据的增加、删除、修改操作都会被记录在这个集合中。

（2）Oplog 的运作。

在配置副本集时，若未指定 Oplog 大小，则 Oplog 默认为数据文件所在硬盘容量的 5%，但默认大小不会超过 50GB。若自定义大小则不受此限制，只需要在 MongoDB 配置文件（mongod.conf）中使用“oplogSizeMB”参数就可以定义 Oplog 的大小值。不过此参数仅在集群未初始化前配置有效，一旦 Oplog 创建完集合，则再修改此参数将不再有作用。所以，在定义前必须考虑数据写入的并发程度。如将 Oplog size 设置得过小，则可能导致数据尚未同步到副本节点 Oplog 就已经满了。

如图 3-10 所示，Oplog 的集合就如同一个顺时针循环，如当新的操作进来，则会写入下一个位置。如果下一个位置有 log 记录，则会批量删除旧记录。但如果旧记录还未被同步到副本，则同步作业就会停止，甚至会造成异常。因此，在设计 Oplog 大小时，必须谨慎考虑，否则会对数据同步造成严重影响。

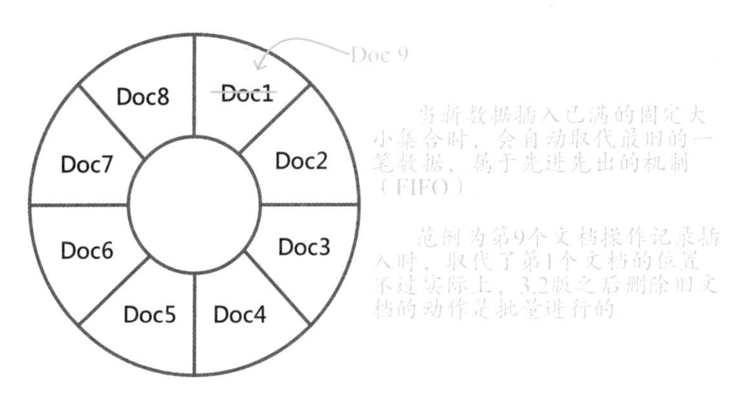

图 3-10　Oplog 数据覆写

（3）Oplog 的内容。

Oplog 的内容会被记录在数据节点的 local 数据库中一个叫作“oplog.rs”的 MongoDB 原生集合中，集合中的信息如下：

```
PRIMARY> db.oplog.rs.findOne()
{
 "ts" : Timestamp（1510792393, 376）,
 "h" : NumberLong（"-7707484668810653990"）,
 "v" : 2,
 "op" : "i",
 "ns" : "E-commerce.Carts",
 "o" : {
"_id" : ObjectId（"5ad95647e53e9340cd199c55"）,
 "Quantity" : 8,
  "CustomerSysNo" : 7405952,
  "CreateDate" : ISODate（"2016-09-28T01:37:39.018Z"）,
  "product" : {
    "ProductName" : "Note2 2GB Memory + 16GB Mobile 4G Phone",
    "Weight" : 400,
    "ProductMode" : "",
    "Price" : 9346 }
}
```

ts：操作时间
h：全局的唯一标识值
v：Oplog 的版本
op：操作类型（i：插入；u：更新；d：删除；c：执行指令）
ns：操作对象（集合）
o：操作的内容

（4）Oplog 的初始化。

如果是新加了一个副本节点，或是同步延迟太久，同步源的 Oplog 已经领先太多，则会进行初始化。在初始化时，节点会从另一个副本成员进行完整的数据复制，包含整个数据文件及 Oplog 的复制。

（5）Oplog 同步。

节点在同步时，会比对自身与其他节点的状态，从而选择数据比自己更完整的节点作为数据源进行同步。可以在 admin 库中用以下指令指定同步源：

```
Use admin
db.adminCommand ( { replSetSyncFrom: "hostname<:port>" } )
```

输入要指定的同步源数据节点

设置同步源节点后，有三种情况会恢复默认的同步机制：

- 此节点实例重新启动。
- 此节点与同步源节点之间断开连接。
- 同步源节点数据落后于其他副本节点超过 30s。

（6）查看副本集的配置信息。

关于副本集的完整配置信息，可以在副本集节点中用以下两个指令查看。从使用这个指令查出的结果集中可以看出副本集有多少节点，以及每个节点的配置属性。这对于数据库管理人员来说是相当实用的操作指令。

```
rs.status()

db.adminCommand ( { replSetGetStatus : 1 } )
```

使用上述两个指令可以获取当前所在副本集的完整信息，范例如下，主要包含副本集属性和节点属性。

下面介绍几个常用属性：

```
> rs.status()
{
    "set" : "book_shard1",
    "date" : ISODate ( "2018-05-03T02:24:11.547Z" ) ,
    "myState" : 1,
    "term" : NumberLong ( 3 ) ,
    "heartbeatIntervalMillis" : NumberLong ( 2000 ) ,
    "optimes" : {
      "lastCommittedOpTime" : {
        "ts" : Timestamp ( 1525314249, 1 ) ,
        "t" : NumberLong ( 3 )
     },
      "readConcernMajorityOpTime" : {
        "ts" : Timestamp ( 1525314249, 1 ) ,
        "t" : NumberLong ( 3 )
     },
      "appliedOpTime" : {
        "ts" : Timestamp ( 1525314249, 1 ) ,
        "t" : NumberLong ( 3 )
     },
      "durableOpTime" : {
        "ts" : Timestamp ( 1525314249, 1 )  ,
        "t" : NumberLong ( 3 )
```

set：副本集名称
date：服务器的当前时间
myState：0~10 的状态编号（接下来内容将会提到）
heartbeatIntervalMillis：心跳频率
optimes：记录 Oplog 的更新进度

```
  } },
"members" : [
   {"_id" : 11,
     "name" : " 127.0.0.1:37017 ",
     "health" : 1,
     "state" : 1,
     "stateStr" : "PRIMARY",
     "uptime" : 1444534,
     "optime" : {
       "ts" : Timestamp ( 1525314249, 1 ) ,
       "t" : NumberLong ( 3 )
     },       "optimeDate" : ISODate ( "2018-05-03T02:24:09Z" ) ,
     "electionTime" : Timestamp ( 1525293196, 1 ) ,
     "electionDate" : ISODate ( "2018-05-02T20:33:16Z" ) ,
     "configVersion" : 3,
     "self" : true
   },{       "_id" : 12,
（略）
```

这里也可以显示服务器域名。（记得修改本机 host 文件）

members：副本集成员集合
name：服务器名或"IP+端口"
health：健康情况（1 为正常、0 为异常）
state：0~10 的状态编号
stateStr：状态描述
uptime：成员启动至当前时间的秒数
optime：最后在成员上同步的 Oplog 时间
optimeDate：最后一次同步的日期时间
self：指出是哪个副本成员处理了 replSetGetStatus 指令

更多的副本集状态信息字段说明可到官网查看：https://docs.mongodb.com/manual/reference/command/replSetGetStatus/#dbcmd.replSetGetStatus

表 3-1 是 MongoDB 数据节点编号 0 ~ 10 的状态编号说明。

表 3-1　MongoDB 节点的状态编号说明

状态编号	状态名	状态描述
0	STARTUP	节点刚启动且未完成加载副本集，配置的初期会属于这个状态
1	PRIMARY	主节点，整个副本集中唯一可以接受应用程序写操作的节点，拥有投票权
2	SECONDARY	副本节点，可进行数据副本的同步，拥有投票权
3	RECOVERING	节点可以执行启动的自我检查但还无法处理读取需求时，或是有特殊原因导致数据落后时，节点会进入此状态。此状态并非异常，但进入此状态时此节点暂时无法读取，有投票权
5	STARTUP2	该节点已经加载完副本集的配置，并已经在运行初始同步
6	UNKNOWN	该节点无法被其他节点看到，则在其他节点处显示该节点为 UNKNOW 状态
7	ARBITER	仲裁节点，不会复制数据，但有投票权
8	DOWN	该节点无法被其他节点看到，但仍有可能属于正常运行状态，例如：网络问题导致
9	ROLLBACK	该节点正在执行回滚，数据暂时不可读取，回滚结束后会进入 RECOVERING 状态
10	REMOVED	该节点曾经在副本集中，但已被移除，若再重新添加则会回到正常状态

2. **心跳机制（Heartbeat）**

心跳是成员间确认彼此是否还存活的依据。在副本集的管理机制中，成员间必须知道彼此的状态，哪些节点可以用、哪些不能用。这些状态的判定是通过心跳机制来达成的。心跳对于整个集群的运作非常重要。心跳的频率可以在配置副本集时通过 settings.heartbeatIntervalMillis 参数来决定，默认是 2s。若无特殊需求，一般不需要调整。心跳对于接下来要提到的选举与投票机制也是极为关键的。

3. 选举（Election）与投票（Vote）机制

（1）简介。

选举（Election）与投票（Vote）机制：MongoDB 的选举与投票机制主要用于当副本集中主服务器的软硬件或网络出现异常时，促使副本集自动修复。这样的修复机制会在发生异常时，从所有“有机会成为主节点的副本”中投票并挑选出最适合的节点来延续原故障主节点的工作任务。

（2）机制说明。

说到这里，须要先探讨一下“大多数”的概念。何谓大多数？其跟群体决议中的“少数服从多数”一样，如果某个决议获得大多数的赞成票则执行。要做到最基本的投票机制，至少要有三个节点具备投票权，所以要做到高可用，三个数据库实例是最基本的要求，但这三个实例不一定都必须是数据节点，也可以是两个数据节点搭配一个仲裁节点，但这三个节点均需要有投票权。

从表 3-2 中可以看到不同节点数的副本集可以提供什么程度的容错服务。

表 3-2　节点数的容错服务

节点数	最低的赞成票数（满足大多数的最低数量）	最高可容错节点数
3（副本集的最低配置要求）	2	1
4	3	1
5	3	2
6	4	2
7	4	3

“大多数”的算法很简单：“(总节点数/2)+1”然后往下取最大整数。

以表 3-2 为例，副本集的总节点数为 7 时，“大多数”为“7/2+1=4.5”再往下取最大整数，得到 4，即当副本集需要投票表决时，其中一个节点只要获得 4 个(含)以上的赞成票即可成为该副本集的主节点。这也意味着：这个副本集里最多可以接受 3 个（含）以下的节点发生异常，否则无法满足“大多数”。

对于一个副本集中副本的数量，MongoDB 官方不推荐其为偶数。下面列举一个例子，看看如果副本集拥有 4 个节点，在发生异常时会出现什么状况。

- 状况一：主节点（一台）出现异常。

图 3-11 中有 4 个节点，分别被放在两个机房中，若其中 1 台出现异常，则其他 3 台可通过投票选择出新的节点，并持续运作。

- 状况二：主节点+一个副本出现异常（如中间网络发生中断）。

图 3-12 中，A 机房的两台服务器与 B 机房的两台服务器若发生机房间网络异常，则无法通过心跳机制沟通，因为彼此数量相同，所以无法确保自己能挑选出整个副本集中“唯一”的主节点。

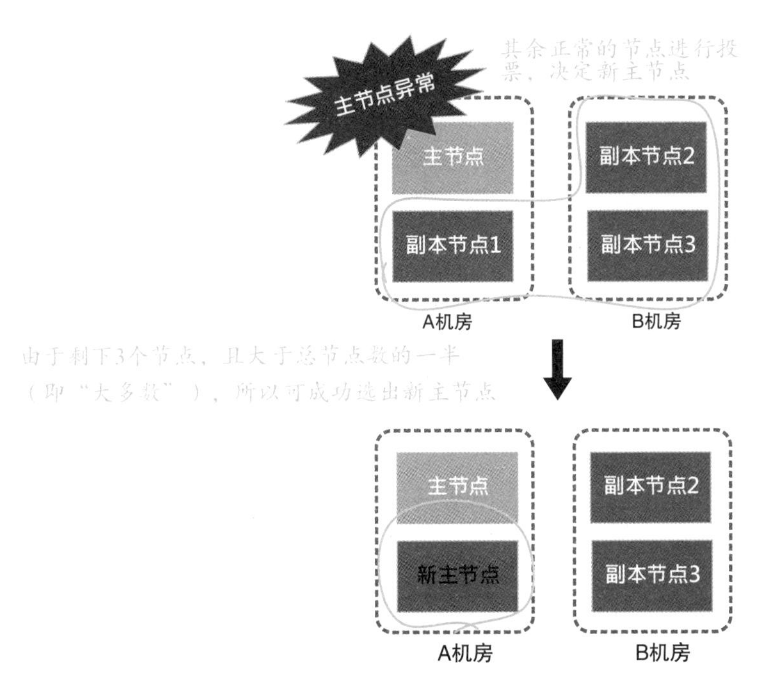

图 3-11　主节点异常处理机制

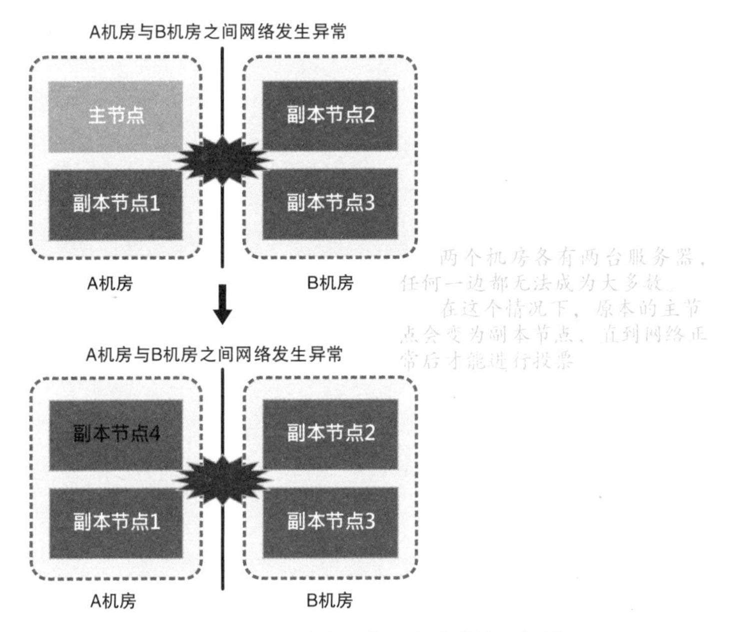

图 3-12　主节点所在网段异常处理机制

从上面两个简单的例子，可以看出副本集是如何以"大多数"赞成的选举机制推选出主节点。

读者在设计副本集架构时，请记得要审慎评估自己的需求与硬件成本。

在预设的情况下，副本集成员间的心跳是两秒发生一次。如果运作正常的副本集出现主节点异常，则选举动作会很快地触发。

（3）设置副本集。

可以通过指令设置副本集，包含成员的投票权、优先级、是否可以成为主节点（是否隐藏）等属性。

在其中一个节点中执行以下语句，可完成副本集初始化（其中，副本集的成员属性可在 members 参数中设置）：

```
rs.initiate (
   {
      _id: " book_shard1",
      version: 1,
      members: [
         {
            _id: 0,
            host : "<hostIP>:<Port>" ,
            arbiterOnly: <boolean>,
            buildIndexes: <boolean>,
            hidden: <boolean>,
            priority: <number>,
            tags: <document>,
            slaveDelay: <int>,
            votes: <number>},
         }
         {
              _id: 1,
              host : "<hostIP>:<Port>"
            （略）
          }
      ]
   }
)
```

主要属性说明如下。

- arbiterOnly 属性：可通过 true/false 来指定该节点是否为仲裁节点。若要在已存在的副本集中添加仲裁节点，则可以直接用 rs.addArb()方法。
- buildIndexes 属性：可通过 true/false 来指定是否可在该节点上建立索引，此属性一旦设置后就无法变更，除非移除后再重新通过 rs.add()添加上。若此节点可能被应用程序读取，则务必设置为 true；若此节点仅仅用来备份数据，则可以设置为 false（特别注意：若设置为 false，则优先权属性必须设置为 0）。默认值为 True。

- hidden 属性：可通过 true/false 来指定是否隐藏该节点。若指定为 false，则表示该节点不会成为读取来源对象，也不可能成为主节点。默认值为 true。
- priority 属性：0～1000 的数字，一般数据节点默认值为 1；仲裁节点预设为 0（3.6 版的变更）。数值越高，表示在选举过程中越有资格成为主节点，其中 priority 必须大于 0。
- tags 属性：内容为一个文档集合，其中文档内容必须是字符串类型。符合 tag 属性的文档读取需求会在对应的副本节点中被满足。这个属性对于副本集的功能隔离非常重要，3.2.3 节将提到的 Read Preference 功能，通过对节点的 tag 配置，指定某个副本存取，如：指定某个副本节点作为备份或报表获取的来源。在图 3-13 中，假设配置一个“一主二副”的副本集，其中第 2 个副本指定 tags 为 { source："rpt" } 作为后续产出报表时的读取来源，并在存取时用 readPref 指定相应的 tags 副本。但需要注意，此副本节点不能为延迟节点，因延迟节点无法被当成 readPref 的节点。
- slaveDelay 属性：是一个 integer 类型的属性，默认值为 0。此属性表示该副本要延迟多少秒后才进行同步。在避免数据误操作方面，该属性会是一个不错的方案。
- vote 属性：也是一个 integer 类型的属性。默认为 1，表示投票权：若设置为 0，则表示无投票权。Arbiter 的 vote 属性必须为 1。若节点的 priority 不为 0，则也不允许 votes 为 0。特别注意：一个副本集可拥有 50 个节点，不过只能允许 7 个节点具备投票权。

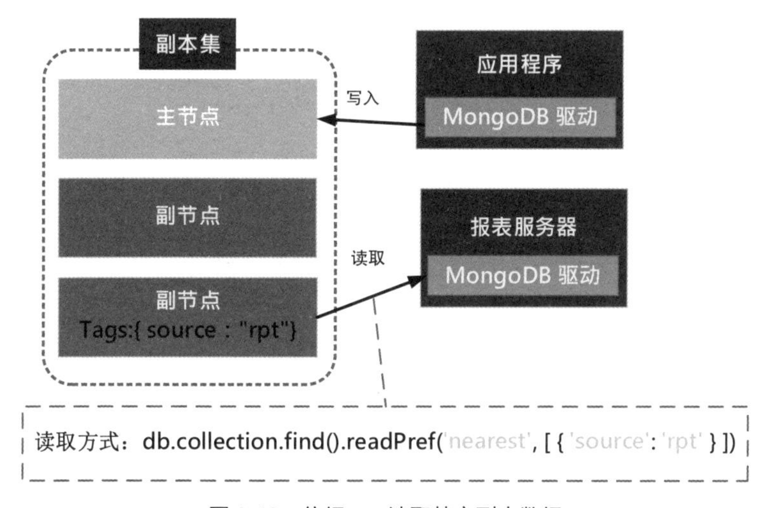

图 3-13　依据 tag 读取特定副本数据

副本集的细节配置还有非常多的方式和技巧，如果读者有兴趣，可到官网或是国内“萌阔论坛”（http://forum.foxera.com/mongodb）去挖掘更多的进阶文章。

4. **副本集的回滚（Rollback）**

（1）发生回滚的状况。

在对 MongoDB 副本集进行写操作时，若主节点在接收写操作后尚未将写操作同步至副节点便发生宕机或网络断开，则新的主节点仍有新的写操作，但当旧的主节点恢复后，便会产生数据不一致的状况。这时可以通过回滚机制，将旧的主节点数据恢复至最后一致的状态。

（2）回滚的机制。

以下两种情况下会触发节点的回滚机制：

- 同步源最新的 Oplog 没有目标节点新。
- 同步源的第一条 Oplog 记录与目标节点最新的 Oplog 不同。

在节点触发回滚时，首先会找到此节点与同步源共同的操作点，将共同操作点之后做过变动的文档写至数据文件夹“/rollback/”路径下的 BSON 文件中，并撤销 Oplog 记录；然后从当前的主节点同步共同操作点之后的操作。回滚的状态可以从 log 中查询。

BSON 文件的格式如下：

<database>.<collection>.<timestamp>.bson

此文件内容必须由人为决定是否保留。若需保留，则可以使用恢复命令“mongorestore”恢复至暂时的集合，然后将差异的文档内容写入应用程序正在使用的集合中。

（3）回滚的限制。

需要注意回滚的数据量及回滚的时间，不同版本的限制不同，可能因此造成回滚失败。

- 回滚的数据量：
  — 4.0（含）以后的版本，回滚的数据量没有限制；
  — 4.0 以前的版本，回滚的数据量不能超过 300MB。
- 回滚的操作时间：
  — 4.0（含）以后的版本，回滚的时间默认为 24h，可使用参数“rollbackTimeLimitSecs”进行配置；
  — 4.0 以前的版本，回滚时间不能超过 30min，且不可配置。

除此之外，4.0（含）以后的版本，在回滚之前会等待后台正在进行的索引建构完成。

若回滚失败，则需要将节点卸除，然后删除目录下的数据文件，再重新进行节点同步。为避免回滚失败，最好确保副节点与主节点的数据不要有太大的差距。

若要避免发生回滚的状况，可使用写入策略（3.2.3 节将详细介绍），以确保数据在写入多个节点后才回传成功。这样可避免“副节点尚未从主节点同步数据”就发生主节点宕机或网络断开而造成数据丢失。

3.2.3　数据读写策略

1. 写入策略（Write Concern）

可以根据不同的场景选择不同的写入策略：

- 在某些场景中，除“数据的最终一致”外没有其他需求，比如在“保存服务器 log”这个应用中，只要保证“数据的最终一致”即可。
- 在某些场景中，“响应时间”比“数据的一致性”更重要。比如在“移动支付”这个应用中，对响应时间有着极高的要求。

（1）写入策略的参数介绍。

不同的应用程序存在不同的写入需求，那么 MongoDB 如何满足它们呢?

MongoDB 使用“Write Concern”配置来做到这一点，它属于客户端的设置，可让用户根据应用程序需求定义不同的写入响应（acknowledgement）层级，以决定数据在写入数据库后何时反馈给客户端。

Write Concern 包含以下字段：

{ w：<值> ,J：<布尔值> , wtimeout：<数字> }

①“w”字段，它可以是以下几种形式。

- 整数数字 N：表示在反馈“操作完成”信息给应用程序前必须同步到 N 个副本节点上。
  - — 如果设为 1，表示只有写入主节点。此为默认模式。
  - — 如果设为 0，表示谁也不需要。可能会出现未写入成功但应用程序却未收到错误提示（仍会收到 socket 或是网络异常的错误）。
  - — 如果设为大于 1 的某个数，则只写入这个数的节点。必须特别注意集群节点数量需大于此数，否则可能会出现“Not enough data-bearing nodes at…”错误信息。
- majority：此设置表示，只有当写入超过“大多数”的可投票节点时才会反馈信息给应用端。

此处需要注意的是，在副本集中如果有仲裁节点，则可能出现这种情况——即使所有数据副本都已同步，但仍无法满足“超过大多数”节点的条件而出现异常。

- 标签集合：数据需写到该标签的副本节点上，MongoDB 才给出写入成功的回应。

②“j”字段，表示“写”操作是否需要记录到日志文件（journal）中。若设置为记录到日志中，则在服务发生意外时可通过日志恢复数据。

③“wtimeout”字段，表示等待时间的限制，单位为 ms。若超过此限制则写入失败。合理设置该字段，可以避免“写”操作无止尽地等待。只有当“w”字段的值大于 1 时，这个属性才会生效。

（2）写入策略的配置范例。

下面用几张图来描述在客户端写入时，不同 Write Concern 配置下 MongoDB 的处理方式。

- 使用 { w:0 } 的处理流程如图 3-14 所示，范例指令如下：

```
db.collection.insert({ name:"Jason"},writeConcern:{w:0})
```

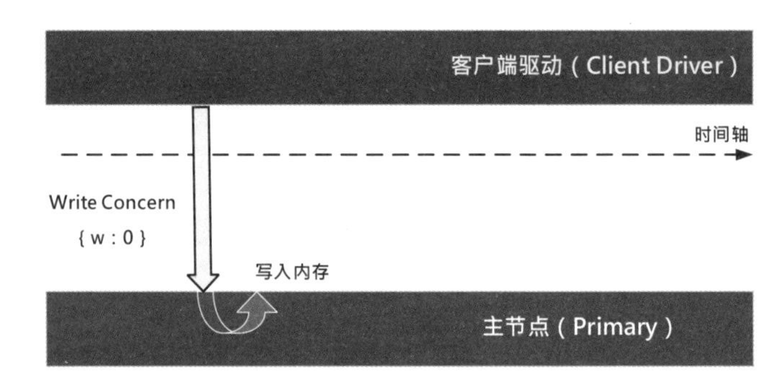

图 3-14　{ w:0 } 的写入流程

得到的结果为：

```
WriteResult({})
```

此结果表示服务器端未传回任何结果，原因是客户端发出写入请求时就告知服务器在收到需求后第一时间回复完成（即使写入最终失败），适用于性能要求较高但完成与否的严重性较低的场景。

- 使用 { w:1 } 的处理流程如图 3-15 所示，范例指令如下：

```
db.collection.insert({ name:"Jason"},writeConcern:{w:1})
```

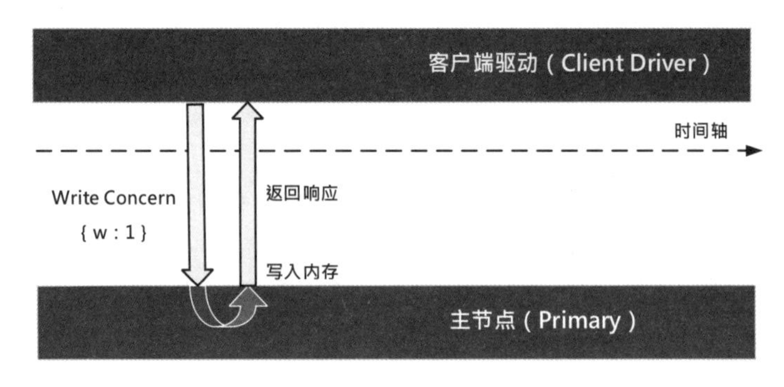

图 3-15　{ w:1 } 的写入流程

得到的结果为：

```
WriteResult({"nInserted"：1})
```

服务器传回已成功完成一笔数据的写入（写入到内存后反馈）。

- 使用 { w:1 , j：true } 的处理流程如图 3-16 所示，范例指令如下：

```
db.collection.insert({ name:"Jason"},writeConcern:{w:1,j:true})
```

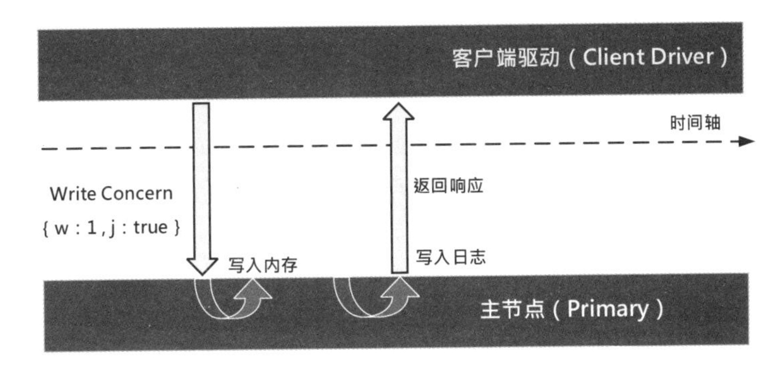

图 3-16　{w:1, j:true} 的写入流程

得到的结果为：

WriteResult({"nInserted":1})

服务器传回“已成功完成一笔数据的写入”（包含写入内存与日志中）。

- 使用 { w:2 } 的处理流程如图 3-17 所示，范例指令如下：

```
db.collection.insert({ name:"Jason"},writeConcern:{w:2})
```

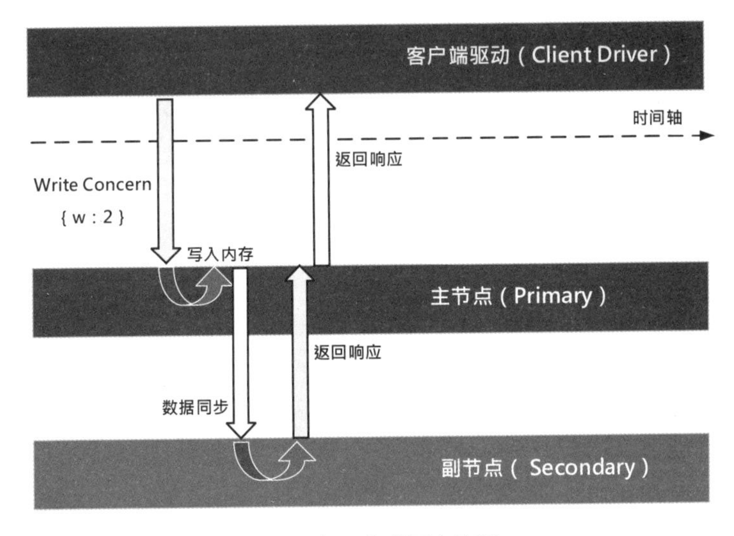

图 3-17　{w:2} 的写入流程

得到的结果为：

WriteResult({"nInserted":1})

服务器传回“已成功完成一笔数据的写入”（包含写入主节点内存与一台副节点内存）。

2. 读取策略

类似于写入策略，MongoDB 对数据读取也提供了弹性的配置，分别是 Read Concern 和 Read Preference。两者并非互斥，可以配合使用。

（1）Read Concern。

Read Concern 的作用是让客户端指定什么样的数据是可以被读取的。

对有些应用程序而言，并非在其他客户端将数据写入主节点内存或日志中后就可以被读取，这些数据可能尚未完成写入操作（如 majority，写入大多数节点才算完成）。

假设一个场景：如果现在有一个“一主二副”的副本集，若数据已写入主节点（primary）但尚未同步到大多数副节点，此时客户端读取数据，接着主节点出现异常，数据回滚，最终数据未写入副本集，如此一来客户端读取到的就是“脏数据”。在这样的场景下，我们可能需要的是“当数据写入大多数数据节点后”才被读取。

上述需求可以通过 Read Concern 实现，具体语法如下：

```
db.collection.find().readConcern（<Level>）
```

其中 Level 参数可以设置为以下几种值。

- local：从主节点读取时的默认值。在未写入大部分节点前就反馈给应用程序（此做法可能导致脏读）。
- available：从副节点读取时的默认值。在未写入大部分节点前就反馈给应用程序（此做法可能导致脏读）。
- majority：数据操作必须更新至大多数节点后才能被读取。
- linearizable：只允许在主节点读取。通过此配置保证能读到“write Concern”被设置为“majority”且已获得确认的数据，但仅在查询结果为单个文档情况下才会生效。
- snapshot：从 4.0 版本开始提供，只能在多文档事务中使用。若事务不属于因果一致性的会话（causally consistent session），则在“Write Concern”被设置为“majority”时，可保证从已被大多数节点提交（majority-committed）的数据快照中读取。

Level 参数没有绝对的优劣，评估自己的需求进行设置即可。

（2）Read Preference。

通过“ReadPreference”配置可以让客户端驱动（Client Driver）知道要从哪个节点去读取数据。此配置可实现读写分离、就近读取数据的负载均衡效果。

语法如下：

```
mongo.setReadPref（<mode>，<tagSet>）
```

其中，mode 可设置为以下几种值。

- primary：默认值，从主节点读取。
- primaryPreferred：优先从主节点读取。若主节点无法读取，则从副节点读取。
- secondary：只从副节点读取。
- secondaryPreferred：优先从副节点读取。若无法从副节点读取，则从主节点读取。
- nearest：根据网络情况从最近的节点读取，也可搭配指定副本的 tags 限制读取来源。

3.3 认识分片集（Sharding Cluster）

3.3.1 分片集简介

1. 分片集概述

若将副本集视为集群的纵向延伸，则分片集是集群的横向扩容。分片是指，将数据库不同的文档分布地存储在多个服务器中，这样能有效地减轻单个数据库实例的压力，如同本章一开始介绍的“保险合同保存”案例流程中“将合同依文件编号 A~Z 分散保存在仓库 1~仓库 3”的做法类似。

再举个例子，若应用程序将数个机房服务器产生的 log 文件进行保存，累计已达 10 亿笔数据。若这些数据只保存在一台服务器上，则可能造成存取效率低的问题。若设计为拥有四个分片的 MongoDB 集群，则理论上，MongoDB 会将这些数据平均分配到每个分片中，每个分片保存约 2.5 亿笔数据。具体过程如图 3-18 所示，原本一个分片的数据库添加三个分片后，数据会被接近均匀分配。

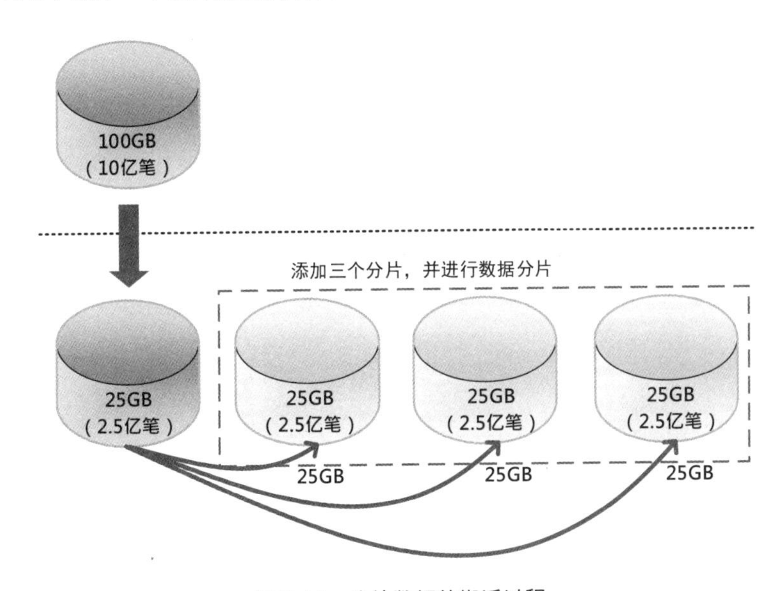

图 3-18　分片数据的搬迁过程

2. 分片集的作用

在单机服务的情况下，对大量文档集合进行查询会对性能造成严重的影响，访问速度会变慢。

有了分片集，能更轻易地实现海量数据的存储，不再受限于单一服务器的物理硬盘容量。而数据如何被分配保存在哪个分片中，MongoDB 本身的机制会自动处理，不需要开发人员编写复杂的程序来管理，这对于有分布式存储需求的应用程序来说实在是一大便利。

除海量数据存储外，数据分散存储也意味着数据存取压力的分散，特别是在并发处理的案例上。

数据依据某个规则被分配到不同的分片（Shard），这样的设计可以让全部数据保存到不同的物理服务器上，以便在存取时所需要的网络、I/O 性能得到舒缓。

例如以下的范例文档，假如数据量极大，则在保存前必须让 MongoDB 知道数据分配的依据，假设分配规则为文件编号（DocCode）A~Z。

以 DocCode 作为拆分依据前，需要确保拆分的粒度足够小且分布均匀，其他的考虑点将在 3.3.2 节进行介绍。

```
mongos> db.personContract.findOne().pretty()
 {
_id: ObjectId("5b3d8c8184857e091a8a70a4")
 "DocCode" : "E",
 "name" : "Jason Chang",
 "gender": "male"
…(略)
```

以文件编码作为分片的拆分规则

图 3-19 是以上述集合数据分布保存的示意图，数据按照设计好的“DocCode”字段中的字母顺序进行分片，拆分存放写入的数据。

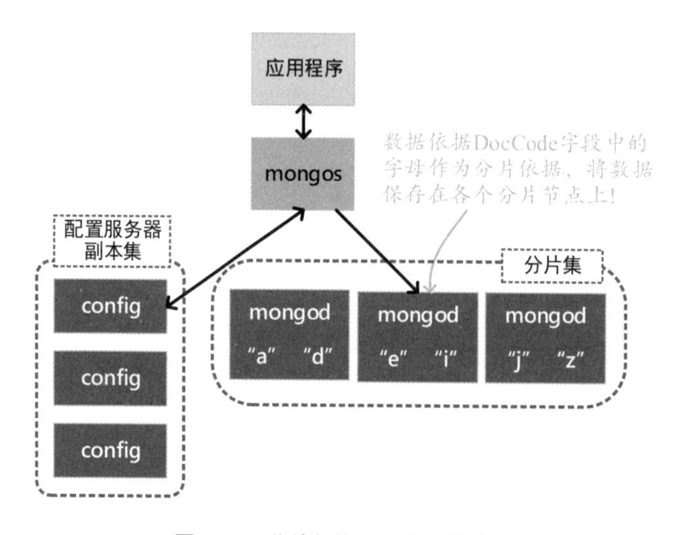

图 3-19　分片架构写入数据的过程

3. 分片时的注意点

虽然分片集群的架构可以保存海量数据及分散读写压力，但其中必须包含 mongos 和 config 角色的服务，且在配置与管理上相对复杂许多。所以，在项目前期的评估阶段，请务必谨慎评估单机或副本集是否满足我们的需求。MongoDB 架构设计应该以实际应用需求作为考虑重点，否则在硬件成本与管理成本上会有一定的额外开销。

虽然 MongoDB 可以提供好用的分片集，但比起单机，其在使用上还是存在一些限制，例如：备份相对困难、集合关联查询无法在分片环境下进行。

所以在配置集群时，如果条件允许，首要任务是提升物理服务器的硬件规格。若升级困难再考虑分片集，是比较好的策略。

3.3.2　片键（Shard Key）

1. 片键简介

MongoDB 数据分片并非完全自动，在分片前还是需要通过配置让 MongoDB 知道数据分配的规则，然后再根据这些规则将数据以数据块（chunk）的形式分布存储到各个分片上。这个规则就是片键（Shard Key）。

片键可以是一个或是多个字段的组合。片键配置的好坏，与未来应用程序的读写性能优劣有着最直接的关联。若片键的粒度（数据分配条件）太大，则数据分配与数据块拆分、搬迁的效果就会非常差。如果集合中没有适合的字段作为片键，则可以考虑添加一个字段用作片键，而不是将就使用一些不适合的字段。

> Chunk 是分片中数据拆分出的一个区间，可将其视为一个小数据块，用于保存集合中的某一部分数据。在数据量小时，区间可能是-∞～∞。但随着数据量越来越大，区间可能会被拆成几个更小的区段。
>
> Chunk 的默认为 64MB。除非片键设置得太差，否则 Chunk 的大小一般不超过默认值。

2. 片键的配置

片键的配置相当简单，只需要在分片集群上对集合设计好索引，此索引将被用作片键，具体操作代码如下：

对数据库启用分片：

```
sh.enableSharding(<database>)
```

设置集合的片键：

```
sh.shardCollection(<namespace>,<key>,<unique>,<options>)
```

其中，sh.shardCollection 的四个参数如下。

- namespace：要进行分片的集合。指定对应的数据库与集合（database.collection）即可。
- key：用作分片依据的片键，让 MongoDB 知道如何在分片间分发文档。此处指定作为片键的字段及排序依据：1 为正向，–1 为反向，hashed 为散列片键。可配置复合字段作为片键。
- unique：可选参数。若为 true，则表示强制执行索引的唯一约束。值得注意的是，hashed 片键不支持唯一约束，默认值为 false。
- options：可选参数，包含 numInitialChunks 和 collation。
    - numInitialChunks 是一个整数值，可设置空集合初始化数据块（chunk）的数量，但每个分片必须小于 8192 个 chunk。若为非空集合，则会造成 MongoDB 报错。

- collation 用来指定字符串的排序规则。若要使用默认排序，则至少须包含字段 { locale: "simple" }（此处的“simple”表示字符串是按二进制排序。可将“simple”替换为其他排序规则）。

范例如下：

```
sh.shardCollection("E-commerce.Carts", { CustomerSysNo: 1 }, false,
                    { numInitialChunks: 5, collation: { locale: "simple" } } )
```

在 4.2.6 节中会有更具体的配置步骤，此处仅针对语法进行说明。

3. 片键的选择依据

一旦决定在集群上使用分片集并将数据分片，则必须慎重选择片键，否则等数据量大了才想更改片键，那将付出极大的代价。

（1）选择片键的准则。

- 数据拆分：片键必须能让 MongoDB 适当地把数据块拆分成小块，便于切割与搬迁。若拆分粒度过大，则会出现某分片数据量过大或是搬迁缓慢的问题，所以必须设置一个可以把数据细分为很多区间的片键。
- 随机分布：片键存在的一个好处是——让数据可以均匀分布。在数据存取时，压力也会均分在每一台服务器上，所以，一个能让写入的数据分布在每台服务器上的片键，才是一个好的片键。
- 基数（cardinality）：集合字段中包含越多不同的值，越能将数据分得更细，则属于基数越大的片键（索引）。例如身份证号，每个人的都不一样，基数就非常大；又如性别，基本上只有男与女两个值，基数就非常小。在选择片键时，必须选择基数大的字段。
- 实际需求：MongoDB 在设计集合或字段时，多半是从实际应用出发。片键亦然，在满足数据均匀分布的前提下，应尽可能让一次查询的结果保存在一个分片上，这能有效提升查询的性能。

> 例如：如果在 MongoDB 分片集中保存了全国汽车数据，试问要以型号、颜色、车辆挂牌省市、车主等字段中的哪一项来作片键呢？
>
> 除考虑片键设计的条件外，还必须要考虑到数据怎么使用的问题。
>
> 若经常需要获取某省市的车辆信息，则片键应该尽量包含车辆挂牌省市字段。
>
> 若常以型号作为查询或分析的条件，则尽量包含型号。这样才能保证查询在同一个分片上完成。

（2）不适合的片键。

上面提到了选择片键的准则，接下来从另一个角度来看看具体有哪些片键不适合。

- 小基数片键：若选择的片键只有两个可能的值（如：男性、女性），会有什么问题？在这个情况下，集群至多只能配置两个 chunk，因为数据只能切出两大块，而这些数据块随着数据写入会越来越大，无法分割，导致硬件无法横向扩容，发生硬盘空间不足的异常情况。这里再次呼应了“片键在基数考虑上的重要性”。

- 升序片键：若以 ObjectId 值、自增长的 id、数据写入时间这类的字段作为片键，则新数据永远会写入最后的数据块上。如图 3-20 所示，片键为自增长整数 id，若有新数据进来，则 id 为“41”，将写入 chunk 2 中。可想而知，后续的 id 只会越来越大。所以，新增的数据都会写入 chunk 2，直到 chunk 2 超过一定大小后进行 chunk 分裂。这将造成写入的压力，以及 chunk 分裂和迁移的压力都落在最后一个 chunk 所在的分片（服务器）上，而其他分片却闲置的情况，无法发挥分片的优点。

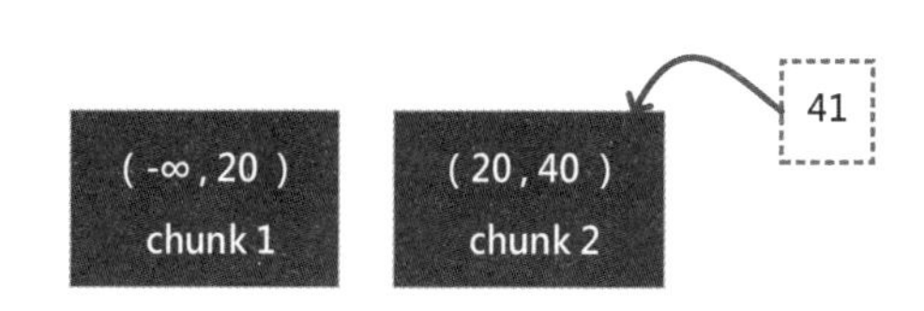

图 3-20　升序片键数据写入情况

- 无意义的随机片键：这里提到的“无意义”指的是只能保证数据平均分布，但与具体查询条件无任何关联，以致一次查询要同时存取多个分片并加以整合。这将造成数据查询时 I/O 负载过重。

如果没有适合的字段作为片键，也可以使用 MongoDB 自带的哈希（Hash）索引，但仍然要根据应用场景选择适合的字段。请注意，Hash 索引目前无法使用在复合片键上。

3.3.3　控制数据分发——分片标签

1. 分片标签简介

MongoDB 在分片集中提供了一个很方便的功能：应用程序可以指定数据存放在某个分片或是某个机房的服务器上。这使得我们可以更容易地进行数据的分配与管理，这全仰赖于分片的标签（Tag）。

2. 分片标签的设置

（1）写入指定的分片。

以深圳为例，在部署集群环境时，配置该地点的服务器为 shard_SZ_01，并且在深圳服务器的分片打上标签 Tag_SZ。这样，应用程序在写入数据时就能指定写入 shard_SZ_01 分片，间接地控制了数据保存的地理位置。

语法为：

```
sh.addShardTag（<Shard> ,<tag> )
```

可以在 mongos 上执行以下语句为分片打上 tag，如图 3-21 所示。

```
sh.addShardTag（"shard_SZ_01", "Tag_SZ"）
sh.addShardTag（"shard_SH_01", "Tag_SH"）
```

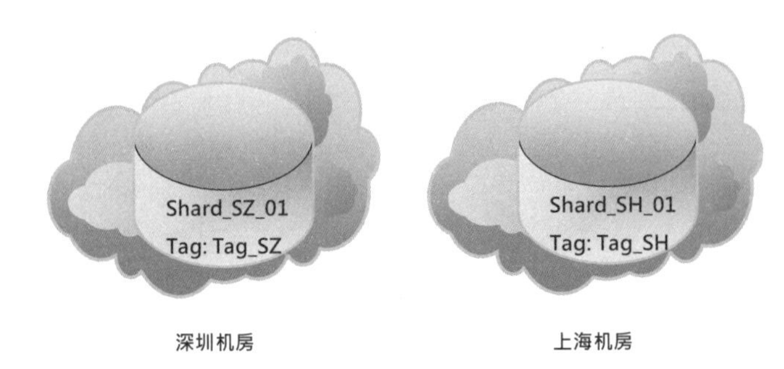

图 3-21　分片标签示意图

（2）指定数据自动分配到特定的分片中。

可以配置数据范围，使数据可以自动地分配到指定的分片中。具体语法如下：

```
sh.addShardRange（<namespace>,<minimum>,<maximum>,<tag>）
```

其中，mininum 与 maximum 分别表示此分片在保存数据时片键范围的最小值与最大值，tag 则是分片的标签。

为方便理解下面举用例说明，在此假设已将数据库“E-commerce”中的“Members”集合进行了数据分片，片键为会员所在城市“city”和邮政编码“zipCode”两个字段。可以通过设置，将不同城市的会员数据保存在当地城市的服务器上。

下面以深圳市为例：

```
sh.addShardRange（"E-commerce.Members",
{city: "SZ",zipCode: "51800"},{city: "SZ",zipCode: "51899"},"Tag_SZ"）
```

3. 标签的应用场景

标签的应用场景有很多，例如：

（1）冷热数据的分区存储：可以将不常查询的历史数据保存在配置比较差的服务器上，从而提升高规格设备的资源使用率。

（2）就近读写：搭配分片 Tag 与副本集的读写分离特性，可以让数据就近写，并同步到其他非本地的副本中，以实现所有读写都在最近的服务器上完成。

MongoDB 具备很多功能与特性，其使用方法类似拼凑积木，可以按应用程序的需求拼凑出最合适的环境架构，这也是 MongoDB 有趣与迷人之处。

3.3.4　平衡器（Balancer）

片键是数据分片的依据，且数据拆分是以数据块（chunk）为基本单位。本节要介绍的平衡器则是确保每个分片保存的数据量（数据块）保持在一个相对平衡的状态。在深入说明平衡器之前，先仔细介绍一下何谓数据块（chunk），这将有助于理解平衡器的功能。

1. 数据块

平衡器是以数据块为单位进行搬迁。理论上，一个数据块会包含 0 或多个文档，一个分片则保存 0 或多个数据块。

我们回头看看分片搬迁数据的范例。在图 3-22 中，四个分片间移动的数据单位就是现在提到的 chunk。

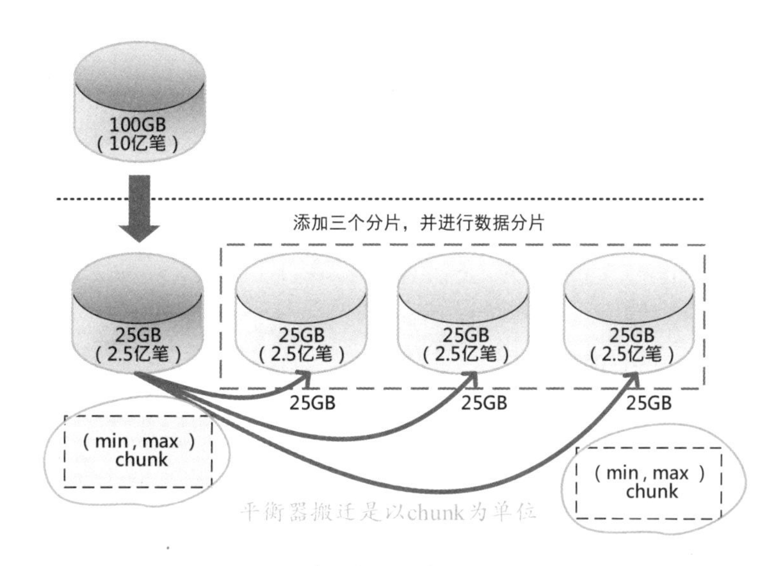

图 3-22　分片平衡器搬迁 chunk

chunk 的大小预设为 64MB，但也可以自定义。在重新配置前，务必弄清楚 chunk 的大小对应用的影响：

- 如果 chunk 设置得太小，则会引发频繁的拆分和搬迁，将严重影响网络性能。
- 如果 chunk 设置得太大，则数据不容易被分散保存与读取，数据存取的性能上也容易出现瓶颈。

图 3-23 所示为 chunk 的拆分过程。

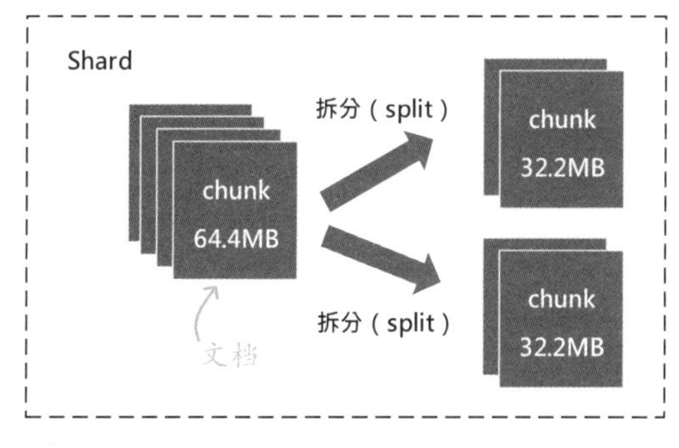

图 3-23　chunk 的拆分过程

表 3-3 是不同的 chunk size 所造成的差异以及影响。

表 3-3　chunk size 配置不同大小的影响

	均匀程度	网络传输影响	迁移程度	每次网络传输量	chunk 数量
chunk size 越大	越差	越大	次数越少	越大	越少
chunk size 越小	越好	越小	次数越频繁	越小	越多

chunk 什么时候会分裂呢?

- 当数据块大小达到设定值。
- 当 chunk 中的文档数量超过最大值。

chunk 分裂是非常快的，一般只影响元数据的更新，并不影响到实际数据的移动。但如果分裂过程触发了平衡动作，则会占用服务器与网络资源。MongoDB 的好用之处在于自动化的分布式管理，分片之间的数据搬迁完全不用开发人员伤脑筋。平衡器预设是开启的，它是一个运行在后台的进程，也可以手动关闭。通常对数据库管理或是集群进行调整操作之前，建议先把平衡器关闭。

在 mongos 中，可以用以下指令查看状态与操作平衡器：

```
sh.getBalancerState()
sh.stopBalancer()
sh.startBalancer()
```

查看平衡器状态

关闭平衡器

启动平衡器

也可以通过以下指令手动搬迁 chunk：

```
sh.moveChunk(<namespace>,<query>,<destination>)
```

参考范例：

```
sh.moveChunk ( "Carts.members",{ city: "SZ",zipCode: "51899"},"ShardSZ" )
```

上述范例的查询条件必须是片键。

在 config 数据库中，可以运行指令来查看 lock 集合中记录的平衡器状态。其中 lock 是一个系统集合，不允许管理员对它进行任何操作。具体指令如下：

```
>db.locks.find ( {"_id": "balancer"} )
```

执行结果如下：

```
{
 "_id" : "balancer",
"state" : 2,
"ts" : ObjectId ( "5a06506bbd1e97b68e8d5585" ) ,
"who" : "ConfigServer:Balancer",
"process" : "ConfigServer",
"when" : ISODate ( "2017-11-11T01:21:09.586Z" ) ,
```

```
  "why" : "CSRS Balancer"
}
```

在以上结果中：

- 若 state 的值为 0，代表平衡器已被关闭。
- 若 state 的值是 2，代表平衡器正在运作。

其次，从“who”字段可以得知当前的平衡器是哪一个。

2. 平衡器的运作

MongoDB 的平衡器会周期性地检查分片是否分布均匀。这个检查考虑的是每个分片 chunk 的数量，并非文档的数据大小和数量。如果分片分布不均匀，则会发生搬迁，一般发生在 chunk 数量最多和最少的分片之间。

在搬迁的过程中，chunk 中的数据会被复制到目的端的分片上，此时应用端的读写请求仍会被送到来源端分片的 chunk 上，直到 chunk 搬迁完且元数据也完成更新，mongos 才会重新指向目的端分片。

chunk 在分片中是按照表 3-4 中的迁移阈值进行的迁移。

表 3-4　chunk 搬迁的判断阈值

chunk 数量	迁移阈值
[1,20）	2
[20,80）	4
[80,max）	8

表 3-4 表示：

- 当集合分片的 chunk 数量在 20 个（含）内时，若分片间的 chunk 数量差异超过两个，则触发 chunk 搬迁。
- 若 chunk 数量是 20～80，则差异必须超过 4 个才会触发搬迁行为。

chunk 分裂是根据 chunk 大小、chunk 数量按照表 3-5 的规则进行的，最终会以 64MB 作为拆分依据。

表 3-5　chunk 不同数量时的拆分依据

chunk 数量	分裂阈值
1	1024B
[1,3）	0.5MB
[3,10）	16MB
[10,20）	32MB
[20,max）	64MB

在设计副本集架构时，因为会有大量冗余数据，所以请记得要审慎评估自己的需求与硬件成本。

在搬迁的过程中，会从来源分片复制数据到目的分片上。在这个过程中，若使用 db.collection.find().count()方法来计数则会出现错误值，数值可能包含搬迁过程产生的复制数据。所以，使用 aggregate()方法来作计数才会比较准确。

对于初学 MongoDB 的读者，只需要知道平衡器的大致功能即可，尽量避免在不了解运作机制与相应的影响下修改默认的配置，如 chunk 大小、关闭平衡器等，这些配置不妥，将会大幅影响应用程序的性能。

第 4 章 集群的配置

当了解了一些集群的基本理论后，就要开始进行大家最关心的 MongoDB 集群的配置。集群主要分成副本集和分片集。一般都是依照使用的场景来决定要使用哪一种集群。

通过本章，读者将学到以下内容：

- MongoDB 副本集的配置；
- MongoDB 分片集群的配置；
- 启用权限配置；
- 自启动服务配置；
- 调整集群配置的常用指令。

4.1 配置副本集

4.1.1 了解要配置的架构

一般副本集架构虽然没有强制需要多少节点才能配置，但官方建议最低需要使用 3 个节点，这样才可以达到高可用的效果。节点角色通常会使用“一主二副”或“一主一副一仲裁”架构。

为了演示不同节点的配置方式，这里将使用“一主一副一仲裁”架构，如图 4-1 所示。

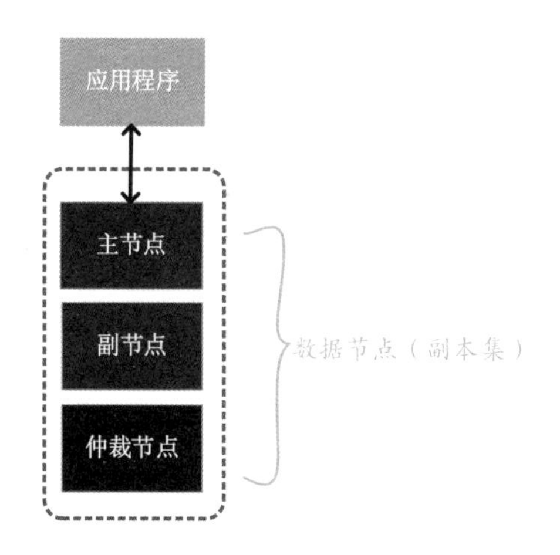

图 4-1 示范配置架构

4.1.2 配置数据副本集（含 Arbiter）

若配置为“一主一副一仲裁”架构，则需要在三台机器上配置这三个节点的服务。

1. 配置数据节点

（1）创建存放进程 ID（PID）的文件夹。

若为安装版本，则在安装后默认会建立此文件夹。但此文件夹为系统的暂存文件夹，因此在重启后需要重新创建该文件夹才能使用配置文件启动。

创建暂存文件夹的具体命令如下：

```
# mkdir -p /var/run/mongodb/
```

（2）创建存储节点数据和 log 文件的文件夹。

在每一台要配置数据节点的机器上均要操作，因为要配置“一主一副”架构，所以需要在两台机器上配置。

- 创建数据节点储存数据的文件夹，具体命令如下：

```
# mkdir -p /mongodb/node/data
```

- 创建数据节点储存 log 的文件夹，具体命令如下：

```
# mkdir -p /mongodb/node/log
```

（3）编辑数据节点的配置文件。

在每一台要配置数据节点的机器上均要操作，此范例需要在两台机器上配置。

具体命令如下：

```
# vim /etc/mongod_Node.conf
```

文件内容如下：

```
#   mongod_Node.conf
```

```
#  for documentation of all options, see:
#      http://docs.mongodb.org/manual/reference/configuration-options/

#  where to write logging data.
systemLog:
  destination: file
  logAppend: true
  path: /mongodb/node/log/node.log
```

必须与数据节点的 log 文件夹路径相同

```
#  Where and how to store data.
storage:
  dbPath: /mongodb/node/data
  journal:
    enabled: true
```

必须与数据节点存放数据的文件夹路径相同

```
#   engine:
#   mmapv1:
#   wiredTiger:

#  how the process runs
processManagement:
  fork: true  #  fork and run in background
  pidFilePath: /var/run/mongodb/node.pid  #  location of pidfile
  timeZoneInfo: /usr/share/zoneinfo
```

修改 PID 文件的名称

```
#  network interfaces
net:
  port: 27019
  bindIp: 0.0.0.0  #  Listen to local interface only, comment to listen on all interfaces.
```

欲启动的端口

要监听的端口：若要让集群中节点间可以互通，则必须使用 0.0.0.0 或使用本机 IP

```
# security:

# operationProfiling:

replication:
  replSetName: repl_0
```

设定副本集名称。同一个分片的副本集节点名称要相同

```
# sharding:

##  Enterprise-Only Options

# auditLog:

# snmp:
```

与单机版不同，配置副本集的节点需注意以下两点：

- 若副本集“不为”分片集群所用，则在配置基本属性值时，须设置 replication. replSetName，用来设定此副本集的名称。所有在此副本集内的成员名称须一致。
- 若副本集“须为”分片集群所用，则在配置基本属性值时，除需要设置计副本集的名称外，还需要设置 sharding.clusterRole。若将其设置为 configsvr，则声明是 config 副本服务；若将其设置为 shardsvr，则声明是数据节点的服务。

（4）使用配置文件启动数据节点。

启动数据节点的具体命令如下：

```
# mongod -f /etc/mongod_Node.conf
```

2. 创建仲裁节点

（1）创建存储 Arbiter 数据和 log 文件的文件夹。

在每一台要配置 Arbiter 的机器上均要操作，此范例需要在一台机器上配置。

- 创建 Arbiter 储存数据的文件夹。

Arbiter 储存的不是应用程序的数据，而是副本集的配置数据。创建 Arbiter 储存数据文件夹的具体命令如下：

```
# mkdir -p /mongodb/arbiter/data
```

- 创建 Arbiter 储存 log 的文件夹，具体命令如下：

```
# mkdir -p /mongodb/arbiter/log
```

（2）编辑 Arbiter 的配置文件。

在每一台要配置 Arbiter 的机器上均要操作，此范例需要在一台机器上配置。

具体命令如下：

```
# vim /etc/mongod_Arbiter.conf
```

文件内容如下：

```
#   mongod_Arbiter.conf

#   for documentation of all options, see:
#     http://docs.mongodb.org/manual/reference/configuration-options/

#   where to write logging data.
systemLog:
  destination: file
  logAppend: true
  path: /mongodb/arbiter/log/arbiter.log

#   Where and how to store data.
storage:
```

需与 Arbiter 的 log 文件夹路径相同

```
  dbPath: /mongodb/arbiter/data
  journal:
    enabled: true

#     engine:
#     mmapv1:
#     wiredTiger:


#   how the process runs
processManagement:
  fork: true   #   fork and run in background
  pidFilePath: /var/run/mongodb/arbiter.pid   #   location of pidfile
  timeZoneInfo: /usr/share/zoneinfo

#   network interfaces
net:
  port: 27020
  bindIp: 0.0.0.0   #   Listen to local interface only, comment to listen on all interfaces.

# security:

# operationProfiling:

replication:
  replSetName: repl_0


# sharding:

## Enterprise-Only Options

# auditLog:

# snmp:
```

需与 Arbiter 存放数据的文件夹路径相同

修改 PID 文件的名称

欲启动的端口

要监听的端口。若要让集群中节点间可以互通，必须使用 0.0.0.0 或本机 IP 地址

副本集的名称,同一个分片的副本集节点名称要相同

（3）使用配置文件启动仲裁节点。

在每一台要配置 Arbiter 的机器上均要操作，此范例需要在一台机器上配置。

启动仲裁节点的具体命令如下：

```
# mongod -f /etc/mongod_Arbiter.conf
```

（4）登录其中一台数据节点。

通常选择初始时欲成为 Primary 的节点。具体命令如下：

```
# mongo --port 27019
```

登录画面如下：

```
MongoDB shell version v4.0.0
connecting to:mongodb://127.0.0.1:27019
MongoDB server version:4.0.0
Server has startup warnings:
>
```

（5）在登录节点后设定副本集成员。

具体指令如下：

```
> use admin
> rs.initiate ({
... _id:"repl_0",
... members:[
... {_id:0,host:"<Node1_IP>:<port>"},
... {_id:1,host:"<Node2_IP>:<port>"},
... {_id:2,host:"<Node3_IP>:<port>",arbiterOnly: true}
... ]})
```

设定副本集名称，需与配置文件内设定相同

表示为仲裁节点

设置副本集所有成员的 IP 地址及端口，如：10.10.10.10:27018

设定结果如下：

```
{"ok":1}
repl_0:PRIMARY>
```

操作成功

设定完成后，输入命令会显示出副本集名称，以及此服务是什么节点（PRIMARY 或 SECONDARY）

至此数据节点的副本集的配置就完成了。可以通过 rs.conf()及 rs.status()指令来查看。此时，便可以通过副本集的主节点来对数据库进行读写操作。但若考虑到日后方便横向扩展，则可以将其配置成分片集群。

4.1.3 配置内存节点

数据节点，除可使用一般的节点外，也可使用 In-Memory 节点。In-Memory 节点的数据会完全放置在内存中，仅有少量的元数据及诊断（Diagnostic）日志会保存在磁盘中。因此，在读取数据时不会涉及磁盘的 I/O 操作，这使得数据的访问速度更快。但缺点是：一旦服务关闭后，数据就会丢失（包含权限信息）。

1. 将内存节点设置为主/副节点的优劣

（1）设定为主节点。

若将 In-memory 节点设定成主节点，则可以增加读写的效率。但若在数据写入后还同步到副本节点就发生宕机，则可能导致数据丢失。因此，若将 In-Memory 节点当作主节点来使用，则应用程序必须要能够承担这样的风险。

（2）设定为副节点。

若将 In-memory 设为副节点，则 In-Memory 节点重启后可以从其他节点上同步数据，以避免数据丢失所造成的损失。

如将 In-Memory 设为副本节点，则可通过“读写分离”来提高读写性能。

2. In-Memory 节点的配置方式

配置 In-Memory 节点的方式，与配置一般节点的方式仅有少量差异。

在 MongoDB 节点的启动文件中，需要将 storage 属性值的储存引擎设为“inMemory”，此时数据会保存在内存中。在配置时可以设置“内存使用空间”的大小，默认大小为“50%的物理内存-1GB”；而 dbpath 的路径下仅会保存一些诊断（Diagnostic）数据及元数据等，因此直接使用物理磁盘即可。

具体配置方法如下。

（1）建立保存诊断（Diagnostic）数据及元数据的文件夹。

```
# mkdir -p /mongodb/in-memoryNode
```

（2）设置启动文件中 storage 的属性值。

```
storage:
engine: inMemory
  dbPath: /mongodb/in-memoryNode
  inMemory:
    engineConfig:
      inMemorySizeGB: 16000
```

后续步骤与一般节点的设定方式相同。

（3）使用配置文件启动此节点。

（4）使用副本集设定方式加入副本节点。

4.2　配置分片集群

分片集群是副本集的延伸，是由一个或多个副本集组成的，因此需要配置 mongos 与 config 服务器，来让集群中的副本集可以关连起来。至于分片数量，则需要按照实际的业务需求来设置：数据量越大、读写压力越高的情境，所需的分片数量就会越多。

4.2.1　了解要配置的架构

图 4-2 所示的分片集群架构是由副本集延伸的，一个副本集可以作为分片集群中的单个分片。分片集群中需要有统一的路由，以及数据存放在哪个分片的记录，因此需要配置 mongos 与 config 服务器。

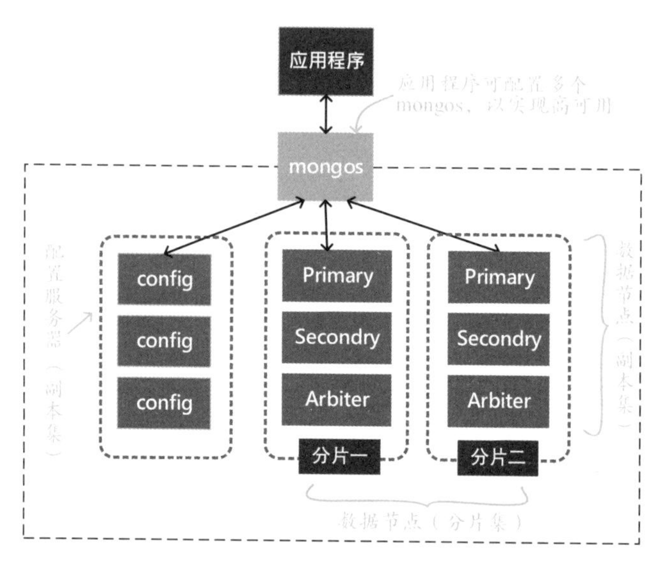

图 4-2　分片集群示范架构图

下面将配置单分片的分片集群。如果要增加更多的分片，则可依照 4.1 节“配置副本集”中的步骤进行配置，配置好副本集后再通过 mongos 将此副本集加入分片集群中。

1.“一主一副一仲裁”架构参考配置

如果希望通过更少的硬件成本来实现“一主一副一仲裁”架构，则可以将压力小的节点（mongos、config）与数据节点放置在同一台主机上。

如图 4-3 所示，主机一与主机二均配置为数据节点，因此硬件资源需求较高且须相同。而主机三中仅放置三个不太有压力的节点，因此硬件资源可以使用较低规格。

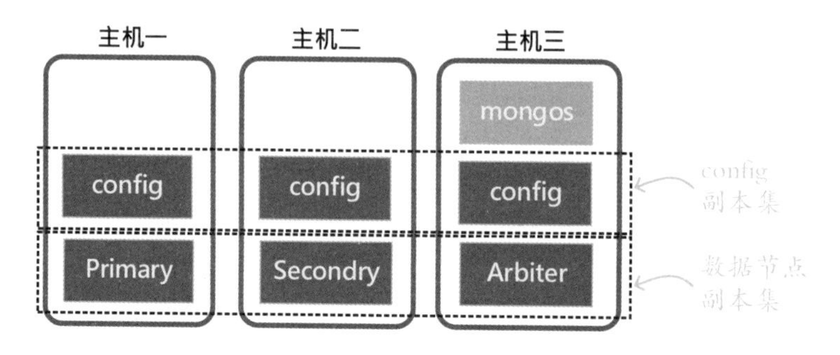

图 4-3　“一主一副一仲裁”架构参考配置

2.“一主二副”架构参考配置

图 4-4 所示为“一主二副”架构的参考配置。如果要配置“一主二副”架构，则可以将如图 4-3 所示架构中的 Arbiter 替换成数据节点。

主机一、主机二、主机三均有数据节点服务，因此均需要相同的硬件资源。

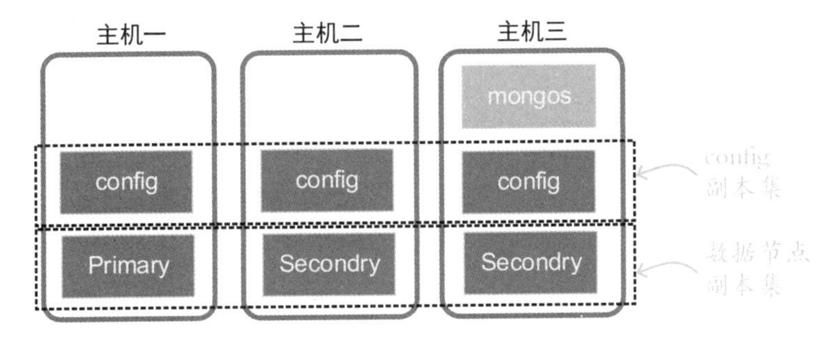

图 4-4　“一主二副”架构参考配置

单分片集群配置的顺序如下：

（1）配置服务器（config）。

（2）配置一个分片，分片即 4.1 节配置的副本集。

（3）配置 mongos，并将分片通过 mongos 加入集群。

mongos、config 副本集、Arbiter 是不太耗用资源的节点，因此如果有硬件成本的限制，则在配置时可以考虑将它们与其他节点放在同一个主机上。但通常不建议同一个副本集的节点放在同一台机器上。

4.2.2　配置 config 副本集

在 MongoDB 3.0 之前的版中，config 服务只可以使用 SCCC 模式；在 3.2 版本中则可以使用 SCCC 或 CRCS 模式。但考虑到数据库稳定性，在 3.4 及之后的版本中已强制只使用 CRCS 模式，详见 3.1.1 小节 config 服务。

副本集的配置至少需要 3 个 config 节点。为了可以达到高可用的效果，需要将 config 副本集的各个节点分散到不同的机器上，以避免在一台机器异常时造成多个服务中断。

（1）创建存放 PID 文件的文件夹。

```
# mkdir -p /var/run/mongodb/
```

若为安装版本，则在安装后默认建立此文件夹。此路径为系统暂存路径，因此在重新启动后，记得要重新创建该文件夹才能使用配置文件启动。

（2）创建 config 用于储存数据和 log 文件的文件夹。

在每一台要配置 config 的机器上均要操作，此范例需要在 3 台机器上配置。

- 创建 config 用于储存数据的文件夹，具体命令如下：

```
# mkdir -p /mongodb/config/data
```

- 创建 config 用于储存 log 的文件夹，具体命令如下：

```
# mkdir -p /mongodb/config/log
```

（3）编辑 config 的配置文件。

在每一台要配置 config 的机器上均要操作，此范例需要在三台机器上配置。安装版本仅有一个单机 mongod.conf 文件，可直接复制编辑。

具体命令如下：

```
# vim /etc/mongod_Config.conf
```

文件内容如下：

```
#   mongod_Config.conf

#   for documentation of all options, see:
#     http://docs.mongodb.org/manual/reference/configuration-options/

#   where to write logging data.
systemLog:
  destination: file
  logAppend: true
  path: /mongodb/config/log/config.log
```

必须与 config 副本集的 log 文件夹路径相同

```
#   Where and how to store data.
storage:
  dbPath: /mongodb/config/data
```

必须与 config 副本集存放数据的文件夹路径相同

```
  journal:
    enabled: true

#    engine:
#    mmapv1:
#    wiredTiger:

#   how the process runs
processManagement:
  fork: true   #   fork and run in background
  pidFilePath: /var/run/mongodb/config.pid   #   location of pidfile
  timeZoneInfo: /usr/share/zoneinfo
```

修改 PID 文件的名称

```
#   network interfaces
net:
  port: 27018
```

设定为欲启动端口

```
  bindIp: 0.0.0.0 #   Listen to local interface only, comment to listen on all interfaces.
```

监听端口设定，若要让集群中节点间可以互通，必须使用 0.0.0.0 或本机 IP 地址

```
# security:
```

```
# operationProfiling:

replication:
  replSetName: configset
```

设定副本集的名称

```
sharding:
  clusterRole: configsvr
```

声明为 config 副本集中的服务

```
## Enterprise-Only Options

# auditLog:

# snmp:
```

（4）使用配置文件启动。

在每一台要配置 config 的机器上均要操作，示范的配置架构为三台。

具体命令如下：

```
# mongod -f /etc/mongod_Config.conf
```

使用 MongoDB 的命令须记得：

- 如果是安装版本，则在任何路径下皆可以直接执行命令。
- 如果是免安装版本，则需要先将 MongoDB 解压缩路径（/bin）设定为环境参数或直接到 bin 路径下使用 ./<MongoDB 命令>，如：./mongod、./mongos、

（5）登录其中一个节点（通常选择初始时欲成为 Primary 的节点）。

具体命令如下：

```
# mongo --port 27018
```

登录画面如下：

```
MongoDB shell version v4.0.0
connecting to:mongodb://127.0.0.1:27018
MongoDB server version:4.0.0
Server has startup warnings:
```

（6）在登录节点后设定副本集成员。

具体指令如下：

```
> use admin
> rs.initiate ({
... _id:"configset",
... configsvr: true,
```

设定 config 副本集名称，需与配置文件内设定相同

申明此为 config 副本集的服务

```
... members:[
... {_id:0,host: "<config1_IP>:<port>"},
... {_id:1,host: "<config2_IP>:<port>"},
... {_id:2,host: "<config3_IP>:<port>"}
... ]})
```

设置 config 副本集所有成员的 IP 地址及端口号，如：10.10.10.10:27018

（7）设定的结果如下：

```
{
   "ok":1,
   "operationTime":Timestamp（1527181084,1）,
   "$gleStats":{
            "lastOpTime": Timestamp（1527181084,1）,
            "electionId": ObjectId（ “000000000000000000000000” ）
   },
   "$clusterTime":{
            "clusterTime":Timestamp（1527181084,1）,
            "signature":{
                     "hash":BinData（0, AAAAAAAAAAAAAAAAAAAAAAAA=）,
                     "keyed":NumberLong（0）
            }
   }
}
configset:PRIMARY>
```

1 表示操作成功；0 表示失败

设定完成后，输入命令会显示出副本集名称，以及此服务是 PRIMARY 或 SECONDARY

节点状态代表的意思可以在“表 3-1 MongoDB 节点的状态编号说明”中查看。至此，config 的副本集就配置完成了。

如果不确定配置后的 config 副本集状况，则可以通过 3.2 节中介绍的 rs.conf()及 rs.status()指令来查看。

一个分片即一个副本集。在配置分片集群的节点时，在配置文件中需要额外设置 sharding.clusterRole 属性，以声明该节点是 config 节点还是数据节点。

4.2.3　配置 mongos

在配置完 config 副本集及数据副本集后，最后一步就是配置 mongos 了。

mongos 是访问的路由。需要几个 mongos 由业务需求来决定，并没有强制规定需要几个。如果想做到在访问时实现高可用，则可以配置不止一台。

在应用程序连接时，如果将所有 mongos 连接字符串加上去，便可以在某台 mongos 服务中断时自动找到其他 mongos 而不造成连接中断。

每一个 mongos 的配置方式是相同的，因此下面示范在一台机器上配置 mongos 的方式。

（1）创建用来存放 PID 文件的文件夹。

```
# mkdir -p /var/run/mongodb/
```

（2）创建用来储存 mongos 的 log 文件的文件夹。

因为下面示范 mongos 不储存数据，所以不用 data 文件夹。在每一台需要配置 mongos 的机器上均要操作。下面示范在一台机器上进行配置。

创建 mongos 储存 log 的文件夹，具体命令如下：

```
# mkdir -p /mongodb/mongos/log
```

（3）编辑 mongos 的配置文件。

在每一台需要配置 mongos 的机器上均要操作。下面范例介绍了在一台机器上进行配置。

具体命令如下：

```
# vim /etc/Mongos.conf
```

文件内容如下：

```
#   Mongos.conf

#   for documentation of all options, see:
#      http://docs.mongodb.org/manual/reference/configuration-options/

#   where to write logging data.
systemLog:
  destination: file
  logAppend: true
  path: /mongodb/mongos/log/mongos.log    需与 mongos 的 log 文件夹路径相同


#   Where and how to store data.
#storage:
#   dbPath: /mongodb/
#   journal:
#      enabled: true
                    mongos 不储存数据，因此不需要 storage 相关配置

#    engine:
#    mmapv1:
#    wiredTiger:

#   how the process runs
processManagement:
  fork: true   #   fork and run in background
  pidFilePath: /var/run/mongodb/mongos.pid   #   location of pidfile
  timeZoneInfo: /usr/share/zoneinfo
                    修改 PID 文件的名称
```

```
#   network interfaces
net:
  port: 27017
  bindIp: 0.0.0.0  #   Listen to local interface only, comment to listen on all interfaces.

# security:

# operationProfiling:

# replication:

sharding:
  configDB:
    configset/<config1_IP>:<port>,<config2_IP>:<port>,<config3_IP>:<port>

##   Enterprise-Only Options

# auditLog:

# snmp:
```

设定为欲启动端口

监听端口设定，如果要让集群中节点间可以互通，则必须使用 0.0.0.0 或本机 IP 地址

配置 config 副本集的信息，包含副本集成员 IP 地址及端口号，如：configset/10.10.10.10:27018,10.10.10.11:27018,10.10.10.12:27018

mongos 与其他节点在配置文件上的不同之处如下：

- mongos 不需要储存数据，所以不需要配置 storage 的相关属性值。
- mongos 不是副本集的概念，所以不需要配置 replication 的相关属性值。
- mongos 需要配置 configDB 信息。

（4）使用配置文件启动。

在每一台要配置 mongos 的机器上均要操作，下面范例在一台机器上配置。

具体命令如下：

```
# mongos  -f /etc/Mongos.conf
```

mongos 与其他节点启动的指令不同，不为 mongod 启动

（5）登录 mongos。

如有多个 mongos，仅需登录其中一台进行设定即可。具体命令如下：

```
# mongo --port 27017
```

登录画面如下：

```
MongoDB shell version v4.0.0
connecting to:mongodb://127.0.0.1:27017
MongoDB server version:4.0.0
Server has startup warnings:
mongos>
```

（6）设定分片成员。

具体指令如下：

配置数据副本集信息，包含副本集名称与副本集成员 IP 地址及端口号

```
mongos> use admin
mongos> db.runCommand ( {addShard:
…'<shard_name>/<Node_1 IP>:<port>,<Node_2 IP>:<port>,<Node_3 IP>:<port>'} )
```

设定的结果如下：

```
{
        "shardAdded":"<shard_name>",
        "ok":1,
        "$clusterTime":{
                "clusterTime":Timestamp ( 1528278607,6 ) ,
                "signature":{
                        "hash":BinData ( 0, "AAAAAAAAAAAAAAAAAAAAAAAA=" )
            "keyed:NumberLong ( 0 ) "
                }
        },
        "operationTime" :Timestamp ( 1528278607, 6 )
}
```

如果想继续增加分片，则先依照 4.1 节来配置副本集（注意，副本集名称不能重复），然后再通过 mongos 将副本集加入集群中作为一个分片。

至此整个单分片集群的基础配置就完成了，可以开始使用第 6 章“MongoDB 基础操作”来对数据进行操作了。如果想查看集群的分片状态，则可以使用 4.3.1 节“查看分片信息状态”的方法。

4.2.4　配置集群的权限

在配置完集群后，接下来要启动集群的权限控管功能。集群的权限控管配置与单机完全不同，集群的权限管控需要产生密钥，集群中的所有机器都必须有相同的密钥，以便集群内的机器互相认得。

（1）在集群的所有机器上建立存放密钥的文件夹。具体命令如下：

```
# mkdir -p /mongodb/mongodb-keyfile
```

（2）使用其他一台机器产生密钥。具体命令如下：

```
# openssl rand -base64 756 > /mongodb/mongodb-keyfile/mongodbkey
```

（3）将密钥文件改成只能被启动 MongoDB 的用户读取。具体命令如下：

```
# chown -R mongod:mongod /mongodb/mongodb-keyfile/mongodbkey
# chmod 400 /mongodb/mongodb-keyfile/mongodbkey
```

（4）将密钥文件复制到集群的所有机器上。

命令格式如下：

```
scp <来源文件> <登录账号>@<目的 IP 地址>:<目的存放路径>
```

具体命令如下：

```
# scp /mongodb/mongodb-keyfile/mongodbkey root@xxx.xxx.xxx.xxx:/mongodb/mongodb-keyfile/
```

执行画面如下：

```
root@xxx.xxx.xxx.xxx’s password:
```

输入目的地服务器的登录密码

（5）编辑配置文件中权限属性值：

集群所有成员的配置文件皆需要添加，包含 config、数据节点、Arbiter 和 mongos。

具体文件配置如下：

```
security:
  keyFile: /mongodb/mongodb-keyfile/mongodbkey
```

加入密钥路径

（6）启动集群的所有服务。

如果已经启动，则需要关闭服务再使用配置文件重启。

（7）登录的具体命令如下：

```
# mongo --port 27017
```

登录画面如下：

```
MongoDB shell version v4.0.0
connecting to: mongodb://127.0.0.1:27017
MongoDB server version:4.0.0
>
```

加入具有管理集群权限的账号：

```
> use admin
> db.createUser({user:"<User_name>",pwd:"<User_pwd>",roles:['root']})
```

使用 root 权限可以管理整个集群

执行的结果如下：

```
Successfully added user:{"user":"<User_name>","roles":["root"]}
```

由于安全性的考量，强烈建议生产环境要启用权限的管控，以避免数据库陷于危机中。

4.2.5 配置自启动服务

配置自启动服务是指，在主机重新启动之后，让服务可以自行启动，而不用手动一个一个打开服务。尤其在集群成员多的情况下，更能显示出自启动的方便之处。

集群与单机版本的自启动的配置类似，差别在于：单机版只需要配置一个服务文件；而集群有多少个成员，就需要配置多少个服务文件。

1. 关闭 SELinux（此步骤与单机相同）

（1）检查 SELinux 是否开启。

具体命令如下：

```
# /usr/sbin/sestatus  -v
```

执行的结果如下：

```
SELinux status:              enabled
SELinuxfs mount:             /sys/fs/selinux
SELinux root directory:              /etc/selinux
(以下略)
```

enabled 表示开启，disabled 表示关闭

（2）若为开启，需要关闭 SELinux。

编辑文件的命令如下：

```
# vim /etc/selinux/config
```

文件内容如下：

```
#   This file controls the state of SELinux on the system.
#   SELINUX= can take one of these three values:
#   enforcing -SELinux security policy is enforced.
#   permissive -SELinux prints warnings instead of enforcing.
#   disabled -No SELinux policy is loaded.

SELINUX=disabled

#   SELINUXTYPE= can take one of three two values:
#   targeted  -  Targe 将 ted processes are protected,
#   minimum -Modification of targeted policy. Only selected processes are protected.
#   mls -Multi Level Security protection.

SELINUXTYPE=targeted
```

将"enforcing"修改为"disabled"

（3）保存修改后重启机器。

重启命令如下：

```
# reboot
```

2. 确保 MongoDB 的服务启动者拥有文件夹的所有权

在安装 MongoDB 后，默认的文件路径权限及启动用户均为 mongod。若想自定义，则需要在系统中创建用户及修改路径权限。

（1）在集群节点所在的所有主机上，将文件夹的权限修改为 mongod。

集群将所有节点的文件路径放置在同一个文件夹下，仅需要将"/mongodb/"文件夹下的所有文件权限改为"mongod"。具体命令如下：

```
# chown -R mongod:mongod /mongodb/
```

加上"-R"表示这路径下的所有文件夹或文件都会修改

（2）查看节点相关文件路径权限。

在集群节点所在的所有主机上操作。具体命令如下：

```
# ll /mongodb/
```

执行的结果如下：

```
drwxr-xr-x   4   mongod   mongod   29   May 25   00:17   config
drwxr-xr-x   3   mongod   mongod   17   Jun  3   00:26   mongos
drwxr-xr-x   4   mongod   mongod   29   Jun  2   17:10   node
drwxr-xr-x   4   mongod   mongod   29   Jun  2   18:46   arbiter
```

集群所有成员的文件夹所属拥有者为 mongod
（配置在不同主机上的节点，需要登录到不同的主机上查看）

3. 编辑自启动服务文件

集群配置自启动服务与单机配置自启动服务相同，一样是通过自启动服务文件来配置的，每个节点都有一个服务文件，所以按照范例架构配置总共会有 3 个 config 服务文件、3 个数据节点服务文件、1 个 mongos 服务文件（分散在不同的主机上）。

（1）编辑 MongoDB 服务文件（mongod.service）。

服务文件与单机内容相同，仅不同节点须改成对应的服务文件。若使用安装版本，则可复制原有的服务文件（mongod service），然后进行修改。

具体命令如下：

```
# vim /usr/lib/systemd/system/mongod_Config.service
```

文件内容如下：

```
[Unit]

Description=High-performance, schema-free document-oriented database
After=network.target
Documentation=https://docs.mongodb.org/manual

[Service]
User=mongod
Group=mongod
Environment="OPTIONS=-f /etc/mongod_Config.conf"
ExecStart=/usr/bin/mongod $OPTIONS
ExecStartPre=/usr/bin/mkdir -p /var/run/mongodb
ExecStartPre=/usr/bin/chown mongod:mongod /var/run/mongodb
ExecStartPre=/usr/bin/chmod 0755 /var/run/mongodb
PermissionsStartOnly=true
PIDFile=/var/run/mongodb/mongod_Config.pid
Type=forking
```

启动文件的路径，如：mongod_node.conf、Mongos.conf……

PID 文件的路径，如：mongod_Node.pid、Mongos.pid……

```
file size
LimitFSIZE=infinity
（以下略）
```

config 服务文件与数据节点服务文件在概念上基本相同，仅须注意，应将服务文件的路径与启动文件的路径配置成一致的。而 mongos 除路径需要注意外，还需要将“ExecStart=/usr/bin/mongod $OPTIONS”修改为“ExecStart=/usr/bin/mongos $OPTIONS”。

（2）启用自启动服务。

```
# systemctl enable mongod_Config.service
```

启用后，“/etc/systemd/system/multi-user.target.wants/”路径下会出现“/usr/lib/systemd /system/mongod_Config.service”连接。

（3）开启服务。

```
# systemctl start mongod_Config.service
```

其他常用命令如下：

- 关闭自启动服务。

```
# systemctl disable mongod_Config.service
```

- 查询服务状态。

```
# systemctl status mongod_Config.service
```

执行的结果如下：

```
mongod_Config.service -High-performance, schema-free document-oriented database
    Loaded: loaded （/usr/lib/systemd/system/mongod_Config.service; enabled）
    Active: active （running） since Sat 2018-05-12 15:52:52 CST; 4s ago
    Docs: https://docs.mongodb.org/manual
    Process: 36781 ExecStart=/usr/bin/mongod $OPTIONS （code=exited, status=0/SUCCESS）
（以下略）
```

表示成功执行

- 停止服务。

如果自启动服务没有被关闭（disable），那即使用 stop 停止服务，服务器重新启动后 MongoDB 仍然会自启动。

具体命令如下：

```
# systemctl stop mongod_Config.service
```

请按照以上方法，将每一个实例都配置一次。需要注意，启动的配置文件名称是否符合。至此，集群的自启动服务就配置完成了，可以尝试将所有主机重新启动，以验证自启动服务是否成功。

4.2.6　设置数据库分片（含指定数据存放分片）

在配置完分片集群后，数据库的数据并不会马上分散存储在不同的分片上。只有在设定完数据分片后，数据才会真正分散储存在不同的分片中。下面介绍数据库设定分片时的相关指令。

1. 设定数据库分片

（1）将欲当成片键的字段设定成索引。

格式如下：

```
db.collection_name.ensureIndex（{"<字段>":1}）
```

范例如下（Hash 索引）：

```
mongos> db.collection_name.ensureIndex（{_id:"hashed"}）
```

对"_id"字段做 Hash 索引

（2）启用数据库分片。

格式如下：

```
sh.enableSharding（"<数据库名>"）
```

（3）对集合进行分片。

格式如下：

```
sh.shardCollection（"<数据库名>.<集合名>",{"<索引字段>":1 }）
```

范例如下：（Hash 索引）

```
mongos> sh.shardCollection（"DB.collection",{_id:"hashed"}）
```

欲当片键的索引，哈希函数会使数据随机分片，但无法设定成复合片

2. 设定特定数据存放指定的分片（可应用于特定数据分区、跨区域就近读写）

（1）设定分片 Tag（每个区域都要设定）。

格式如下：

```
sh.addShardTag（'<shard 名>','<Tag 名>'）
```

（2）依照片键设定数据分段的区域（“字段一”“字段二”需设定为复合片键）。

格式如下：

```
sh.addTagRange（'<数据库名>.<集合名>',
{'<字段一>':'<字段内容>',"<字段二>":MinKey},
{'<字段一>':'<字段内容>',"<字段二>":MaxKey},
'<Tag 名>'）
```

将符合这些条件的字段放入此分片

3. 移除 Tag

格式如下：

```
sh. removeShardTag（'<shard 名>','<Tag 名>'）
```

4. 移除数据分放的区域

格式如下：

```
sh. removeTagRange ( '<数据库名>.<集合名>',
{'<字段一>':'<字段内容>', "<字段二>":MinKey},
{'<字段一>':'<字段内容>', "<字段二>":MaxKey},
'<Tag 名>' )
```

数据分片的设定，在 16.1 节“搭建跨区域数据中心”中有详细的案例说明。

4.3 集群的常用配置

在配置完一个集群后，还可能对集群进行一些架构或配置上的调整。本节将介绍比较常用的配置。

4.3.1 查看分片信息状态

问：配置完分片集后，如何才知道分片的信息呢？怎么确定分片是正常运作的呢？

答：在 mongos 中可以查询整个集群的状态，包括副本集、分片集、mongos 数量、数据库分布在哪个分片上、有无开启平衡器等信息。

使用 db.printShardingStatus()查询集群的状态，如下所示。

```
mongos> db.printShardingStatus()
```

执行的结果如下：

```
---Sharding Status ---
    sharding version: {
        "_id" : 1,
        "minCompatibleVersion" : 5,
        "currentVersion" : 6,
        "clusterId" : ObjectId ( "5b06ef29a697df7ccb668d5e" )
    }

    shards:
        { "_id" : "shard1", "host" : "<shard1>/<Node_1 IP>:<port>,<Node_2 IP>:<port>, <Node_3
IP>:<port>", "state" : 1 }
        { "_id" : "shard2", "host" : "<shard2>/<Node_1 IP>:<port>,<Node_2 IP>:<port>, <Node_3
IP>:<port>", "state" : 1 }

    active mongoses:
        "4.0.0" : 1
```

```
autosplit:
    Currently enabled: yes
balancer:
    Currently enabled: yes
    Currently running: no
    Failed balancer rounds in last 5 attempts: 0
    Migration Results for the last 24 hours:
    No recent migrations

databases:
    { "_id" : "config", "primary" : "config", "partitioned" : true }
        config.system.sessions
        shard key: { "_id" : 1 }
        unique: false
        balancing: true
        chunks:
            shard1 1
        { "_id" : { "$minKey" : 1 } } -->> { "_id" : { "$maxKey" : 1 } } on : shard1 Timestamp ( 1, 0 )
```


表 4-1　分片状态属性说明

属　性	说　明
shards	记录副本集、分片集群信息
active mongoses	mongos 的版本及数量
autosplit	chunk 自动切割的功能是否启动，默认为启动
balancer	平衡器的相关信息
databases	数据库存放的相关信息

在初始化数据库时，databases 属性值中只有 config 数据库的存放位置。如果建立了其他数据库，则 databases 属性值会列出其他数据库的存放位置，如下所示。

```
databases:
    { "_id" : "config", "primary" : "config","partitioned" : true }
        config.system.sessions
        shard key: { "_id" : 1 }
        unique: false
        balancing: true
        chunks:
            shard1 1
        {"_id" : { "$minKey" : 1 } } -->> { "_id" : { "$maxKey" : 1 } } on : shard1 Timestamp ( 1, 0 )
    {"_id" : "E-commerce", "primary" : "shard1", "partitioned" : false ,{"version":{"uuid":UUID
("5a5cba3c-6b31-4429-925c-30b2d500107f"),"lastMod":1}}}
```

4.3.2　调整副本集

本节会告诉大家怎么调整副本集。

1. 登录数据节点的主节点

（1）登录副本集中的主节点：

```
# mongo --port 27019
```

（2）验证已经开启身份验证的集群：

```
shard1:PRIMARY> use admin
switched to db admin
shard1:PRIMARY> db.auth（'<mongodb_user>', '<mongodb_pwd>'）
1
```

用户登录账号　用户登录密码

1 表示登入成功；0 表示登入失败

2. 查询副本集节点的配置信息

```
shard1:PRIMARY> rs.conf()
```

执行的结果：

```
...
"members" : [
        {
                "_id" : 0,
                "host" : "<Node_1 IP 地址>:<port>",
                "arbiterOnly" : false,
                "buildIndexes" : true,
                "hidden" : false,
                "priority" : 1,
                "tags" : {
                },
                "slaveDelay" : NumberLong（0）,
                "votes" : 1
        },
        {
                "_id" : 1,
                "host" : "<Node_2 IP 地址>:<port>",
                "arbiterOnly" : false,
                "buildIndexes" : true,
                "hidden" : false,
                "priority" : 1,
                "tags" : {
                },
                "slaveDelay" : NumberLong（0）,
                "votes" : 1
```

```
        },
        {
                "_id" : 2,
                "host" : "<Node_3 IP 地址>:<port>",
                "arbiterOnly" : true,
                "buildIndexes" : true,
                "hidden" : false,
                "priority" : 0,
                "tags" : {
                },
                slaveDelay" : NumberLong（0）,
                "votes" : 1
        }
],
```

有多少个副本节点，members 里就会记录多少笔 host 数据。从 members 的属性值中可以了解每个副本集的状态及配置。表 4-2 列出了 members 的相关属性及说明。

表 4-2 members 的相关属性及说明

属　性	说　明
arbiterOnly	是否为仲裁节点，默认为 false
buildIndexes	是否会同步建立索引，默认为 true，一旦加入节点后便无法更改。若要为 false，须在一开始加入节点时就进行设定
hidden	是否为隐藏节点，默认为 false
priority	成为主节点的优先权，默认为 1
tags	用作功能隔离的读优先
slaveDelay	设定节点同步数据延迟的时间，单位为秒。若要设定延迟，则 priority 须设定为 0
votes	选举主节点时的投票权

3. 更新副本集的成员配置

格式如下：

```
rs.reconfig()
```

范例如下：

```
shard1:PRIMARY> cfg=rs.conf()
shard1:PRIMARY> cfg.members[1].priority=2
shard1:PRIMARY> rs.reconfig（cfg）
```

可更换成想修改的属性

副本集成员的位置，从 0 开始

若在副节点修改，则须加上“force”。

```
shard1:SECONDARY> rs.reconfig（cfg,{force:true}）
```

4. 加入新节点

格式如下：

```
rs.add（'<IP 地址或域名>:<端口号>'）
```

范例如下：

```
shard1:PRIMARY> rs.add（'10.10.10.10:27017'）
```

若仅输入 IP 地址及端口号，则其余配置都采用默认值

```
shard1:PRIMARY>
rs.add（{_id:4,host:'10.10.10.10:27017',priority:0,votes:0}）
```

若要自定义参数值，则在添加节点时可加入设定

5. 加入仲裁节点

格式如下：

```
rs.addArb（'<IP 地址或域名>:<端口号>'）
```

范例如下：

```
shard1:PRIMARY> rs.addArb（'10.10.10.10:27017'）
```

6. 删除节点

格式如下：

```
rs. remove（'<IP 地址或域名>:<端口号>'）
```

范例如下：

```
shard1:PRIMARY> rs.remove（'10.10.10.10:27017'）
```

7. 使用副节点查询数据（需登录副本节点）

格式如下：

```
rs.slaveOK()
```

8. 在特定时间内使其节点不成为主节点

格式如下：

```
rs.freeze（<秒数>）
```

9. 使主节点降级为副节点

格式如下：

```
rs.stepDown()
```

10. 查看 Oplog 相关信息（包含 Oplog 大小、头尾数据时间）

格式如下：

```
rs.printReplicationInfo()
```

11. 显示主节点的副本集及同步状况

格式如下：

```
rs.printSlaveReplicationInfo()
```

12. 查看副本集中的节点有哪些指令可使用

格式如下：

```
rs.help()
```

13. 查看当前节点是否为主节点

格式如下：

```
db.isMaster()
```

14. 指定副节点成员同步的对象（需登录副节点）

格式如下：

```
rs.syncFrom（'<IP 地址或域名>:<端口号>'）
```

范例如下：

```
shard1:SECONDARY> rs.syncFrom（'10.10.10.10:27017'）
```

4.3.3 调整分片集群

集群的分片配置完成后，可能会针对某些分片做一些调整，例如在扩容时需要加入分片或移除现有分片等。本节将介绍分片集群的常用调整方法。

1. 新增分片

格式如下：

```
db.runCommand（{addShard:"<Shard 名>/<shard 成员 1_IP 地址>:<端口号>,…,<shard 成员 N_IP 地址>:<端口号>"}）
```

范例如下：

```
mongos >
db.runCommand（{addShard: “Shard3/10.10.10.10:27017,10.10.10.11:27017,10.10.10.12:27017” }）
```

2. 移除分片

格式如下：

```
db.runCommand（{removeShard: "<Shard 名>"}）
```

范例如下：

```
mongos >
db.runCommand（{removeShard:"Shard3"}）
```

3. 禁用 chunk 的自动切割功能

格式如下：

```
sh.disableAutoSplit()
```

4. 启用 chunk 的自动切割功能

格式如下：

```
sh.enableAutoSplit()
```

5. 用指定的分片键值拆分 chunk

大多数情况下，MongoDB 会自动拆分，无须自己执行。

格式如下：

```
sh.splitAt（"database.collection",{"<字段>": "<值>"}）
```

6. 将拥有特定键值的 chunk 均分拆开

大多数情况下，MongoDB 会自动拆分，无须自己执行。

格式如下：

```
sh.splitFind （database.collection” ,{"<字段>": "<值>"}）
```

7. 查看分片的状态（与 db.printShardingStatus()相同）

格式如下：

```
sh.status()
```

8. 查看分片集的可用指令

格式如下：

```
sh.help()
```

4.3.4 管理平衡器（Balancer）

平衡器使得分片之间的 chunk 数可以平衡，并不是使 chunk 数完全一致，而是在一定范围内的平衡，详细内容可复习 3.3.4 节“平衡器（Balancer）”。本节将介绍管理平衡器的常用指令。

1. 查看平衡器是否启用

格式如下：

```
sh.getBalancerState()
```

2. 启用平衡器

格式如下：

```
sh.startBalancer()
```

或

```
sh.setBalancerState(true)
```

3. 禁用平衡器

格式如下：

```
sh. stopBalancer ()
```

或

```
sh.setBalancerState（false）
```

4. 禁用特定分片集合的平衡器

格式如下：

```
sh.disableBalancing（'<数据库名>.<集合名>'）
```

5. 启用特定分片集合的平衡器

格式如下：

```
sh. enableBalancing （'<数据库名>.<集合名>'）
```

6. 查看平衡器是否正在运行

格式如下：

```
sh.isBalancerRunning()
```

4.3.5 让数据在分片间迁移

对于做了分片的数据集合，MongoDB 会将数据块（chunk）储存在不同的分片上。对于没有做数据分片的数据库，MongoDB 会将数据块（chunk）整个储存在一个分片上。原始储存在哪个分片上不是我们可以设置的，但是我们可以通过指令将数据块（chunk）或整个数据库搬迁到另一个分片上。

本节介绍数据在分片间迁移的指令。但一般情况下，MongoDB 会自己做数据块（chunk）的迁移，因此若非特殊情况则避免做此操作。

1. 将指定的数据块（chunk）搬迁到目标分片上

格式如下：

```
sh.moveChunk（"<数据库名>.<集合名>",{"<字段名>": "<内容>"}, "<分片名>"）
```

将包含这个条件的 chunk 搬迁，此字段须为片键

2. 将数据库的主分片（Primary）迁移到目标分片上

若数据库没做分片，则迁移整个数据库。

格式如下：

```
db.adminCommand（{movePrimary:"<数据库名>",to: "<分片名>"}）
```

如果要查询数据库主分片的位置，则可以用 db.printShardingStatus()指令查看 databases 属性下 Primary 的位置。

在“萌阔论坛”上还有更多副本集和分片集群的知识，欢迎大家去论坛查看。

第 5 章 优化Linux以提升MongoDB性能

除 MongoDB 本身的配置外，操作系统的配置也会影响数据库的性能。因此本章将介绍操作系统中对数据库性能有影响的配置。

本章会以 CentOS 7.0 为例，介绍在操作系统中可进行哪些优化，以提升 MongoDB 的性能（以 MongoDB 4.0 版本为例）。

通过本章，读者将学到以下内容：

- 实现所有 MongoDB Server 的时间同步；
- 减少时间戳记录；
- 关闭磁盘预读值（read-ahead）；
- 关闭内存管理；
- 禁用非统一内存访问（non-uniform memory access）。

5.1 实现所有 MongoDB Server 的时间同步

集群是由多台 Server 配置而成的，不能存在时间不同步的情况。因此，我们通过操作系统的 NTP 服务来实现所有 MongoDB Server 的时间同步。

5.1.1 了解时间同步（NTP）

NTP（network time protocol）是用来对网络中的 Server 进行时间同步的协议。在局域网中，时间同步的精确度可达到 0.1ms；在互联网中，时间同步的精确度可达到 150ms。因此，对时间同步有要求的系统，都可以使用 NTP 来实现。

我们先对操作系统的时间有一个初步的了解：

- 软件时间是指，Linux 操作系统从 1970-01-01 到当下计算出来的总秒数。

- 硬件时间是指，以 BIOS 内部的时间为主要的时间依据。
- 如果 BIOS 内部芯片出现问题，则会造成 BIOS 时间与标准时间不一致。
- 在使用 NTP 服务时，不允许 Server 与同步源之间的误差时间超过 1000s，因此需要先手动将时间与同步源同步，再设定 NTP 服务。

设定时间同步有两种方式：一种方式是手动命令设定时间同步，另一种方式是通过服务自动实行时间同步。

5.1.2 手动设定时间同步

手动设定时间同步是通过命令来指定同步源的 IP 地址或域名。这种同步是单次同步。

手动设定时间同步的格式如下：

```
ntpdate <IP 地址/domain_name>
```

【范例】

- 手动与某台 Server（以 IP 地址“10.10.10.10”为范例）同步，命令如下。

```
ntpdate 10.10.10.10
```

- 手动与中国公共 NTP 服务器同步，命令如下。

```
ntpdate cn.pool.ntp.org
```

如果只通过手动命令同步，而没有设定 NTP 服务来达到长久同步，时间一久，则还可能出现时间不一致的情况。

5.1.3 通过服务自动实现时间同步

通过 NTP 服务可实现实时的时间自动同步。需在服务文件中设定同步源的 IP 地址。

（1）通过 NTP 的文件 ntp.conf 来设定想要与哪台 Server 同步。

编辑 ntp 文件，命令如下：

```
#vim /etc/ntp.conf
```

文件内容如下：

```
#server 0.centos.pool.ntp.org
#server 1.centos.pool.ntp.org
#server 2.centos.pool.ntp.org
#允许 10.10.10.10 连接本 NTP 服务器
restrict 10.10.10.10
#设定时间同步来源主机  10.10.10.10
server 10.10.10.10
```

若未额外设置，则默认采用本机的 IP 地址，见以下设置：

```
restrict 127.0.0.1
restrict ::1
```

当此台主机为 NTP 服务器时，restrict 用来管理哪些主机可以连到此台服务器实现时间同步，server 用来设定从哪台 NTP 服务器同步时间。

（2）设定完 NTP 服务后，启动 NTP 服务，命令如下：

```
#systemctl start ntpd
```

（3）查看 NTP 服务是否正常运行，命令如下：

```
#systemctl status ntpd
```

执行的结果如下：

```
ntpd.service - Network Time Service
Loaded : loaded （/usr/lib/systemd/system/ntpd.service ; disabled）
Active : active （running） since Sat 2018-03-24 11:02:57 CST ; 2 weeks 5days ago
Process : 46232 ExecStart=/usr/sbin/ntpd - u ntp:ntp $OPTIONS （code=exited, status=0/SUCCESS）
Main PID : 46232 （ntpd）
 CGroup : /system.slice/ntpd.service
```

正常运行

（4）查看使用哪台 Server 进行时间同步。

```
#ntpstat
#ntpq -p
```

可在操作系统中使用“date”命令查看同步之后的时间。

5.2　减少时间戳记录

在默认情况下，Linux 文件系统文件在被访问、创建、修改时都会记录时间戳，例如文件的创立时间、最后一次修改时间、最近一次访问时间等。

在系统运行时，如果大量存取磁盘文件，则会使设备一直处于忙碌的状态，从而影响性能。如果能减少一些磁盘存取的动作（如减少时间戳的记录），则可以降低磁盘 I/O 的负载。

1. 时间戳的选项

时间戳包含以下几个选项。

- atime：记录文件系统中每个文件的最后访问时间。即使只读取数据，时间戳也会被写入硬盘。
- noatime：不记录任何文件的访问时间。但这样可能会造成有前后访问时间关系的程序失常。
- relatime：在以下两种情况记录时间戳。
  - 如果文件的最后访问时间早于最后更改时间，则记录文件的最后访问时间。
  - 如果访问时间超过定义的间隔（RHEL，默认为 1 天），则记录文件的最后访问时间。

2. 设定时间戳记录

设定时间戳记录，需在/etc/fstab 这个文件中修改系统参数。

（1）找到 MongoDB 准备放置数据的目录。

本书的范例将数据放在/data 目录下，所以将/data 目录进行修改，将其设为 noatime。

注意：①MongoDB 不一定要安装在/data 这个目录下，这个目录默认是不存在的；②也不一定要为这个目录挂载一个单独的卷，这并非必要的配置。

（2）编辑/etc/fstab 文件。

命令如下：

```
#vim /etc/fstab
```

修改文件内容如下：

```
#/etc/fstab
#Created by anaconda on Fri Dec 16 10:04:49 2016
#
#Accessible filesystems , by reference , are maintained under '/dev/disk'
#See man pages fstab（5） , findfs（8） , mount（8） and/or blkid（8） for more info

/dev/mapper/centos-root   /       xfs     defaults           00
/dev/sda1                 /boot   xfs     defaults           00
/dev/sdb1                 /data   xfs     defaults ,noatime  00
/dev/mapper/centos-swap swap      swap    defaults           00
```

修改为"defaults，noatime"

（3）修改完毕后需要重新挂载，才能使设置生效。

重新挂载的命令如下：

```
#mount -o remount /
```

在进行这些设置时需要特别小心，因为是对磁盘做操作，如果操作错误则可能导致整台 Server 死机。

5.3 关闭磁盘预读功能

磁盘预读是指 Linux 内核对系统文件进行预先读取，即将文件从磁盘预先读到内存缓存中。因为读取内存的速度比读取磁盘的速度快很多，所以，磁盘预读不仅可以提高文件读取的效率，也可以减少磁盘的访问量及 I/O 的等待时间。

问：磁盘预读是优化磁盘 I/O 性能的方法，为什么要关闭呢？

答：因为 MongoDB 不一定是按照固定的顺序将数据存进磁盘，而且大多数时候 MongoDB 不会按照磁盘顺序来读取数据，所以磁盘预读的文件与 MongoDB 直接读取磁盘的文件不同，因此，磁盘预读对 MongoDB 并没有真正的帮助，反而可能影响了性能。

如果磁盘预读值被设定为 0，则表示不使用磁盘预读功能。

5.3.1　手动关闭

关闭磁盘预读有两种方法：

- 手动关闭。
- 让系统自动关闭。

1. 查看存放数据目录所挂载的磁盘分区

不论是手动设定还是让系统自动设定，都需要提前知道 MongoDB 数据所在目录挂载的磁盘分区。

我们存放数据的目录为/data，使用命令可以知道/data 挂载的磁盘分区为/dev/mapper/centos-home。具体方法如下。

（1）查看存放数据目录所挂载的磁盘分区：

```
#df -h
```

（2）查询结果：

Filesystem	Size	Used	Avail	Use%	Mounted on
/dev/mapper/centos-root	50G	17G	34G	33%	/
devtmpfs	16G	0	16G	0%	/dev
tmpfs	16G	0	16G	0%	/dev/shm
tmpfs	16G	25M	16G	1%	/run
tmpfs	16G	0	16G	0%	/sys/fs/cgroup
/dev/sda1	494M	124M	371M	25%	/boot
/dev/mapper/centos-home	2.0T	5.7G	2.0T	1%	/data
tmpfs	3.0G	0	3.2G	0%	/run/user/0

2. 手动关闭磁盘预读功能

（1）使用以下命令查看磁盘预读大小：

```
#/sbin/blockdev --getra /dev/mapper/centos-home
```

查询结果如下：

```
8192
```

（2）关闭磁盘预读命令（设定为 0），命令如下：

```
#/sbin/blockdev --setra 0 /dev/mapper/centos-home
```

若想确定 blockdev 的绝对路径，可以使用“which blockdev”命令来查看。

一般来说，都是在“/usr/sbin/blockdev”路径下，而“/usr/sbin”是挂载在“/usr”下，因此使用“/usr/sbin/blockdev”与“/sbin/blockdev”是一样的。

5.3.2　让系统自动关闭

也可以设定排程，让系统自动关闭磁盘预读。具体方法如下。

（1）在本地初始化的程序中加入修改磁盘预读为 0 的命令。

编辑本地初始程序文件，具体命令如下：

```
#vim /etc/rc.local
```

文件内容如下：

```
#!/bin/bash
#THIS FILE IS ADDED FOR COMPATIBILITY PURPOSES
#
#It is highly advisable to create own system services or udev rules
#to run scripts during boot instead of using this file.
#
#In contrast to previous versions due to parallel execution during boot
#this script will NOT be run after all other services.
#
#Please note that you must run 'chmod +x /etc/rc.d/rc.local' to ensure
#that this script will be executed during boot.

/usr/sbin/blockdev --setra 0 /dev/mapper/centos-home
```

修改磁盘预读为 0 的命令

（2）设定/etc/rc.d/rc.local 的执行权限（“a+x”表示全部角色都可以执行）：

```
#chmod a+x /etc/rc.d/rc.local
```

（3）查看/etc/rc.d/rc.local 的权限状态：

```
#ll /etc/rc.d/rc.local
```

查询结果如下：

```
-rwxr-xr-x. 1 root root 527 Sep 29 10:46 /etc/rc.d/rc.local
```

权限状态，目前表示：所属者可以读/写/执行，同群组者可以读/执行，其他人可以读/执行

权限状态一般格式是：

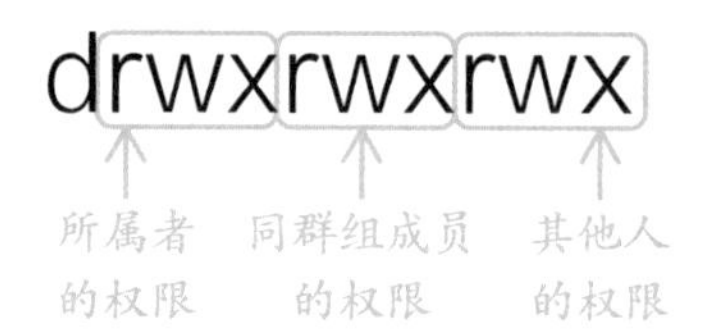

其中，第 1 个字母“d”代表文件类型。然后是三组“rwx”（r 代表读 ；w 代表写；x 代表可执行）

- 第 1 组“rwx”代表的是所属者的权限。
- 第 2 组“rwx”代表的是同群组成员的权限。
- 第 3 组“rwx”代表的是其他人的权限。

如果没有某个权限，则用“-”代替。

上面代码中“-rwxr-xr-x”表示:

- 第 1 个字母为“-”，表示这不是文件类型的文件。

- 所属者的权限是“rwx”，可以读/写/执行。
- 同群组成员的权限是“r-x”，可以读/执行，没有写权限（“写”权限用“-”代替了）。
- 其他人的权限是“r-x”，可以读/执行。

如将权限设定为“a+x”，则表示全部角色都可执行。

（4）执行这个本地初始化的程序有以下两种做法：

- 将本地初始化的程序作为服务启动。

启动服务命令：

```
#systemctl start rc-local
```

查看服务状态命令：

```
#systemctl status rc-local
```

查看到的结果如下：

```
rc-local.service -/etc/rc.d/rc.local Compatibility
  Loaded : loaded  (/usr/lib/systemd/system/rc-local.service ; static)
  Active : active  (exited)  since Fri 2017-09-29 10:53:36 CST ; 7s ago
  Process:15803 ExecStart=/etc/rc.d/rc.localstart (code=exited,status=0/SUCCESS)
```

成功启动

- 建立排程来定时执行命令。

编辑排程文件：

```
#vim /etc/crontab
```

文件内容如下：

```
SHELL=/bin/bash
PATH=/sbin:/bin:/usr/sbin:/usr/bin
MAILTO=root

#For detail see man 4 crontabs
#Example of job definition:
# |-----------------minute  (0-59)
# |  |---------------hour  (0-23)
# |  |   |-----------day of month  (1-31)
# |  |   |   |------month  (1-12)  OR jan, feb, mar, apr ...
# |  |   |   |   |--day of week  (0-6)
# |  |   |   |   |       (Sunday=0 or 7)  OR sun,mon,tue,wed,thu,fri,sat
# *  *   *   *   *     user-name     command to be executed

00   01   *   *   *     root        /etc/rc.d/rc.local
```

写入执行指令

（5）完成设定后，可以使用以下命令来查看一下磁盘预读的大小：

```
#/sbin/blockdev --getra /dev/mapper/centos-home
```

查询到的结果如下：

```
0
```

这样就关闭了磁盘的预读功能。

5.4 关闭内存管理

在 Linux 操作系统中，内存是由 CPU 的内存管理单元来管理的。操作系统使用映像表（即“内存页条目”）来记录虚拟内存页及物理内存页的对应关系。如果内存页较小，则需要较大的映像表来记录对应关系；如果内存页较大，则可以用较小的映像表来记录对应关系。

5.4.1 了解标准大页和透明大页

在了解内存页与映射表的关系后，将继续介绍管理内存页的机制，分为两种：大页（Huge Pages，HP）和透明大页（Transparent Huge Pages，THP）。

1. 大页（Huge Pages）

大页就是一种很大的内存页。使用它可以减少映射表的大小，以提高 CPU 检索内存映射表的命中率。

2. 透明大页（THP）

在系统运行时，THP 会动态地调整内存，且配置后不需要重启操作系统即可生效（MongoDB 进程需要重启）。为动态分配，在系统运行时内存分配会有延迟的情况。

透明大页是从 Centos/RedHat 6.0 开始使用的，CentOS 7.0 版本开始为默认启用。

对数据库而言，访问内存并非连续的，因此启用透明大页并没有实际上的效益，反而会造成性能上的影响，因此需要将其关闭。

5.4.2 在 CentOS 7.0 中配置 THP

1. 暂时配置

在执行命令之后，可以手工将 THP 调整为关闭状态，但在重新启动后会还原设定。

- 禁用 THP，命令如下：

```
# echo never > /sys/kernel/mm/transparent_hugepage/enabled
```

- 只禁用 THP 的碎片整理功能，命令如下：

```
# echo never > /sys/kernel/mm/transparent_hugepage/defrag
```

2. 永久配置

（1）创建新的 Profile 文件，命令如下：

```
# sudo mkdir /etc/tuned/no-thp
```

（2）编辑 tuned.conf 文件，命令如下：

```
#vim /etc/tuned/no-thp/tuned.conf
```

文件内容如下：

```
[main]
include=virtual-guest

[vm]
transparent_hugepages=never
```

（3）启动 profile，命令如下：

```
#sudo tuned-adm profile no-thp
```

3. 检查结果是否关闭 THP

- 查询 THP 的状态，命令如下：

```
#cat /sys/kernel/mm/transparent_hugepage/enabled
```

- 查询 THP 碎片整理的状态，命令如下：

```
#cat /sys/kernel/mm/transparent_hugepage/defrag
```

查询结果如下：

```
Always   madvise   [never]
```

never 为关闭状态

本节介绍的是在 CentOS 7.0 中的操作，在 CentOS 6.0 中的相关操作可以参照官方网站（https://docs.mongodb.com/manual/tutorial/transparent-huge-pages/）。

5.5 禁用“非统一内存访问”（NUMA）

首先先来了解一下什么是非统一内存访问（non-uniform memory access），介绍它在硬件资源使用上有什么好处，并告诉大家为什么要禁用 NUMA 机制。

5.5.1 NUMA 的工作原理

NUMA 是当服务器为多核时，在内存使用上的设计方式。此设计会将 CPU 与内存平均分配在多个逻辑节点（node）上。

图 5-1 所示为 NUMA 的工作原理图。每个节点上均有独立的 CPU 与内存，可以解决硬件资源扩展问题。当程序或进程在某节点上使用本地内存时会有比较好的性能，但使用其他节点的内存时性能会比较差。

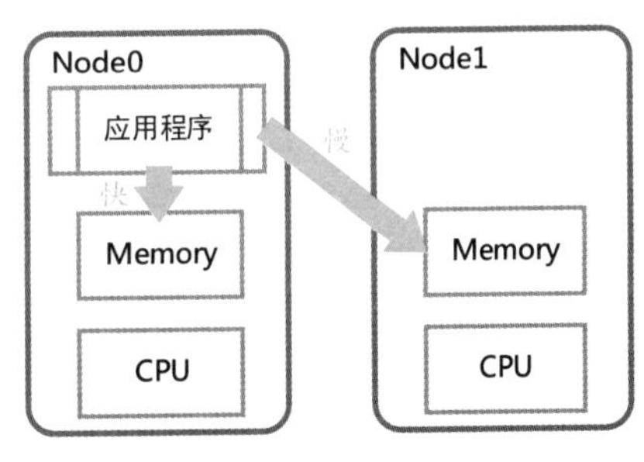

图 5-1　NUMA 工作原理图

节点的数量取决于 CPU 的数量，一般来说通常为两个节点，最多不超过 4 个。如 CPU 为 16 核、内存 32G、物理 CPU 为 2，则会有两个节点（node0、node1），每个节点会有 8 核 16GB 内存。

5.5.2 查看硬件的 NUMA 分配节点资源的情况

可使用以下命令查看 NUMA 机制分配节点资源分配的情况：

```
#numactl -hardware
```

查询结果如下：

```
available: 2 nodes(0-1)
node 0 cpus: 0 1 2 3 4 5 6 7
node 0 size: 16383 MB
node 0 free: 4531 MB
node 1 cpus: 8 9 10 11 12 13 14 15
node 1 size: 16384 MB
node 1 free: 66 MB
node distances:
node     0    1
   0:   10   20
   1:   20   10
```

5.5.3 禁用 NUMA 机制

在内存大且多 CPU 的环境下，采用 NUMA 机制确实能提升不少性能。但是对于内存需求较大的数据库来说，若本地节点的内存用尽，则不会使用其他节点的内存，而是默认优先将内存数据置换到磁盘中的 swap 空间，并回收本地节点的内存。此置换动作会造成性能变差。因此，数据库若是在 NUMA 机制上运行，则在硬件的内存还没完全用尽时就会使用到 swap 置换，从而造成性能变差。

解决此问题需要两个步骤：首先禁用内存回收的功能，然后设定 MongoDB 可以使用全部节点的内存。

（1）禁用内存回收的功能，命令如下：

```
#echo 0 | sudo tee /proc/sys/vm/zone_reclaim_mode
```

或：

```
#sudo sysctl -w vm.zone_reclaim_mode = 0
```

（2）使用 numactl 启动 MongoDB 服务，使得 MongoDB 可以使用全部节点的内存，命令如下：

```
#numactl --interleave=all mongod -f /etc/mongod.conf
```

至此，禁用 NUMA 机制的操作就完成了。

第 2 篇 数据管理操作

本篇通过实际范例讲述了在 mongo shell 中对数据的基本操作指令和功能。

第 6 章 MongoDB 基础操作

前面已经介绍了安装 MongoDB 的具体步骤，那如何在已经安装好的环境中进行数据库的基本操作呢?本章将带大家学习 MongoDB 中的基本操作指令。

通过本章，读者将学习以下内容：

- MongoDB 文档的操作；
- MongoDB 集合的操作；
- MongoDB 索引的创建；
- MongoDB 常用的聚合操作；
- MongoDB 的映射和规约（MapReduce）；
- MongoDB 的存储过程（Store Procedure）。

6.1 文档的操作

6.1.1 插入

在 MongoDB 中，可以通过插入指令将文档数据新增至集合中，最常用的语法为 insert()和 save()。除此之外，还有 insertOne()和 insertMany()，不过 insert()已涵盖这两个指令的功能。本节将介绍这四种插入文档的方法。

1. insert()

此方法是插入文档最常用的方法，可以插入单笔或多笔文档。

（1）语法格式。

```
db.collection.insert (
   <document or array of documents>,
   {
     writeConcern: <document>,
     ordered: <boolean>
   }
)
```

（2）参数说明。

- document or array of documents：要被插入的文档或数组。可以控制插入一笔或多笔文档。
  - — 当插入一笔文档时，文档内容放置在 { } 中，如：{ doc }。
  - — 当插入多笔文档时，单笔文档放置在{ }中，然后将所有文档一起放置在[ ]中，如：[{ doc1 }, { doc2 }]。
- writeConcern：此为可选参数。表示是否使用写入策略（写入策略介绍请参阅 3.2.3 节“数据读写策略”）。
- ordered：可选参数。表示插入文档时是否为有序插入。默认为 true。
  - — 若为有序插入，则当插入的文档中有一个发生错误时，MongoDB 将不再继续插入后续的文档。
  - — 若为无序插入，则当插入的文档中有一个文档发生错误时，MongoDB 将会继续插入后续的文档。

（3）范例。

此范例中，无序地插入多笔文档，文档需要写入超过“大多数”的可投票节点（mongod）且需要写入到日志文件中，设定逾时时间为 5000ms，具体语句如下：

```
> db.Product.insert (
[ {
    SysNo:2971,
    ProductName:"DE -1300 Earbuds",
    Weight:465,ProductMode:"Set"
 },
 {
    SysNo:8622,
    ProductName:"（Rose Gold） 16GB",
    Weight:143,ProductMode:""
 } ],
 {
    writeConcern: { w:"majority",j:true,wtimeout:5000 } ,
    ordered:false
 }
 )
```

集合名称

文档内容

写入大多数节点，写入日志，限时 5000ms

使用 find()对集合进行查询，并且使用 pretty()将结果使用更易读的方式显示出来，具体指令如下。

```
> db.Product.find().pretty()
```

执行结果：

```
{
  "_id" : ObjectId ( "5b8029626c653034bd73e6fb" ) ,
  "SysNo" : 2971,
  "ProductName" : "DE -1300 Earbuds",
  "Weight" : 465,
  "ProductMode" : "Set"
}
{
  "_id" : ObjectId ( "5b8029626c653034bd73e6fc" ) ,
  "SysNo" : 8622,
  "ProductName" : " ( Rose Gold )  16GB",
  "Weight" : 143,
  "ProductMode" : ""
}
```

（4）插入文档的三个特点：

- 如果没有指定数据库，则在插入文档时会自动创建一个名为“test”的数据库。
- 在插入文档时，如果没有此集合（如上述案例中的 Product 集合），则 MongoDB 会自动创建这个集合名称。
- 在插入文档时，若没有指定“_id”字段，则 MongoDB 会自动新增一个“_id”字段，默认是“ObjectId”类型，其值在集合中是不能重复的；若指定了“_id”字段，则其值是不能重复的，可以是数字或字符串类型。

2. save()

此方法为常用的插入方法之一，它与 insert()不同之处是：使用 insert()方法插入主键相同的文档时会报错，而使用 save()方法插入已存在相同主键的文档时则会覆盖原文档。

（1）语法格式：

```
db.collection.save ( <document>, { writeConcern: <document> } )
```

（2）范例。

使用 save()方法向集合中插入一个文档，指令如下：

```
> db.Product.save (
    {
        SysNo:2971,
        ProductName:"DE -1300 Earbuds",
        Weight:465,
        ProductMode:""
    }
)
```

查询文档的指令如下：

```
> db.Product.find ( { "SysNo" : 2971 } ) .pretty()
```

执行结果：

```
{
        "_id" : ObjectId ( "5b80441a9a3f6fcaa3d21317" ) ,
        "SysNo" : 2971,
        "ProductName": "DE -1300 Earbuds",
        "Weight" : 465,
        "ProductMode" : ""
}
```

没指定_id，则自动生成唯一值

若保存的是_id 重复的文档，则会直接覆盖此数据。此例为修改“ProductMode”字段值，并移除两个字段，具体指令如下所示：

```
> db.Product.save (
{
        _id:ObjectId ( "5b80441a9a3f6fcaa3d21317" ) ,
        SysNo:2971,
        ProductMode:"Set"
}
)
```

此“_id”已经存在于集合中

查询文档的指令如下：

```
> db.Product.find ( { "SysNo" : 2971 } ) .pretty()
```

执行结果：

```
{
  "_id" : ObjectId ( "5b80441a9a3f6fcaa3d21317" ) ,
  "SysNo" : 2971,
  "ProductMode" : "Set"
}
```

3. insertOne()

同样作为插入文档的方法，insertOne()只能插入一笔文档。如果使用这个方法插入多笔文档，则 MongoDB 只会新增第一笔文档。

（1）语法格式：

```
db.collection.insertOne ( <document>, { writeConcern: <document> } )
```

（2）范例。

使用 insertOne()方法插入一笔文档，指令如下：

```
> db.Product.insertOne (
    {
        SysNo: 2971,
        ProductName:"DE -1300 Earbuds",
        Weight:465,
```

```
        ProductMode:"Set"
    }
)
```

4. insertMany()

insertMany()可以插入多个文档，插入方法与 insert()方法相同。

（1）语法格式：

```
db.collection.insertMany (
  [ <document 1> , <document 2> , …],
   {
    writeConcern: <document>,
    ordered: <boolean>
   }
)
```

在新增多个文档时，需将文档内容放在[ ]中

（2）范例。在“Product”集合中插入两个文档，指令如下：

```
> db.Product.insertMany ( [
 {
        SysNo:2971,
        ProductName:"DE -1300 Earbuds",
        Weight:465,
        ProductMode:"Set"
  } ,
 {
        SysNo:8622,
        ProductName:"（ Rose Gold） 16GB",
        Weight:143,
        ProductMode:""
 }
])
```

6.1.2 更新

在实际操作中，可以使用更新文档的方式修改已经存在的文档。常用的更新操作有 update()和 save()。除此之外，还可以使用 updateOne()、updateMany()和 replaceOne()。下面将对这 5 种更新文档的方法进行介绍。

1. update()

在进行更新文档的操作时，可以通过特定的条件来更新一个或多个文档。

（1）语法格式：

```
db.collection.update (
  <query>,
  <update>,
```

```
  {
    upsert: <boolean>,
    multi: <boolean>,
    writeConcern: <document>,
    collation: <document>,
    arrayFilters: [<filterdocument 1>,…]
  }
)
```

（2）参数说明（前面已介绍过的参数，此处就不再赘述）。

- query：欲更新文档的筛选条件。
- update：更新的字段和字段值。
  - — upsert：可选参数。默认为 false。若设定为 true，则表示在更新条件没有匹配时，会插入此文档；若设定为 false，则不会新增文档。
  - — multi：此为可选参数。表示当更新条件匹配时，是否会更新全部匹配到的文档。若设置为 false，则只会更新匹配到的第 1 个文档；若设置为 true，则表示会更新全部匹配到的文档。该选项默认为 false。
- collation：可选参数。用来指定更新的排序规则。
- arrayFilters：MongoDB 3.6 版本之后才提供的可选参数。若要更新数组中的特定元素，则可通过此参数对条件进行筛选。

下面将使用范例介绍更新操作，并介绍较为复杂的 arrayFilters 参数用法。

（3）范例。

- **范例 1**：将“Product”集合中“SysNo”为“2971”文档的“Weight”字段的值改成“1000”。

执行操作中需指定文档筛选条件，并且在“$set: { }”中设置要更新的文档内容。

更新前的文档内容:

```
{
  "_id" : ObjectId ( "5b80441a9a3f6fcaa3d21317" ),
  "SysNo" : 2971,
  "ProductName" : "DE -1300 Earbuds",
  "Weight" : 465,
  "ProductMode": "Set"
}
```

更新前“Weight”字段为 465

更新文档的指令如下：

```
> db.Product.update ( { SysNo:2971 } , { $set: { Weight:1000 } } )
```

更新文档的条件，即“SysNo”须为“2971”

将“Weight”字段改为“1000”

更新后查询文档的指令如下：

```
> db.Product.find ( { "SysNo":2971 } ) .pretty()
```

更新后的文档内容:

```
{
"_id": ObjectId ( "5b80441a9a3f6fcaa3d21317" ) ,
"SysNo" : 2971,
"ProductName" : "DE -1300 Earbuds",
"Weight": 1000,
"ProductMode" : "Set"
}
```

已将符合条件文档的"Weight"字段的值改成"1000"

- **范例 2**：将"DE -1300 Earbuds"的产品颜色由"Red"改为"Orange"。

在范例文档中，产品的颜色是使用数组结构来储存的，下面将介绍更新操作的 arrayFilters 用法。如果想修改数组中特定的元素，则可以使用 arrayFilters 参数来筛选符合条件的数组元素。

更新前的文档内容如下:

```
{
"_id" : ObjectId ( "5ad9378a380c5e9c98f347ed" ) ,
"ProductName" : "DE -1300 Earbuds",
"Color": [ "Red", "White"]
}
```

更新前"Color"字段中的数组为"Red"和"White"

更新文档的指令如下：

```
> db.product_content.update (
{ ProductName:"DE -1300 Earbuds" } ,
{ $set: { "Color.$[i]":"Orange" } } ,
{ arrayFilters:[ { "i": { $eq:"Red" } } ] }
)
```

修改数组中元素数据

筛选数组中元素的条件

在修改数组元素数据的语句中，"$[i]"表示数组中元素的位置。如使用"$[]"，则表示数组中所有元素。范例中的"i"为自定义变量，用于 arrayFilters 参数对数组中的元素进行筛选。"$[i]"也可以直接指定元素的位置，"Color.1"指"Color"数组中第 2 个位置的元素（元素位置从 0 开始计算）。

更新后，查询文档的指令如下：

```
> db.product_content.find ( { ProductName:"DE -1300 Earbuds" } ) .pretty()
```

更新后的文档内容如下:

```
{
    "_id" : ObjectId ( "5ad9378a380c5e9c98f347ed" ) ,
    "ProductName" : "DE -1300 Earbuds",
    "Color": [ "Orange", "White" ]
}
```

"Color"数组中符合"Red"的元素已改为"Orange"

在执行这个操作时要特别注意，一定要使用 3.6 版本之后的工具（如 mongo shell 3.6 版本），否则在执行此操作时会报错。

2. save()

Save()不仅可以插入文档，还可以更新文档。与 update()不同，save()在更新文档时必须加上“_id”字段，从而通过“_id”字段对原文档进行覆盖式更新（详细实际范例可以回顾 6.1.1 节“插入”中的 save()方法）。

【范例】使用 save()方法更新一个文档。具体指令如下：

```
> db.Product.save (
    {
        _id:ObjectId ( "5ad9357c380c5e9c98f347e4" ) ,
        SysNo:2971,
        ProductName: "DE -1300 Earbuds",
        Weight:1000,
        ProductMode:"Set"
    }
)
```

3. updateOne()

updateOne()也是一种更新文档的操作方法，但使用此方法只能更新一个文档。

【范例】采用 updateOne()方法更新一个文档。具体指令如下：

```
> db.Product.updateOne (
    { SysNo:2971 } ,
    { $set: { Weight:1000 } }
)
```

4. updateMany()

updateMany()方法可以同时更新多个文档，它与 update()方法设定“multi”参数为 true 的用法一样。

【范例】使用 updateMany()方法同时更新多个文档。具体指令如下：

```
> db.Product.updateMany (
    { ProductMode:"" } ,
    { $set: { ProductMode:"Set" } }
)
```

5. replaceOne()

replaceOne()方法与 save()方法类似，都是使用覆盖的方式更新文档。不同的是，replaceOne()不需要使用“_id”字段，并且只更新匹配到的第 1 个数据。

【范例】使用 replaceOne()方法更新匹配到的第 1 个数据。具体指令如下：

```
> db.Product.replaceOne (
    { ProductMode:"" } ,   筛选条件
    { ProductMode:"Set" }
)
```

6.1.3 删除

MongoDB 有 3 种常用的删除方法，分别为 remove()、deleteOne()和 deleteMany()。

最好先将想要删除的文档查询出来，确认后再进行删除，这样可以避免误删文档。

1. remove()

remove()是最常用的删除文档方法，使用该方法可以删除指定条件的文档。

（1）语法格式：

```
db.collection.remove (
  <query>,
    {
      justOne: <boolean>,
      writeConcern: <document>,
      collation: <document>
    }
)
```

（2）参数说明（前面已介绍过的参数，此处不再赘述）。

justOne 为可选参数，表示文档与删除条件匹配时，是否仅删除第 1 个文档。此参数默认为 false。若将此参数设置为 true，则仅删除匹配到的第 1 个文档；若将此参数设置为 false，则删除匹配到的所有文档。

（3）范例。

此范例中，将删除“ProductMode”值为空的文档，且仅删除匹配到的第 1 个文档。

删除前的文档内容如下:

```
{
    "_id" : ObjectId ( "5ad935a0380c5e9c98f347e5" ) ,
    "SysNo" : 8622,
    "ProductName" : " ( Rose Gold ) 16GB",
    "Weight" : 143,
    "ProductMode" : ""
}
{
    "_id" : ObjectId ( "5ad935d5380c5e9c98f347e7" ) ,
    "SysNo" : 8619,
    "ProductName": " ( Gold ) 32GB",
    "Weight" : 143,
    "ProductMode" : ""
}
```

删除前，“Product”集合中“ProductMode”为空的文档有两个删除文档的指令如下：

```
> db.Product.remove (
    { ProductMode:"" } ,
    { justOne:true }
)
```

删除条件为："ProductMode"字段的值为""

仅删除第一个文档，"justOne"参数设为 true

删除后的文档查询指令如下：

```
> db.Product.find ( { ProductMode:"" } ) .pretty()
```

删除后的文档内容如下：

```
{
    "_id" : ObjectId ( "5ad935d5380c5e9c98f347e7" ) ,
    "SysNo" : 8619,
    "ProductName" : " (  Gold )  32GB",
    "Weight" : 143,
    "ProductMode" : ""
}
```

还剩一个符合条件的文档

如果删除语句为 db.Product.remove ({ })，则删除全部的文档。

2. deleteOne()

deleteOne()方法只能删除第 1 个文档，此方法与 remove()方法中设定“justOne”为 true 一样。

【范例】使用 deleteOne()方法删除一个文档。具体指令如下：

```
> db. products.deleteOne (
    { "_id" : ObjectId ( "5ad9357c380c5e9c98f347e4" ) }
)
```

3. deleteMany()

使用 deleteMany 方法可以一次删除多个文档。

【范例】删除“products”集合中所有“ProductMode”字段为空的文档。具体指令如下：

```
> db.products.deleteMany (
    { "ProductMode" : "" }
)
```

6.1.4　基本查询

在使用数据库时，最常见的需求是查询数据库中的数据内容。本节将介绍查询的基本用法。常用的基本查询方式有两种，分别为 find()和 findOne()。

1. find()

find()是最常用的查询方法，可以查询出集合中所有的文档内容。

（1）语法格式：

```
db.collection.find ( <query>, <projection> )
```

（2）参数说明（前面已介绍过的参数，此处不再赘述）。

projection 参数可以指定查询结果中需要显示的字段。

- 如设置为 1，表示显示此字段。
- 如设置为 0，表示不显示此字段。

“_id”字段默认是显示的。若不想显示，则指定“projection”参数为 { "_id"：0 }。

（3）范例。

在本范例中，将查询“ProductMode”为空的文档，且指定只显示“SysNo”和“ProductMode”字段。

查询语句如下：

```
> db.Product.find（ { ProductMode:"" } , { _id:0,SysNo:1,ProductMode:1 } ）
```

指定“_id”为 0，指定“SysNo”和“ProductMode”为 1

文档查询的结果如下：

```
{
    "SysNo" : 8622,
    "ProductMode" : ""
}
{
    "SysNo" : 8619,
    "ProductMode" : ""
}
```

查询结果只显示“SysNo”及“ProductMode”两个字段

2. findOne()

findOne()是查询的一种方式，使用这个方法可以查询出符合条件的第 1 个文档，并且会以 pretty()的方法呈现。如果只是要查看一笔数据的内容或字段结构，则适合使用这种方法。

【范例】用 findOne()方法查询“ProductMode”字段为空的第 1 个文档。具体指令如下。

```
> db.Product.findOne（ { ProductMode:"" } ）
```

6.1.5 条件查询

在查询数据库时，经常需要依照不同的条件来查询集合中的文档。本节中将介绍四种查询条件式的用法。

1. 比较操作符

比较操作符用于在查询时比较字段大小。经常使用的比较操作符有以下 8 种，见表 6-1。每个操作符的语法大致相同，因此下面将使用一个数值形式的范例和一个数组形式的范例来进行介绍。

表 6-1　比较操作符的说明

操 作 符	说　　明
$eq	表示查询出与条件值相同的文档
$ne	查询出与条件值不相等或不存在的文档
$gt	查询出大于条件值的文档
$gte	查询出大于或等于条件值的文档
$lt	查询出小于条件值的文档
$lte	查询出小于或等于条件值的文档
$in	此操作符使用的条件值须用数组表示，表示筛选出字段值与数组中任一元素吻合的文档
$nin	此操作符使用的条件值须用数组表示，表示筛选出字段值不在数组元素中的文档

（1）$gt 的范例如下：

查询“Product”集合中“Weight”字段大于 200 的文档，具体指令如下。

```
> db.Product.find ( { "Weight": { $gt:200 } } )
```

也可以替换其他操作符，此例为“大于”

（2）$in 的范例如下：

查询“Color”字段中值为“White”或“Black”的文档，具体指令如下。

```
> db.product_content.find ( { "Color": { $in:["White","Black"] } } )
```

2. 逻辑操作符

逻辑操作符用于连接多个查询条件，指定同时成立或是成立某些条件等。逻辑操作符有以下 4 种，见表 6-2。

表 6-2　逻辑操作符的说明

操 作 符	说　　明
$and	用于连接多个查询条件，表示查询的文档必须符合所有条件
$nor	用于连接多个查询条件，表示查询的文档必须不符合所有条件。与$and 操作符的概念完全相反。当字段不存在时也符合条件
$or	用于连接多个查询条件，表示查询的文档只满足其中一个条件即可
$not	只可用于一个查询条件，表示查询的文档必须不符合该条件。当字段不存在时也符合条件

下面以$and 和$not 操作符作为范例进行解释。

（1）$and（可用于“多个”条件）的范例如下：

查询“Color”为“Red”且“Weight”大于等于 200 的文档，具体指令如下。

```
> db.Product.find ( { $and:[ { "Color": { $eq: "Red" } } , { "Weight": { $gte:200 } } ] } )
```

（2）$not（只可用于“一个”条件）的范例如下：

查询出“SysNo”不为 2971 的文档，具体指令如下。

```
> db.Product.find ( { "SysNo": { $not: { $eq:2971 } } } )
```

3. 元素操作符

元素操作符是指，使用在字段元素上的操作符。元素操作符有“$exists”和“$type”，见表 6-3。

表 6-3 元素操作符的说明

操 作 符	说 明
$exists	可依据该字段是否存在来筛选数据。若将$exists 设定为 true，则表示数据须符合该字段存在的条件；若将$exists 设定为 false，则表示数据须符合该字段不存在的条件
$type	可依照字段的类型来筛选数据。可用类型请参阅“表 1-2 数据类型对照表”

（1）$exists 的范例如下：

查询存在“Color”字段的文档，具体指令如下。

```
> db.product_content.find ( { "Color": { $exists:true } } )
```

（2）$type 的范例如下：

查询“Color”字段类型为数组的文档，具体指令如下。

```
> db.product_content.find ( { "Color": { $type:"array" } } )
```

4. 评估操作符

评估操作符有“$expr”和“$mod”，见表 6-4。

表 6-4 评估操作符的说明

操 作 符	说 明
$expr	用来对文档中的两个字段进行比较，进而查询出符合条件的文档。该操作符经常搭配比较操作符（Comparison）使用
$mod	取余数的条件操作符，表示查询出符合余数条件的文档，即用一个字段的值除以某个设定值，其运算出的余数等于设定的条件值

（1）$expr 的范例如下：

查询字段“totalAmount”的值小于字段“OriginalAmount”的值的文档，具体指令如下。

```
> db.Sales_record.find ( { $expr: { $lt:["$totalAmount","$OriginalAmount"] } } )
```

（2）$mod 的范例如下：

查询集合中字段“Weight”的值除以 5 余数等于 0 的文档，具体指令如下。

```
> db.Product.find ( { "Weight": { $mod:[5,0] } } )
```

6.1.6 正则表达式

所谓的正则表达式是指，在查询文档时，通过一个字符串来匹配含有这个字符串的文档。在 MongoDB 中，采用 PCRE（perl compatible regular expression）来支持正则表达式的操作。PCRE 是通过 C 语言编写的正则表达式函数库。在 MongoDB 中，可以使用操作符“$regex”来操作正则表达式。

（1）语法格式有 3 种：

```
{ <field>: { $regex: /pattern/, $options: '<options>' } }
{ <field>: { $regex: 'pattern', $options: '<options>' } }
{ <field>: { $regex: /pattern/<options> } }
```

（2）参数说明如下。

- $regex:/pattern/、$regex:'pattern'：在“$regex”操作符后加上字符串，可对此字符串进行模糊查询。这两种方式的查询效果是一样的。
- $options:'<options>'：可选参数。<options>有 4 种设置，“i”表示忽略大小写差异；“x”表示忽略空格；“m”表示在数据为多行（\n）时，任何一行符合条件即可；“s”则表示会将多行数据视为一行，换行符号（\n）也会被视为字符。

（3）范例。

从文档中将“ProductName”字段值为“rose”的数据以不分大小写的方式查询出来。

以下为所有文档的内容：

```
{
  "_id" : ObjectId ( "5ad9378a380c5e9c98f347ed" ),
  "ProductName" : "DE -1300 Earbuds",
  "Color" : [
          "Red",
          "White"
  ]
}
{
  "_id" : ObjectId ( "5ad9378a380c5e9c98f347ee" ),
  "ProductName" : " ( Rose Gold ) 16GB",
  "Color" : [
          "White",
          "Black",
          "Yellow"
  ]
}
```

查询文档的指令如下：

```
> db.product_content.find ( {
"ProductName": { $regex:"rose",$options:"i" }
} ) .pretty()
```

查询的结果如下：

```
{
        "_id" : ObjectId ( "5ad9378a380c5e9c98f347ee" ),
        "ProductName" : " ( Rose Gold ) 16GB",
        "Color" : [
```

```
                "White",
                "Black",
                "Yellow"
        ]
}
```

使用{ "ProductName":/rose/i }或{ "ProductName":{ $regex:"rose",$options:"i" } }也可以得到一样的查询结果。

6.1.7 内嵌文档查询

在 MongoDB 中，经常将数据以内嵌文档的形式储存。本节将直接使用范例来介绍将子文档的字段作为查询条件的使用方法。

【范例】查询“Carts”集合中“Product”的子文档，将字段“ProductName”值为“Note3 16GB”，以及字段“SysNo”值为“7329”的文档查出来。

以下为所有文档的内容：

```
{
    "_id" : ObjectId ( "5ad95647e53e9340cd199c58" ) ,
    "Quantity" : 2,
    "CustomerSysNo" : 2204332,
    "CreateDate" : ISODate ( "2016-09-28T01:59:09.348Z" ) ,
    "product" :  {
          "SysNo" : 1531,
          "ProductName" : "micro USB data line",
          "Weight" : 32,
          "ProductMode" : "Bar"
    }
}
{
    "_id" : ObjectId ( "5ad95647e53e9340cd199c59" ) ,
    "Quantity" : 1,
    "CustomerSysNo" : 11753090,
    "CreateDate" : ISODate ( "2016-09-28T02:05:58.434Z" ) ,
    "product" :  {
          "SysNo" : 7329,
          "ProductName" : " Note3 16GB",
          "Weight" : 400,
          "ProductMode" : ""      }
}
```

查询的语法如下：

```
> db.Carts.find (
      {
          "product.ProductName":" Note3 16GB",
          "product.SysNo":7329
      }
) .pretty()
```

查询的结果如下：

```
{
    "_id" : ObjectId ( "5ad95647e53e9340cd199c59" ) ,
    "Quantity" : 1,
    "CustomerSysNo" : 11753090,
    "CreateDate" : ISODate ( "2016-09-28T02:05:58.434Z" ) ,
    "product" : {
          "SysNo" : 7329,
          "ProductName" : " Note3 16GB",
          "Weight" : 400,
          "ProductMode" : ""
      }
}
```

6.1.8　数据校验

MongoDB 的数据校验是指：文档在插入或者更新时，会依照我们规定的验证规则对数据进行检查。如果不符合设定的验证规则，则 MongoDB 会出现报错。

在进行数据校验时，需要特别注意以下三点事项：

- 不能在“admin”“local”及“config”数据库中进行数据校验。
- 不能在系统集合（system.*）中进行数据校验。
- 使用者必须拥有“collMod”操作权限。

在 MongoDB 中，数据校验的设定方式有以下两种。

1. 创建集合的方式（db.createCollection()）

该方式是指，通过加上参数“validator”，从而在创建集合时为文档的插入或更新操作建立验证规则。规则的设定方式分成两种模式。

- **JSON Schema 验证模式**：可用来规范集合必须具有哪些字段，以及字段类型。若是数字类型，则可以规范最大/小值。从 MongoDB 3.6 版本之后，官方就支持使用 JSON Schema 验证模式。目前此验证模式是 MongoDB 官方最为推崇的验证模式。在使用此验证模式时，会将 validator 参数与$jsonSchema 操作符搭配使用。
- **查询表达式验证模式**：MongoDB 在使用此模式时，可以搭配查询操作符指定验证的规则，如使用“$type”来规范字段类型，使用“$regex”来规范字符串需有哪些字节，使用“$in”来规范须为哪些值中的一个等。但某些操作符，如："$near""$nearSphere""$text"及"$where"，则不可以在此验证模式中使用。

不管使用上述哪种验证模式，都可以加上"validationAction"参数来处理违反验证规则的文档。其中"validationAction"参数可以设为以下两种值。

- error：默认值。表示如果插入或更新违反验证规则的文档，则 MongoDB 会自动报错。
- warn：如果插入或更新违反验证规则的文档，则 MongoDB 不会报错，但会把错误信息记录在日志中。

2. 在现有的集合中建立验证规则（db.runCommand()）

此方式是在现有的集合中建立验证规则。对现有的文档并不会进行验证，只有当这些现有文档被更新时才会进行验证。该方式与 db.createCollection()一样，都可以使用"JSON Schema"或"查询表达式"来建立验证规则。

在使用此方式时，可以再加上"validationLevel"参数，从而限制 MongoDB 在更新时验证规则对现有文档的严格程度。可以为这个参数设定以下不同的值。

- off：关闭校验规则。
- strict：默认值，表示 MongoDB 会对文档所有的新增或更新操作进行验证。
- moderate：表示 MongoDB 仅对已符合验证标准的现有文档进行新增、更改验证。对不符合验证标准的现有文档，MongoDB 不会再检查其操作是否符合验证规则。

（1）范例 1：使用 db.createCollection()搭配"JSON Schema"模式的语句。

设定"Product"集合必须有"ProductName"和"Weight"字段，且"ProductName"字段必须为字符串类型，"Weight"字段必须为在 10~10000 的数字类型。若有"ProductMode"字段，则该字段必须是字符串类型，违反验证规则的文档将被记录在日志中。具体指令如下。

```
> db.createCollection ( "Product",  {
validator:  {
$jsonSchema:  {
  bsonType: "object",
  required: [ "ProductName", "Weight" ],
  properties:  {
    ProductName:  {
        bsonType: "string"
     },
    Weight:  {
        bsonType: "int",
        minimum: 10,
        maximum: 10000
        },
   ProductMode: {
        bsonType: "string"
```

```
        }
      }
   },
validationAction:"warn"
}
})
```

（2）范例 2：使用 db.runCommand()搭配“查询表达式”模式的语句。

假设在“Product”集合中，“ProductName”字段必须是字符串类型，且“Weight”字段必须存在，无须检查不符合验证标准的文档，具体指令如下。

```
> db.runCommand ( {
collMod:"Product",
validator: { $and:[
    { "ProductName": { $type:"string" } } ,
    { "Weight": { $exists:true } }
]}
validationLevel: "moderate"   ← 此设置无须检查不符合验证标准的现有文档
})
```

6.1.9　原子性操作

在 MongoDB 中，原子性操作是指在保存文档时只有两种情况：一种是文档全部被保存，另一种则是文档全部被回滚。当一个文档正在进行写操作时，其他对于此文档的操作是不可以进行的。MongoDB 提供的原子性操作包含文档的保存、修改和删除。

MongoDB 4.0 之前的版本支持单个文档的原子性操作；而 MongoDB 4.0 之后的版本支持在副本集的架构里实现多个文档的事务（ACID），其中“A”表示原子性。

MongoDB 通过锁机制来避免并发操作：

- 当一个使用者对文档进行读操作时，会取得一个“读”锁。此时，其他使用者可以读此文档，但不可以对此文档进行写操作。
- 当一个使用者对文档进行写操作时，会取得一个“写”锁。此时，其他使用者不可以对此文档进行读/写操作。

MongoDB 会对文档进行隔离性的写操作，同时还可以搭配一些操作符来对文档进行修改。下面介绍 7 种常用的修改操作符。

1. $set

用“$set”操作符可以修改指定的文档。如果没有找到指定的文档，则创建一个新文档，其用法与 update()类似。

【范例】查询“SysNo”字段值为 2971 和“Weight”字段值大于 200 的文档，然后将文档的“Weight”字段的值更改为 300。具体指令如下。

```
> db.Product.update (
{ "SysNo":2971,"Weight": { $gt:200 } } ,
{ $set: { Weight:300 } }
)
```

2. $unset

用“$unset”操作符可以删除指定的字段。

【范例】将字段“SysNo”值为 2971 的文档查询出来，并将文档的“Weight”字段删除。具体指令如下。

```
> db.Product.update (
{ "SysNo":2971 } ,
{ $unset: { Weight: "" } }
)
```

3. $inc

用“$inc”操作符可以对指定字段的值进行加减运算。

【范例】查询字段“SysNo”值为“2971”及字段“Weight”值大于“200”的文档，并将文档中的字段“Weight”值减少 100。具体指令如下。

```
> db. product.update (
{ "SysNo":2971,"Weight": { $gt:200 } } ,
{ $inc： { Weight:-100 } }
)
```

4. $push

用“$push”操作符可以在指定文档的数组中插入一个值。

【范例】在指定文档的“Color”数组中加入“Orange”字符串。具体指令如下。

```
> db. product_content.update (
{ _id:ObjectId ( "5ad9378a380c5e9c98f347ed" ) } ,
{ $push: { "Color":"Orange" } }
)
```

5. $pull

用“$pull”操作符可以在指定文档的数组中删除一个值。

【范例】删除指定文档“Color”数组中的“Red”字符串。具体指令如下。

```
> db.product_content.update (
{ _id:ObjectId ( "5ad9378a380c5e9c98f347ed" ) } ,
{ $pull: { "Color":"Red" } }
)
```

6. $pop

用“$pop”操作符可以删除指定文档数组中的第 1 个或最后一个值。“$pop”可以设定为两个值：设定为“1”表示删除数组中的最后一个值；设为“-1”表示删除数组中的第一个值。

【$pop 范例】删除指定文档中的“Color”数组中的最后一个值。具体指令如下。

```
> db.product_content.update (
{ _id:ObjectId ("5ad9378a380c5e9c98f347ed") },
{ $pop: { "Color":1 } }
)
```

7. $rename

用“$rename”操作符可以更改指定文档中的字段名。

【范例】将字段名“Color”改为“ProductColor”。具体指令如下。

```
> db.product_content.update (
{ _id:ObjectId ("5ad9378a380c5e9c98f347ed") },
{ $rename: {  "Color":"ProductColor" } }
)
```

6.2 集合的操作

6.2.1 集合管理

MongoDB 中的集合主要用于保存文档，类似于关系型数据库中的表格（Table）。用集合保存文档非常灵活，还可以将文档保存成固定集合（Capped Collections，即固定大小的集合）。下面介绍集合的基本概念，创建固定集合的方法将在 6.2.2 节中介绍。

在 MongoDB 中创建集合时，首先需要定义集合的名称。定义集合的名称有以下 5 个规则：

- 集合名称的第 1 个字符必须是字母。
- 集合名称不可以包含“$”符号，因为“$”是 MongoDB 中的系统保留字符。
- 集合名称不可以包含空格。
- 集合名称不可以用“system.”开头。
- 集合名称不可以超过 128 个字符。

1. 创建集合

（1）创建集合方法有两种：

- **直接插入文档**：使用此方式 MongoDB 会自动建立集合。该方式已在 6.1.1 节“插入”中介绍，此处不赘述。
- **使用 db.createCollection()**：使用此方法也可以创建集合。创建的方法如下。

（2）语法格式。

```
db.createCollection (<name>, <options>)
```

（3）参数说明。

- name：要创建的集合名称。
- options：可选参数。此参数可以是以下值。
  — capped：若将此参数设置为 true，则可创建固定集合。须搭配“size”参数使用。
  — size：此参数须搭配“capped”参数使用，用来指定固定集合的大小。当文档超过设置的大小时，MongoDB 会自动删除旧文档为新文档腾出空间。
  — max：用于限制固定集合中可存放的文档数。若文档数超过设置的大小，则 MongoDB 会自动删除旧文档。但是，“size”参数会优先于此参数，所以若要使用此参数，须确保 size 的值要大于设定的最大文档数的大小。
  — validator：可以让集合具有数据校验的功能。
  — validationLevel：可以设定在数据校验时对现有文档的严格程度。
  — validationAction：可以设定在数据校验时如何处理违反校验规则的文档。
  — autoIndexId：若将此参数设置为 false，则不会自动将“_id”字段创建为索引。在 MongoDB 4.0 以后的版本中，不能在“local”以外的数据库中设置此选项，且官方不推荐使用此选项。
  — storageEngine：允许用户在创建集合时使用不同的存储引擎。
  — indexOptionDefaults：设定索引使用的存储引擎。

创建集合主要用于设定数据校验的验证规则（在 6.1.8 节“数据校验”中介绍过），或指定为固定集合。

2. 删除集合

若要删除已经存在的集合，则可以使用 db.collection.drop()方法。

（1）语法格式。

```
db.collection.drop ( { writeConcern: <document> } )
```

（2）范例。

删除“Product”集合的具体指令如下：

```
> db.Product.drop()
```

执行结果如下：

```
True
```

3. 查询集合

若想查询当前数据库中有哪些集合，则可以使用以下两种方式：

- show collections。
- show tables。

【范例】用 show collections 查询“E-commerce”数据库中的所有集合。

具体指令如下：

```
> show collections
```

执行的结果如下：

```
Cart
Members
```

使用“show tables”的显示结果也一样

6.2.2 固定集合

“固定集合”顾名思义就是一个拥有固定大小的集合。这种集合会依照文档的顺序插入数据，并将插入的数据写入磁盘。如果在插入数据时发现固定集合超过了分配给它的空间，则会删除旧文档来释放空间，让新的文档可以插入。

用 db.createCollection()或 db.runCommand()方法创建固定集合，需要事先设定集合的大小。

固定集合的特性如下：

- 写入的速度非常快。
- 在查询有顺序性质的文档时，查询速度会很快。
- 可以在写入新数据时删除最旧的数据。
- 可用在记录日志信息的应用中。

固定集合的限制如下：

- 创建后不可更改固定大小。若要更改，则必须先删除固定集合再重新创建。
- 不能使用 delete 指令删除固定集合中的文档，只能使用 drop 指令删除固定集合中所有文档。
- 固定集合不能被分片。
- 不能将聚合中的$out 的结果写入固定集合。
- 固定集合与 TTL 索引不兼容。

若要定期删除数据释放空间，则一般使用 TTL 索引较多。后面 6.3.3 节会针对 TTL 索引做较详细的介绍。

接下来介绍如何创建固定集合，以及查询此集合是否为固定集合。

1. 创建固定集合

创建固定集合有以下两种方法，这两种方法所使用的参数与创建集合时参数相同。

- db.createCollection()：创建新的固定集合。
- db.runCommand()：将已经存在的普通集合转换成固定集合。

语法范例如下。

（1）db.createCollection()。

创建一个新的固定集合“Product”，设定此固定集合的大小为 20000 byte，并且限制可存放的文档数最多为 2000 个。具体指令如下：

```
> db.createCollection ( "Product", { capped:true,size:20000,max:2000 } )
```

执行的结果如下：

```
{
  "ok" : 1,
  ...
}
```

在此范例中，固定集合不管是文档大小先超过 20000 个 byte，还是文档数先超过 2000 个，只要任何一个超过限制，MongoDB 就会删除最旧的文档。

（2）db.runCommand()。

将现有集合“product_content”转换成固定集合，设定此固定集合的大小为 50000 个 byte，并且限制可存放的文档数最多为 5000 个。具体指令如下：

```
> db.runCommand ( { "convertToCapped":"product_content" ,size:50000 ,max:5000 } )
```

执行的结果如下：

```
{
  "ok" : 1,
  ...
}
```

2. 查询是否为固定集合

若我们不知道某集合是否为固定集合，则可以用 isCapped()方法得知。若结果显示为 true，则表示此集合为固定集合；若显示为 false，则表示此集合不是固定集合。

（1）语法格式。

```
db.collection.isCapped ( { writeConcern: <document> } )
```

（2）范例。

查询“Product”集合是否为固定集合。具体指令如下：

```
> db.Product.isCapped()
```

执行的结果如下：

```
true
```

6.3 创建索引

当我们在数据库中建立了索引并需要查询数据时，可以通过索引找到对应的文档。但如果在没有建立索引的情况下查找数据，则 MongoDB 会扫描所有的文档，再将符合查询条件的文档筛选出来。

一般而言，在查询文档时应避免扫描全部的文档，因为这会使查询的速度变得非常缓慢。所以，如果集合中存在许多文档，则通常会创建索引。在建立索引时，会将文档中的一个或多个特定字段进行排序存储。使用索引来查询数据效率会比较高。

MongoDB 中的索引分为单字段索引、复合索引、地理空间索引等。每个索引的创建方法都不同，但重建、查询、删除索引的方法都一样。

6.3.1 单字段索引

1. 创建单字段索引

在创建索引时，需用 createIndex()方法来指定索引字段及排序方式。

（1）语法格式。

```
db.collection.createIndex ( <keys>, <options> )
```

（2）参数说明。

- keys：此参数用于设定索引的字段和排序规则。排序规则若设为 1，则表示升序；若设为-1，则表示降序，如“field:1”。
- options：可选参数。有以下几个参数可以选择。
  — background：创建索引是否会在后台进行。默认为 false。
  — unique：设定此索引是否为唯一索引。默认为 false。
  — name：自定义创建的索引名称。
  — partialFilterExpression：索引只用于筛选条件匹配的文档。
  — sparse：索引只用于指定字段的文档。
  — expireAfterSeconds：此参数用在 TTL 索引中，可以控制文档保留在集合中的时间。
  — storageEngine：指定索引使用的存储引擎。

（3）范例。

在“Product”集合中的“Weight”字段上创建一个单字段的升序索引。具体指令如下：

```
> db.Product.createIndex( { "Weight" :1 } )
```

2. 重建索引

当索引出现损坏时，可以使用 reIndex()方法重建索引。该方法实际上是将集合中的索引全部删除后再依序重新创建。所以，如果集合中含有大量文档或大量索引，则不建议使用该方法。对于副本集来说，重建索引只会在当前的 mongod 实例中进行，并不会同步至其他节点，因此也不建议在副本集中使用此方法。

（1）语法格式。

```
db.collection.reIndex()
```

（2）范例如下。

将“Product”集合中的索引全部重建。具体指令如下：

```
> db.Product.reIndex()
```

重建索引需要具有 dbAdmin 角色，因此必须注意是否有这个权限。相关操作请参阅 8.3 节“角色管理”。

3. 查询索引

在索引创建完成后，如果想查看集合中有哪些索引，则可以用 getIndexes()方法；如果想要查询索引的大小，则可以用 totalIndexSize()方法。

（1）getIndexes()。

使用此方法可以查询集合中所有的索引信息。

语法格式如下。

```
db.collection.getIndexes()
```

【范例】查询“E-commerce”数据库中“Product”集合的所有索引信息。

在查询结果中可以发现，除前面创建的“Weight”索引外，还存在“_id”字段的索引。这是因为，MongoDB 在新增文档时会自动将“_id”字段创建为索引。

查询索引的指令如下：

```
> db.Product.getIndexes()
```

查询的结果如下：

```
[
    {
        "v" : 2,
        "key" : {"_id" : 1},
        "name" : "_id_",
        "ns" : "E-commerce.Product"
    },
    {
        "v" : 2,
        "key" : {"Weight" : 1},
        "name": "Weight_1",
        "ns": "E-commerce.Product"
    }
]
```

（2）totalIndexSize()。

使用此方法可以查询集合中所有索引的大小。

语法格式如下。

```
db.collection.totalIndexSize()
```

【范例】查询“E-commerce”数据库中“Product”集合的全部索引的大小，其单位为 byte。

查询索引大小的指令如下：

```
> db.Product.totalIndexSize()
```

查询的结果如下：

```
32768
```

4. 删除索引

如想删除已经建立的某个索引，则可以用 dropIndex()方法；如想删除“_id”字段以外的所有索引，则可以用 dropIndexes()方法。

（1）dropIndex()。

用此方法可以删除指定的索引。

语法格式。

```
db.collection.dropIndex（<index>）
```

【范例】删除名称为“Weight_1”的索引。具体指令如下：

```
> db.Product.dropIndex（"Weight_1"）
```

（2）dropIndexes()。

用此方法可以删除集合中除“_id”字段外的其他索引。但需要注意的是，此操作会将数据库锁住，直到全部索引删除完成为止。

语法格式如下。

```
db.collection.dropIndexes()
```

【范例】删除“Product”集合中除“_id”字段外的全部索引。具体指令如下:

```
> db.Product.dropIndexes()
```

6.3.2　复合索引

复合索引是指，将多个字段组合成一个索引。这个索引整体上按第 1 个字段进行排序，对于“按第 1 个字段进行排序并列的地方”再用第 2 个字段进行排序，以此类推。需要注意的是，在创建复合索引时，字段的顺序非常重要：在查询时，条件中必须包含索引的前缀字段。以 3 个字段组成的索引为例，条件中需包含“第 1 个字段”或“第 1 个及第 2 个字段”或“3 个字段”。

【范例】在“product”集合中，创建一个用“Weight”字段进行降序排列、用“SysNo”字段进行升序排列的复合索引。具体指令如下。

```
> db.Product.createIndex（｛"Weight":-1,"SysNo":1｝）
```

6.3.3　TTL 索引

TTL（time-to-live）索引是与时间生命周期有关的索引。该索引可以针对文档中的时间类型的字段设定一个时间值。如果此字段的时间超过设定的时间值，则该文档就会被自动删除。

这种类型的索引对日志型或需要定期删除数据的文档非常有用。

1. TTL 索引的四个特点

- TTL 索引不可以是复合索引。
- 如果用来创建 TTL 索引的字段不是时间类型，则此文档将不会被删除。
- TTL 索引每 60s 运行一次，移除过期的文档。
- 如果时间类型的字段已经被设定为其他索引，则无法通过 TTL 索引来删除此文档。

2. 创建 TTL 索引

在“Carts”集合中，文档需在 “CreateDate”字段时间的 7 天后删除，并以“CreateDate”字段进行降序排列。具体指令如下。

```
> db.Carts.createIndex ( { "CreateDate":-1 } , { expireAfterSeconds:60*60*24*7 } )
```

“expireAfterSeconds”设定的单位为秒。

6.3.4 全文本索引

全文本索引主要用于查询 MongoDB 中的文本文档。该索引可以包含一个或多个字段，同样使用 createIndex()方法来创建。在建立此索引时，需要将字段指定为文本索引“text”。因为在查询文档时会搭配“$text”操作符，如果字段未指定文本索引“text”，则 MongoDB 在查询索引时会无法辨识。通过全文本索引查询文档，可以从大量的文本中快速地找到文档。

1. 全文本索引的特点

全文本索引的特点如下：

- MongoDB 的写入速度会变慢。
- 一个集合最多只能创建一个全文本索引。
- 在使用全文本索引查询时，其查找的值是不区分大小写的。
- 全文本索引可选择所有字符串类型的字段或指定字段。
- 可根据查找优先权来设定不同文本索引的权重。
- 目前不支持中文文本索引，适用语言包含：英语、法语、德语、俄语、西班牙语、土耳其语等。

2. 创建全文本索引

创建全文本索引时需注意以下两点：

- 可用全字段或指定字段创建。
- 不同文本索引字段的权重值是不同的。权重值默认为 1，可设定为 1~99,999 的整数。

[范例 1] 用指定的字段创建全文本索引。

在“Product”集合中，创建“ ProductName”和“ProductMode”字段的全文本索引。具体指令如下：

```
> db.Product.createIndex ( { "ProductName":"text","ProductMode":"text" } )
```

【范例 2】将所有字符串类型的字段创建成全文本索引。

将“Product”集合中所有字符串类型的字段创建成全文本索引。用“$**”代表文档中的所有字符串类型的字段。具体指令如下：

```
> db.Product.createIndex ( { "$**":"text" } )
```

【范例 3】在创建全文本索引时搭配权重值。

在“Product”集合中创建全文本索引时，优先查询“ProductName”字段，次之查询“ProductMode”字段。因此，将“ProductName”的权重设为 10，将“ProductMode”的权重设为 5。具体指令如下：

```
> db.Product.createIndex ( { "$**":"text" } ,
{ "weights": { "ProductName":10,"ProductMode":5 } } )
```

3. 用$text 操作符查询文档

查询字段“ProductName”中含有“rose”的文档。具体指令如下。

```
> db.Product.find ( { $text: { $search:"rose" } } ) .pretty()
```

查询的结果如下：

```
{
    "_id" : ObjectId ( "5ad935a0380c5e9c98f347e5" ) ,
    "SysNo" : 8622,
    "ProductName" : " ( Rose Gold ) 16GB",
    "Weight" : 143,
    "ProductMode" : ""
}
```

6.3.5　地理空间索引

MongoDB 对于坐标数据的文档提供了地理空间索引。使用该索引，可以通过坐标高效地查询到对应文档。地理空间索引分成两种类型。

（1）**2dsphere**：此索引类型支持查询地球球体上的位置，支持“GeoJSON”和“传统坐标”类型的数据。

- **GeoJSON 数据**：需要使用嵌入式文档。在其中可以通过“coordinates”字段来指定坐标位置，以及可以通过“type”字段来指定坐标的类型。“type”可分为 3 种形式。
  - **点（Point）**：若“type”为“Point”，则“coordinates”字段只有一个坐标。
  - **线（LineString）**：若“type”为“LineString”，则“coordinates”字段会有两个坐标。
  - **多边形（Polygon）**：若“type”为“Polygon”，则“coordinates”字段会有两个以上的坐标。
- **传统坐标数据**：只需要一个字段来指定坐标的位置。

无论是 GeoJSON 数据还是传统坐标数据，其中经纬度的存储方式必须是数组形式，即[经度，纬度]，且经度的有效值是−180~180，纬度的有效值是−90~90。如果经纬度的存储位置颠倒，或没有介于这两组值之间，则在创建地理空间索引时 MongoDB 会自动报错。

（2）2d：此索引类型支持查询二维平面上的位置，仅支持传统坐标类型的数据。

下面将介绍如何创建地理空间索引，以及如何使用“$geoNear”操作符查询坐标型文档。

1. 创建地理空间索引

【范例 1】在 GeoJSON 类型的文档中使用 2dsphere 类型的索引。

首先创建一个 GeoJSON 类型的文档，在 location 数组中填入坐标信息，如：“type”为“Point”，“coordinates”为[114.045831,22.670206]，然后在“location”字段上创建 2dsphere 的地理空间索引。

（1）创建一个符合 GeoJSON 坐标格式的文档：

```
> db.Warehouse.insert( {
SysNo:518131,
name:"深圳仓",
address:"深圳市龙华区清华东路 140",
location: { type:"Point",coordinates:[114.045831,22.670206] }
} )
```

（2）在 GeoJSON 文档中创建 2dsphere 的地理空间索引：

```
> db.Warehouse.createIndex( { location:"2dsphere" } )
```

【范例 2】在“传统坐标”类型的数据中使用“2d”类型的索引。

首先创建一个传统坐标类型的文档，并将其中的“coordinates”字段的坐标设为[121.431046,31.182393]，然后在“coordinates”字段上创建“2d”的地理空间索引。

（1）创建一个符合传统坐标类型格式的文档，具体指令如下：

```
> db.Warehouse.insert ( {
  "SysNo":200325,
  "name":"上海仓",
  "address":"上海市徐汇区凯进路 151 号",
  "coordinates":[121.431046,31.182393]
} )
```

（2）在传统坐标类型的文档中创建“2d”地理空间索引，具体指令如下：

```
> db.Warehouse.createIndex ( {"coordinates":"2d"} )
```

2. 用“$geoNear”操作符查询文档

在索引创建完成后，用“$geoNear”操作符可以把指定坐标到文档中坐标的距离由近到远地排列出来，并设定“distanceField”参数显示两者之间的距离。其中需注意的是，从 MongoDB 4.0 版本开始，用“$geoNear”操作符并设定“key”参数，就可以查询集合中同时拥有“2dsphere”及“2d”的地理空间索引的文档。

【范例 1】用“$geoNear”操作符查询索引为 2dsphere 类型的文档。

（1）使用之前在“loacation”字段上建立的 2dsphere 索引，查询指定坐标[114.04,22.67]与文档之间的距离，并按照距离由近到远地呈现，具体指令如下。

```
> db.Warehouse.aggregate ( [
    {
     $geoNear:  {
        near:  {  type: "Point", coordinates: [ 114.04,22.67 ]  } ,
        distanceField: "dist.location",
        key: "location"
      }
    }
] )
```

使用此参数可以计算指定坐标与文档中坐标之间的距离

指定“location”字段上的 2dsphere 索引

查询的结果如下：

```
{
  "_id" : ObjectId ( "5b96a7049f89fa3f259419f2" ) ,
  "SysNo" : 518131,
  "name" : "深圳仓",
  "address" : "深圳市龙华区清华东路 140",
  "location" :  {  "type" : "Point", "coordinates" : [ 114.045831, 22.670206 ]  } ,
  "dist" :  {  "location" : 599.3890957396143  }
}
```

指定坐标与文档中坐标之间的距离

【范例 2】用“$geoNear”操作符查询索引为 2d 类型的文档。

（1）用在“coordinates”字段上建立的“2d”索引文档，查询指定坐标[120,30]与文档中坐标的距离，并按照距离由近到远地呈现，具体指令如下。

```
> db.Warehouse.aggregate ( [
    {
     $geoNear:  {
        near:[120,30],
        distanceField: "dist.location",
        key: "coordinates"
      }
    }
] )
```

指定“coordinates”字段上的 2d 索引

（2）查询的结果如下：

```
{
  "_id" : ObjectId ( "5b96a9869f89fa3f259419f3" ) ,
  "SysNo" : 200325,
  "name" : "上海仓",
  "address" : "上海市徐汇区凯进路 151 号",
  "coordinates" : [ 121.431046, 31.182393 ],
  "dist" :  {  "location" : 1.8563259036508077  }
}
```

6.3.6 Hash 索引

Hash 索引是指，使用某字段进行 Hash 计算之后的值来建立索引。其主要使用在分片的片键上。该索引在创建及查询时需要注意以下几点：

- MongoDB 支持创建任何单字段的 Hash 索引，但不能创建多字段的 Hash 索引。
- 因为不同值在 Hash 后可能会相同，所以 Hash 索引不能设定为唯一约束。
- 创建 Hash 索引的字段也可以同时创建其他索引。
- Hash 索引支持相等查询，但不支持范围查询。

Hash 索引的创建方法与其他索引一样，都是使用 createIndex()，但是在创建 Hash 索引时需将指定字段设为 hashed。

在以下范例中，将“product”集合中的“ProductName”字段设为 Hash 索引。

```
> db.Product.createIndex ( { "ProductName":"hashed" } )
```

6.3.7 查询优化诊断

MongoDB 在查询时提供了 explain()方法。此方法用来显示执行计划的相关信息，用户可以通过这些显示结果进行性能优化。explain()通常用于确定我们所建立的索引是否被准确地使用。

【范例】在“Product”集合中,对查询“Weight”小于 200 的语句进行查询优化诊断。具体指令如下：

```
> db.Product.find ( { "Weight": { $lt:200 } } ) .explain()
```

执行的结果如下：

```
{
    "queryPlanner":  {
          "mongosPlannerVersion" : 1,
          "winningPlan" :  {
                "stage" : "SINGLE_SHARD",
                "shards" : [
                      {
                            "shardName" : "shard1",
                            "connectionString" : "shard1/IP:PORT, IP: PORT, IP: PORT ",
                            "serverInfo" :  {
                                  "host" :" IP ",
                                  "port" : PORT,
                                  "version": "4.0.0",
                                  "gitVersion" : "3b07af3d4f471ae89e8186d33bbb1d5259597d51"
                            } ,
...
}
```

执行结果中的字段说明可参考表 6-5。

表 6-5　执行结果中的参数说明

参　数	说　明
shards.shardName	分片名称
shards.connectionString	此分片上的服务器信息
shards.serverInfo	服务器信息
shards.plannerVersion	查询计划版本
shards.namespace	“数据库”.“集合”
shards.indexFilterSet	如显示 false，则表示没有对查询语句指定使用索引查询
shards.parsedQuery	显示查询语句的条件
shards.winningPlan	显示是否通过索引显示文档和索引信息
shards.winningPlan.stage	该字段代表在执行查询时会使用哪种操作方式查询文档。以下为一些常见的 stage 字段 • COLLSCAN：表示查询的字段并没有建立索引，所以查询时会使用全表扫描的方式找出文档 • FETCH：表示查询的字段已经建立索引，所以查询时会通过索引的位置找到对应的文档 • IXSCAN：表示使用索引来找出对应的文档 • TEXT：查询时使用全文本索引 • COUNTSCAN：查询计算总数时没有使用索引 • COUNT_SCAN：查询计算总数时会使用索引 • SUBPLA：使用“$or”操作符查询时没有使用索引 • SORT：查询时使用了排序，但没使用索引查询 • SKIP：查询时使用了 skip 跳过几个文档 • IDHACK：查询时针对特定的“_id”进行查询 • LIMIT：限制显示查询结果的数量 • PROJECTION：查询时限制显示特定字段
shards.rejectedPlans	拒绝执行计划
operationTime	执行计划操作时间

6.4　常用聚合操作

MongoDB 的聚合操作是通过数据处理管道（pipeline）来实现的，一次操作可以使用多个管道（pipeline）来处理数据文档。使用管道是有顺序的，会依序将管道的结果传至下一个管道中继续处理，进而显示最后的结果。

聚合操作可用于实现分组、排序、数值运算、条件筛选、多表关联查询等功能，且可在分片的环境下使用。

聚合操作的标准格式如下：

```
db.collection.aggregate([
        {<pipeline_1>},
        {<pipeline_2>},
        {<pipeline_3>},
        ...
        {<pipeline_N>}
])
```

pipeline 代表不同的聚合操作。下面会介绍常用的聚合操作。

6.4.1 聚合——$group

“$group”操作符的主要作用是对文档中的特定字段进行分组，通常还会搭配表 6-6 中的 8 种操作符对分组的结果进行计算。

表 6-6 常用操作符说明

操 作 符	说 明
$sum	利用$group 分组后，对于同组的文档，将指定字段的数值进行加总
$avg	利用$group 分组后，对于同组的文档，将指定字段进行平均值计算
$first	利用$group 分组后，对于同组的文档，显示指定字段的第 1 个值
$last	利用$group 分组后，对于同组的文档，显示指定字段的最后一个值
$max	利用$group 分组后，对于同组的文档，显示指定字段的最大值
$min	利用$group 分组后，对于同组的文档，显示指定字段的最小值
$push	利用$group 分组后，对于同组的文档，以数组的方式显示指定字段
$addToSet	利用$group 分组后，对于同组的文档，以数组的方式显示字段不重复的值

（1）语法格式。

```
db.collection.aggregate ( [
      { $group:
           { "_id":"$<分组的字段名称>", <显示结果的名称>: { <操作符>:" $<计算的字段>" } }
      }
] )
```

（2）范例。

利用“$sum”操作符进行求和。将文档中的数据以“ProductMode”字段分组，并将同组文档的“Weight”字段进行求和。

文档中的数据如下：

```
> db.Product.find().pretty()
{
        "_id" : ObjectId ( "5ad9357c380c5e9c98f347e4" ) ,
        "SysNo" : 2971,
        "ProductName" : "DE -1300 Earbuds",
```

```
        "Weight" : 465,
        "ProductMode" : "Set"
}
{
        "_id" : ObjectId ( "5ad935a0380c5e9c98f347e5" ) ,
        "SysNo" : 8622,
        "ProductName" : "（ Rose Gold） 16GB",
        "Weight" : 143,
        "ProductMode" : ""
}
{
        "_id" : ObjectId ( "5ad935f2380c5e9c98f347e8" ) ,
        "SysNo" : 7329,
        "ProductName" : " Note3 16GB",
        "Weight" : 400,
        "ProductMode" : ""
}
```

“$group” 操作符搭配 “$sum” 操作符的语法如下：

```
> db.Product.aggregate ( [
        { $group:
                { "_id":"$ProductMode", "sum": { $sum:"$Weight" } }
        }
] ) .pretty()
```

执行的结果如下：

```
{
        "_id" : "",
        "sum" : 543
}
{
        "_id" : "Set",
        "sum" : 465
}
```

6.4.2　显示字段——$project

1. $project 的说明及范例

如果文档中的字段较多，而我们只想查询其中的几个字段，则使用“$project”是最好的选择。将欲显示的字段设定为“1”，其余字段默认不显示。“_id”字段较为特别，是默认显示。若不需要显示该字段，则需将其设定为“0”。

【范例】使用“$project”操作符，让查询结果只显示“SysNo”“ProductName”字段，不显示“_id”字段。具体指令如下：

```
> db.Product.aggregate（[
      { "$project":
            { "_id":0,"SysNo":1,"ProductName":1 }
      }
]）.pretty()
```

执行的结果如下：

```
{
    "SysNo" : 2971,
    "ProductName" : "DE -1300 Earbuds"
}
{
    "SysNo" : 8622,
    "ProductName" : "（ Rose Gold） 16GB"
}
{
    "SysNo" : 7329,
    "ProductName" : " Note3 16GB"
}
```

2. $project 搭配其他操作符

“$project”除可以显示特定的字段外，还可以搭配聚合的其他操作符使用。下面介绍$project 可搭配的常用操作符。

语法格式：

```
db.collection.aggregate（[
      { $project:
           {
                   <显示结果的名称 1>: { <操作符 1>:<操作符条件 1> } ,
                   <显示结果的名称 2>: { <操作符 2>:<操作符条件 2> } ,
               ...
           }
      }
]）
```

可使用下方介绍的常用操作符

（1）截取字符串中指定的字符——$substr。

此操作符可以截取字符串中指定数量的字符。使用“$substr”时会设定 3 个参数，其先后顺序为：字符串、起始参数、长度参数。

- **字符串**：欲截取的字符串。
- **起始参数**：表示从哪一个字符开始截取。如果指定此参数为“0”，则表示从第 1 个字符开始截取。

- **长度参数**：表示欲截取的字符长度。如果设为负数，则表示从指定起始字符截取到此字符串结束。

【范例】使用“$substr”操作符截取文档中的“ProductName”字段，从第 1 个字符开始截取 8 个字符。具体指令如下：

```
> db.Product.aggregate ( [
{  $project :
   {
    "ProductSubstr" :  {  $substr : ["$ProductName",0,8 ]  }
   }
}
])
```

（2）条件判断——$switch。

使用此操作符可以对指定字段进行一系列的条件判断。如果字段符合条件，则显示对应的结果。

【范例】用“$switch”操作符判断“Weight”字段的值是大于 400、等于 400 或小于 400。具体指令如下。

```
> db.Product.aggregate ( [
{  $project :
   {
    "WeightSwitch": {  $switch: {  branches:[
        {  case: { $gt:["$Weight",400] } ,then:"Weight>400" } ,
        {  case: { $eq:["$Weight",400] } ,then:"Weight=400" } ],
       default:"Weight<400"  }  }
   }
}
])
```

（3）查询指定字符在文档中的位置——$indexOfBytes。

使用此操作符可以查询出指定字符出现在文档字符串中的第几个位置。其包含以下 4 个参数。

- **字符串**：文档中是字符串形式的字段。
- **指定字符**：查询出其所在位置的字符串。
- **起始位置**：开始查询文档中字段的位置。此为可选参数。若设定，则其值必须是整数且不可以是负数，从 0 开始计算。
- **结束位置**：查询文档中字段的最后位置。此为可选参数。若设定，则其值必须是整数且不可以是负数。

【范例】用“$indexOfBytes”操作符查询“ProductName”字段中的“16GB”字符串在第几个位置，并设定从文档字段中第 2 个字符开始查询，查到第 20 个字符时结束。具体指令如下。

```
> db.Product.aggregate ( [
{  $project :
   {
    "ProductNameIndexOf": {  $indexOfBytes:[ "$ProductName","16GB",1,19 ]  }
```

```
    }
  }
])
```

（4）计算字符串的长度——$strLenBytes。

使用此操作符可以计算出字段中字符串的长度。在一般情况下，英文是一个字母为 1byte，而中文是一个汉字为 3 byte。

【范例】用“$strLenBytes”操作符查询“ProductName”字段的长度。具体指令如下。

```
> db.Product.aggregate ( [
{  $project :
   {
       "ProductLen" :   { $strLenBytes:"$ProductName" }
   }
}
])
```

（5）比较字符串间的大小——$strcasecmp。

用此操作符可以比较两个字符串的大小，比较后会显示 3 种不同的结果：

- 结果为 1 时，表示第 1 个字符串大于第 2 个字符串。
- 结果为 0 时，表示第 1 个字符串等于第 2 个字符串。
- 结果为-1 时，表示第 1 个字符串小于第 2 个字符串。

【范例】用“$strcasecmp”操作符比较“ProductName”字段与“ Note3 16GB”字符串的大小。具体指令如下。

```
> db.Product.aggregate ( [
 {  $project :
    {
      "ProductStrcmp" :  {  $strcasecmp:["$ProductName"," Note3 16GB"]  }
    }
  }
])
```

（6）将字符串转换成小写字母——$toLower。

使用此操作符可以将字段中的字符串统一转换成小写字母。

【范例】用“$toLower”操作符将“ProductName”字段值统一转换成小写字母。具体指令如下。

```
> db.Product.aggregate ( [
 {  $project :
    {
      "productToLower":  { $toLower : "$ProductName"  }
    }
 }
])
```

（7）将字符串转换成大写字母——$toUpper。

使用此操作符可以将字段中的字符串统一转换成大写字母。

【范例】用“$toLower”操作符将“ProductName”字段值统一转换成大写字母。具体指令如下。

```
> db.Product.aggregate ( [
{  $project :
    {
       "productToUpper": { $toUpper:"$ProductName" }
    }
}
] )
```

（8）合并字符串——$concat。

使用此操作符可以将字段中的字符串进行合并。需要注意的是，此操作符只可用于字符串，如果将数值形式的数据进行合并，则 MongoDB 会报错。

【范例】用“$concat”操作符将“Product is”字符串与“ProductName”字段的值进行合并。具体指令如下。

```
> db.Product.aggregate ( [
{  $project :
    {
       "ProductConcat" :  {  $concat: ["Product is ","$ProductName"]  }
    }
}
] )
```

（9）将字符串按指定的字符拆分——$split。

用此操作符可以将一个字符串按指定的字符拆分成几个数组形式的数据。

【范例】用“$split”操作符将“ProductName”字段值根据“空格”进行拆分，并存成数组形式。具体指令如下。

```
> db.Product.aggregate ( [
{  $project :
    {
       "ProductSplit": { $split:["$ProductName"," "]  }
    }
}
] )
```

（10）加减乘除——$add、$subtract、$multiply、$divide、$mod。

在聚合操作中，有几个操作符可以对数字型字段进行加、减、乘、除、运算，具体说明见表 6-7。

表 6-7　加减乘除操作符说明

操 作 符	说　　明
$add	对数值类型或日期类型的字段进行加法运算
$subtract	对数值类型或日期类型的字段进行减法运算
$multiply	对数值类型的字段进行乘法运算
$divide	对数值类型的字段进行除法运算
$mod	对数值类型的字段进行除法取余数运算

【范例】

- 用“$add”操作符将“SysNo”字段与“Weight”字段的值相加。
- 用“$subtract”操作符将“SysNo”字段与“Weight”字段的值相减。
- 用“$multiply”操作符将“Weight”字段的值乘以 2。
- 用“$divide”操作符将“Weight”字段的值除以 3。
- 用“$mod”操作符将“Weight”字段的值除以 2 得出其余数。

具体指令如下：

```
> db.Product.aggregate ( [
{  $project :
    {
        "add": { $add:["$SysNo","$Weight"] } ,
        "sub": { $subtract:["$SysNo","$Weight"] } ,
        "multiply": { $multiply:["$Weight",2] } ,
        "divide": { $divide:["$Weight",3] } ,
        "mod": { $mod:["$Weight",2] }
    }
}
])
```

（11）取得时间内容——$year、$month、$week、$hour、$minute、$second、$millisecond、$dayOfYear、$dayOfMonth、$dayOfWeek。

在聚合操作中，有些操作符可以取得时间的部分内容，具体见表 6-8。

表 6-8　取得时间的部分内容的操作符

操 作 符	说　　明
$year	只显示日期格式字段值的年份
$month	只显示日期格式字段值的月份
$week	显示日期格式字段值是这一年的第几周，该数值为 0~53。一年之中的第 1 个星期会显示为第 0 周
$hour	只显示日期格式字段值的小时数
$minute	只显示日期格式字段值的分钟数
$second	只显示日期格式字段值的秒数

续表

操 作 符	说　明
$millisecond	只显示日期格式字段值的毫秒数
$dayOfYear	显示日期格式字段值是这一年的第几天
$dayOfMonth	显示日期格式字段值是这个月的第几天
$dayOfWeek	显示日期格式字段值是这一周的第几天

【范例】在“Carts”集合中使用上述介绍的操作符将“CreateDate”字段中的时间内容分开取出。

“Carts”集合中全部的数据如下：

```
{
    "_id" : ObjectId ( "5ad95647e53e9340cd199c55" ) ,
    "Quantity" : 8,
    "CustomerSysNo" : 88070421,
    "CreateDate" : ISODate ( "2016-09-28T01:37:39.018Z" ) ,
    "product" :  {
        "ProductName" : "Note2 2GB Memory + 16GB Mobile 4G Phone",
        "Weight" : 400,
        "ProductMode" : "",
        "Price" : 9346
    }
}
```

取出文档中的时间内容，具体指令如下：

```
> db.Carts.aggregate ( [ {
$project: {
   _id:0,
   year: { $year:"$CreateDate" } ,
   month: { $month:"$CreateDate" } ,
   week: { $week:"$CreateDate" } ,
   hour: { $hour:"$CreateDate" } ,
   minute: { $minute:"$CreateDate" } ,
   second: { $second:"$CreateDate" } ,
   millisecond: { $millisecond:"$CreateDate" } ,
   dayOfYear: { $dayOfYear:"$CreateDate" } ,
   dayOfMonth: { $dayOfMonth:"$CreateDate" } ,
   dayOfWeek: { $dayOfWeek:"$CreateDate" }
}
} ] ) .pretty()
```

执行的结果如下：

```
{
    "year" : 2016,
    "month" : 9,
```

```
        "week" : 39,
        "hour" : 1,
        "minute" : 37,
        "second" : 39,
        "millisecond" : 18,
        "dayOfYear" : 272,
        "dayOfMonth" : 28,
        "dayOfWeek" : 4
}
```

6.4.3 数据排序、跳过几个文档、限制显示文档数量——$sort、$skip、$limit

如果需要对报表进行分页，则通常会将“$sort”“$skip”及“$limit”这三个操作符一起使用，具体说明见表 6-9。

表 6-9 报表分页常用操作符说明

操 作 符	说 明
$sort	对所有的文档进行排序，升序排列设定为“1”，降序排列设定为“-1”。在排序时，可以对多个字段依照顺序进行排列，也可以使用索引来加快查询速度
$skip	在显示文档时跳过指定数量的文档
$limit	限制显示的文档数量

【范例】使用“$project”操作符指定显示“ProductName”和“Weight”字段；并通过“$sort”操作符让文档先根据“SysNo”升序排列，再根据“Weight”降序排列；然后使用“$skip”操作符让结果显示时跳过第 1 个文档；最后使用“$limit”操作符让文档只显示第 1 个数据。具体指令如下。

```
> db.Product.aggregate ( [
{  $project :  {  "ProductName" : 1 ,"Weight" :1  }  }  ,
{  $sort: { "SysNo":1,"Weight":-1 } } ,
{  $skip :1  }  ,
{  $limit :1  }
])
```

6.4.4 条件筛选——$match

“$match”可以搭配 6.1.5 节的“条件查询”或 6.1.6 节的“正则表达式”来筛选文档。

【范例】用“$match”操作符找出“ProductMode”字段为空，“Weight”字段值小于 400，且“ProductName”字段值包含不区分大小写“ro”字符串的文档。

```
> db.Product.aggregate ( [
{  $match :  {  $and: [
    {  "ProductMode" :  {  $eq:""  }  } ,
    {  "Weight":  {  $lt: 400  }  } ,
```

```
    { "ProductName": { $regex:/ro/,$options:"i" } }
] } }
])
```

这里如果换成“RO”，也可以得到出一样的结果

6.4.5 多表关联查询——$lookup

用“$lookup”操作符可以查找出集合中与另一个集合条件匹配的文档，此功能类似于关系型数据库的关联（join）查询。此操作符需使用以下参数。

- from：想要关联的另一个集合。
- localField：集合中需关联的键。
- foreignField：与另一个集合关联的键。
- as：关联后会将另外一个集合的数据嵌入至此字段下。

【范例】使用“Product”集合及“Product_Content”集合进行关联查询。

“Product”集合中的数据如下：

```
{
    "_id" : ObjectId（"5ad9357c380c5e9c98f347e4"）,
    "SysNo" : 2971,
    "ProductName" : "DE -1300 Earbuds",
    "Weight" : 465,
    "ProductMode" : "Set"
}
```

“Product_Content”集合中的数据如下：

```
{
    "_id" : ObjectId（"5ad9378a380c5e9c98f347ed"）,
    "ProductName" : "DE -1300 Earbuds",
    "Color" : [
        "Red",
        "White"
    ]
}
{
    "_id" : ObjectId（"5ad983009a87fe02b9fa40b6"）,
    "ProductName" : "A05 Desktop Host GX3450 8G 500G Black",
    "Weight" : 9500
}
```

在关系型数据库中的查询语句如下：

```
Select *
From Product,Product_Content
Where
Product .ProductName = Product_Content. ProductName
```

```
And Product .Weight > 400
And Product .ProductName like "%de%"
```

而在 MongoDB 中的查询指令如下：

```
> db.Product.aggregate ( [
 {
        $lookup:
         {
                from:"Product_Content",
                localField:"ProductName",
                foreignField:"ProductName",
                as:"All_Product"
         }
 } ,
 { $match: {  $and: [
     {  "Weight":  {  $gt: 400  }  } ,
     {  "ProductName": {  $regex:"de",$options:"i"  }  } ,
     {  "All_Product": { $ne:[] } }
 ] }
 } ,
 { $project: {  "All_Product":0 } }
] ) .pretty()
```

显示的结果如下：

```
 {
        "_id" : ObjectId ( "5ad9357c380c5e9c98f347e4" ) ,
        "SysNo" : 2971,
        "ProductName" : "DE -1300 Earbuds",
        "Weight" : 465,
        "ProductMode" : "Set"
 }
```

在本范例中，我们将“All_Product”字段在结果中设定为不显示。若要显示该字段，则会出现与“Product”相对应的“Product_Content”数据，如下所示：

```
 {
        "_id" : ObjectId ( "5ad9357c380c5e9c98f347e4" ) ,
        "SysNo" : 2971,
        "ProductName" : "DE -1300 Earbuds",
        "Weight" : 465,
        "ProductMode" : "Set",
        " All_Product " : [
               {
                      "_id" : ObjectId ( "5ad9378a380c5e9c98f347ed" ) ,
                      "ProductName" : "DE -1300 Earbuds",
                      "Color" : [
```

```
                "Red",
                "White"
            ]
        }
    ]
}
```

6.4.6　计算文档数量——$count

用“$count”可以计算出文档的总数。此操作符也可以与前面介绍的聚合操作符一起使用。

【范例】用“$match”和“$count”操作符计算出“Weight”字段中值大于“400”的文档有多少个。具体指令如下。

```
> db.Product.aggregate ( [
{ $match: { "Weight" : { $gte: 400 } } } ,
{ $count: "Weight_count" }
] )
```

6.4.7　展开数组——$unwind

用“$unwind”可以将文档中数组形式的数据拆分成数个文档。如果指定的字段不存在，则不会进行拆分，也不会显示结果。

（1）语法格式。

```
db.collection.aggregate ( [
 {
  $unwind:
    {
     path: <field path>,
     includeArrayIndex: <string>,
     preserveNullAndEmptyArrays: <boolean>
    }
 } ] )
```

（2）参数说明。

- path：指定要拆分的数组字段，需用“$”开头。
- includeArrayIndex：可选参数。使用此参数可以知道每一个字段在原数组中的位置。
- preserveNullAndEmptyArrays：可选参数。使用此参数可以选择是否输出未拆分的文档（如空值）。默认为 false。

（3）范例。

用“$unwind”操作符将“Color”字段中的数组拆分成多个文档，且须存放拆分字段在原数组中的位置，并将原“Color”字段为空值的数据一起列出。

```
> db.Product_Content.aggregate ( [
{  $unwind: {
   path:"$Color",
   includeArrayIndex: "arrayIndex",
   preserveNullAndEmptyArrays:true  }
}
] ) .pretty()
```

执行的结果如下：

```
{
     "_id" : ObjectId ( "5ad9378a380c5e9c98f347ed" ) ,
     "ProductName" : "DE -1300 Earbuds",
     "Color" : "Red",
     "arrayIndex" : NumberLong ( 0 )
}
{
     "_id" : ObjectId ( "5ad9378a380c5e9c98f347ed" ) ,
     "ProductName" : "DE -1300 Earbuds",
     "Color" : "White",
     "arrayIndex" : NumberLong ( 1 )
}
{
     "_id" : ObjectId ( "5ad983009a87fe02b9fa40b6" ) ,
     "ProductName" : "A05 Desktop Host GX3450 8G 500G Black",
     "Weight" : 9500,
     "arrayIndex" : null
}
```

6.4.8 结果汇入新表——$out

用“$out”可以将聚合出来的结果写入一个指定的集合中。如果指定的集合不存在，则会创建一个新集合；如果指定的集合已存在，则会覆写至此集合中。但如果原有的集合中存在索引，而使用“$out”写入的文档违反此索引，则写入失败。

【范例】本范例将前面“$unwind”范例的结果，通过“$out”汇入新的“Product_Content_Out”集合中。具体指令如下。

```
> db.Product_Content.aggregate ( [
{  $unwind : {
   path:"$Color",
   includeArrayIndex: "location",
   preserveNullAndEmptyArrays:true  }
} ,
{  $out : "Product_Content_Out"  }
] )
```

6.5 映射和归约（MapReduce）

6.5.1 MapReduce 介绍

MapReduce 是一个分布式的数据处理方法，它可以将大量的数据处理工作拆分成多个线程并行处理，然后再将结果合并在一起。

（1）MapReduce 的处理过程。

- 第一阶段——映射（Map）。此阶段会将输入的数据通过“键值对”的方式，将相同“键（key）”中欲计算的数据存放到“值（value）”数组中，再把结果（key/value）输出至下一阶段。
- 第二阶段——归约（Reduce）。此阶段可以按用户需求将相同“键”的“值”做统计运算，最后将其结果统一输出。

在 MapReduce 过程中可以分别声明 map 函数和 reduce 函数，以便在指定的集合中使用这两个函数。除 map 与 reduce 函数外，在 MapReduce 过程中还有一些特定的语法格式，如下说明。

（2）语法格式。

```
db.collection.mapReduce (
                         <map>,
                         <reduce>,
                          {
                            out: <collection>,
                            query: <document>,
                            sort: <document>,
                            limit: <number>,
                            finalize: <function>,
                            scope: <document>,
                            jsMode: <boolean>,
                            verbose: <boolean>,
                            bypassDocumentValidation: <boolean>
                          }
                        )
```

（3）参数说明。

- map：Javascript 函数，主要是将数据拆分成“键值对”输出至 reduce 函数中。
- reduce：Javascript 函数，主要是根据“键”将“值”做统计运算。
- out：可选参数。将 mapreduce 函数的处理结果输出至指定集合中。
- query：可选参数。使用此参数可以筛选文档，只有符合条件的文档才可以调用 map 函数。
- sort：可选参数。使用此参数可以将文档进行排序，排序完成后才会调用 map 函数。
- limit：可选参数。使用此参数可以限制文档数量，再使用这些文档调用 map 函数。
- finalize：可选参数。使用此参数可以修改 reduce 的结果然后输出。

- scope：可选参数。使用此参数可以指定 map、reduce 及 finalize 函数使用全局变量。
- jsMode：可选参数。使用此参数可以选择是否在 mapreduce 过程中将数据转换成 BSON 格式，默认为 false。
- verbose：可选参数。使用此参数可以选择是否在结果中显示时间，默认为 false。
- bypassDocumentValidation：可选参数。设定此参数可以选择是否略过数据校验。

接下来将介绍如何使用 MongoDB 中的 MapReduce 功能。以下两个范例皆使用下面这个文档。

```
{
    "_id" : ObjectId ( "5ad9357c380c5e9c98f347e4" ) ,
    "SysNo" : 2971,
    "ProductName" : "DE -1300 Earbuds",
    "Weight" : 465,
    "ProductMode" : "One"
}
{
    "_id" : ObjectId ( "5ad935a0380c5e9c98f347e5" ) ,
    "SysNo" : 8622,
    "ProductName" : " (  Rose Gold )  16GB",
    "Weight" : 143,
    "ProductMode" : ""
}
{
    "_id" : ObjectId ( "5ad935b9380c5e9c98f347e6" ) ,
    "SysNo" : 87,
    "ProductName" : " (  Gold )  16GB",
    "Weight" : 400,
    "ProductMode" : "Parts"
}
{
    "_id" : ObjectId ( "5ad935d5380c5e9c98f347e7" ) ,
    "SysNo" : 8619,
    "ProductName" : " (  Gold )  32GB",
    "Weight" : 143,
    "ProductMode" : ""
}
```

6.5.2 范例 1：数据汇总

1. 范例说明

在编号大于 2000 的文档中，将相同单位的重量求和。执行步骤：筛选“SysNo”字段值大于 2000 的文档，将相同“ProductMode”字段的“Weight”值求和，并将结果保存到“Product_Mapreduce”集合中。

- **map 函数**：将“ProductMode”字段当作“键（key）”，将要计算的“Weight”字段当作“值（value）”。
- **reduce 函数**：将相同“键（key）”的“值（value）”做求和运算。
- **query**：将“SysNo”字段中大于 2000 的文档筛选出来。
- **out**：将 MapReduce 的结果写入“Product_Mapreduce”集合中。

2. 范例语句

声明 map 函数，具体指令如下：

```
> var mapFunction=function()
{
    emit（this.ProductMode, this.Weight）;
}；
```

声明 reduce 函数，具体指令如下：

```
> var reduceFunction=function（key,values）
{
   var total=0;
   for（var i=0;i<values.length;i++）
    {
      total += values[i];
    }
return total;
}
```

对“Product”集合进行 MapReduce 处理，具体指令如下：

```
> db.Product.mapReduce（
   mapFunction,
   reduceFunction,
    {
   query:｛SysNo:｛$gt:2000｝｝,
   out: "Product_Mapreduce"
    }
）
```

查询 MapReduce 的执行结果，具体指令如下：

```
> db.Product_Mapreduce.find().pretty()
```

查询结果如下：

```
{
      "_id" : "",
      "value" : 286
}
{
      "_id" : "One",
```

```
    "value" : 465
}
```

3. 范例流程图

图 6-1 是范例流程图。

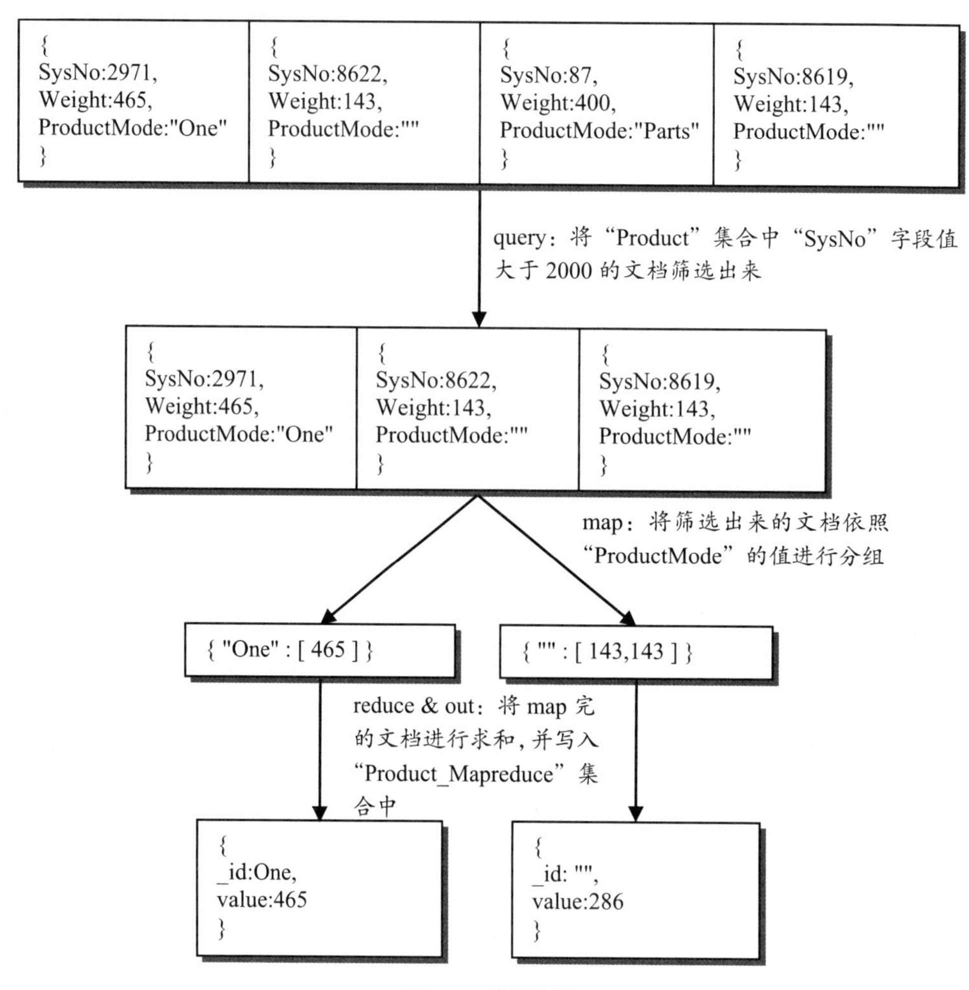

图 6-1 范例流程

6.5.3 范例 2：存成数组

1. 范例说明

将“Product”集合中重量相同产品的名称使用数组的形式显示出来，并存储在“Product_Mapreduce”集合中。在执行时，需将 “Weight”字段相同的“ProductName”使用数组来储存。

- **map 函数**：将用来分组的“Weight”字段作为“键（key）”，将待处理的“ProductName”字段作为“值（value）”。
- **reduce 函数**：将相同“键（key）”的“值（value）”以数组存放。
- **out**：将 MapReduce 的结果写入“Product_Mapreduce”集合中。

2. 范例语句

声明 map 函数，具体指令如下：

```
> var mapFunction =function()
{
   emit (
       { Weight:this.Weight },
       { ProductName:[this.ProductName] }
   )
};
```

声明 reduce 函数，具体指令如下：

```
> var reduceFunction = function (key,values)
{
    var ProductNames= { ProductName:[] };
    for (var i=0;i<values.length;i++)
    {
        ProductNames.ProductName.push (values[i].ProductName[0]);
    }
    return ProductNames;
}
```

对 Product 集合进行 MapReduce 处理，具体指令如下：

```
> db.Product.mapReduce (
   mapFunction,
   reduceFunction,
   { out:"Product_Mapreduce" }
)
```

查询 MapReduce 的执行结果，具体指令如下：

```
> db.Product_Mapreduce.find().pretty()
```

查询的结果如下：

```
{
      "_id" : { "Weight" : 143 },
      "value" : {"ProductName" : [
            "（Rose Gold） 16GB",
            "（Gold） 32GB"
      ] }
}
```

```
{
    "_id" : { "Weight" : 400 } ,
    "value" : { "ProductName" : [ "( Gold ) 16GB" ] }
}
{
    "_id" : { "Weight" : 465 } ,
    "value" : { "ProductName" : [ "DE -1300 Earbuds" ] }
}
```

6.6 存储过程

MongoDB 存储过程与传统关系型数据库相同，将一至多个指令保存成一段程序，调用时会根据程序中的指令进行操作。在 MongoDB 中，存储过程是使用 JavaScript 程序来撰写的，并储存在“system.js”这个特殊集合中。

以下节将使用此文档范例来示范存储过程的创建、加载、查看、执行等操作。

```
{
    "_id" : ObjectId ( "5ad9357c380c5e9c98f347e4" ) ,
    "SysNo" : 2971,
    "ProductName" : "DE -1300 Earbuds",
    "Weight" : 465,
    "ProductMode" : "One"
}
{
    "_id" : ObjectId ( "5ad935a0380c5e9c98f347e5" ) ,
    "SysNo" : 8622,
    "ProductName" : "( Rose Gold ) 16GB",
    "Weight" : 143,
    "ProductMode" : ""
}
```

6.6.1 保存存储过程

1. 创建一个存储过程

在“system.js”集合中创建一个名为“UpdateProductWeight”的存储过程。请注意，名称不可以重复。假设这个存储过程：当输入指定的“SysNo”字段时，会将指定文档的“Weight”字段值修改为“14300”。具体指令如下。

```
> db.system.js.insert ( {
_id:"UpdateProductWeight",
value:function ( param )
   {
```

```
        return db.Product.update (
            {  SysNo:param  } ,
            {  $set: { Weight:14300 }   }
        ) ;
    }
})
```

2. 加载存储过程

用 db.loadServerScripts()将当前数据库集合中的所有脚本都加载至 mongo shell 中。具体指令如下。

```
> db.loadServerScripts()
```

在创建一个存储过程后，一定要执行 db.loadServerScripts()语句，让当前数据库中所有的存储过程都加载至 mongo shell 中，否则 MongoDB 将会出现错误信息。

6.6.2　查看存储过程

MongoDB 存储过程创建完成后，可以查看存储过程是否完成。

【范例】

（1）查看存储过程，具体指令如下：

```
> db.system.js.find().pretty()
```

（2）执行的结果如下：

```
{
    "_id" : "UpdateProductWeight",
    "value" :  {
        "code" : "function  （param）{
            return db.Producttest.update （ { SysNo:param } , { $set: { Weight:14300 } } ) ;
        } "
            }
}
```

6.6.3　执行存储过程

MongoDB 的存储过程建立完成后，就可以开始执行存储过程了。

【范例】

（1）调用存储过程，修改“SysNo”字段值为“8622”文档的“Weight”值。具体指令如下：

```
> UpdateProductWeight ( 8622 )
```

（2）查询执行结果，具体指令如下：

```
> db.Producttest.find().pretty()
```

（3）查询的结果如下：

```
{
    "_id" : ObjectId ("5ad9357c380c5e9c98f347e4") ,
    "SysNo" : 2971,
    "ProductName" : "DE -1300 Earbuds",
    "Weight" : 465,
    "ProductMode" : "One"
}
{
    "_id" : ObjectId ("5ad935a0380c5e9c98f347e5") ,
    "SysNo" : 8622,
    "ProductName" : "（ Rose Gold） 16GB",
    "Weight" : 14300,
    "ProductMode" : ""
}
```

UpdateProductWeight 存储过程针对调用条件，将“SysNo”字段值为“8622”文档中的“Weight”值改为“14300”

到这里已经学习了许多 MongoDB 的基本操作语法。如果想要更深入了解其他的语法，可以至 MongoDB 官方网站查询，或是到“萌阔论坛”中与许多高手切磋交流。

第 7 章 大文件存储——MongoDB GridFS

MongoDB 的单文档存储空间要求不超过 16MB，这使得存储大型文件受到限制。幸运的是 MongoDB 为大型文件的存储提供了一个解决方案——GridFS，利用它可以对大型图片、影片进行方便的存取。

本章将结合实际范例介绍 MongoDB GridFS 的各种常用操作。

通过本章，读者将学习到以下内容：

- 什么是 MongoDB GridFS；
- 如何通过 mongo shell 提供的 API 存储文件；
- 如何在 Python 中实现 MongoDB GridFS 功能。

7.1 GridFS 介绍

MongoDB GridFS 是 MongoDB 提供的一个存储大型文件的方法，它能够将超过 16MB 的文件分散保存。

MongoDB 通过 GridFS，对大型数据进行分块处理，然后将这些切分后的小文档保存在数据库中。

7.1.1 GridFS 如何存储文档

GridFS 在存储大型文件时使用了两个集合——chunks 集合与 files 集合，前者用来保存文件内容的二进制数据，后者用来保存此文件的元数据。

在保存文件时，GridFS 会将文件分割成许多数据块（数据块的大小默认为 255KB），用 fs.chunks 集合保存这些数据块，用 fs.files 集合保存元数据。

在一般情况下，一个文件被切分后，除最后一个 chunk 外，其他 chunk 的大小都是 255KB。

文件保存后，可以在数据库中看到 fs.chunks 和 fs.files 两个集合，其中“fs”为系统默认的前缀名。在保存大型文件时，可以通过参数变更这个前缀名。下面称这两个集合为 chunks 集合和 files 集合。

fs.files 集合中只产生一个文档，fs.chunks 集合则产生一至多个的文档。两个集合中的文档通过 fs.files._id 与 fs.chunks.file_id 这两个字段进行关联，MongoDB 在存取大型文件时会自动关联。一般情况下不需要使用到这两个“_id”字段，更不应该修改它。

还记得在分片（shard）中也提到了 chunk 吗？虽然都叫 chunk，但是实际上这是两个完全不相关的概念。

- 分片的 chunk 是说把文档在逻辑上汇聚成的“块”，每次均衡时以“块”为单位进行。
- 此处的 chunk 是指把文件切开后的一部分

7.1.2 认识 chunks 与 files 集合

1. chunks 集合

chunks 集合中的文档，用来保存文件内容的二进制数据，如图 7-1 所示。

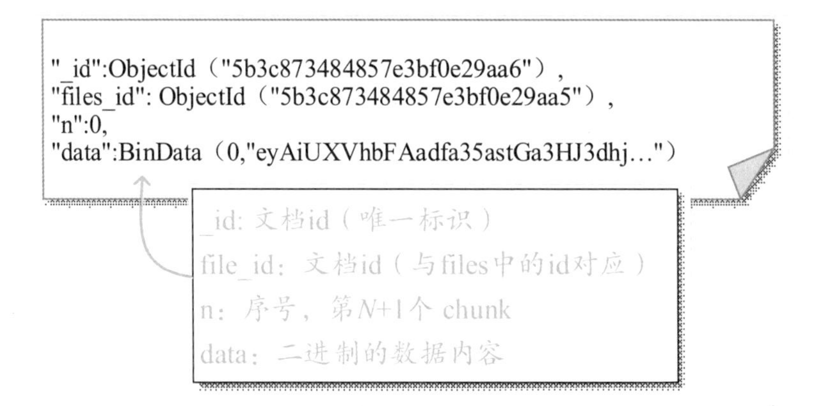

图 7-1 chunks 文档示意图

GridFS 在 chunks 集合中使用的是唯一的复合索引，它会在“file_id”与“n”这两个字段中被创建，使得查询效率更高。因为在 MongoDB GridFS 存取数据时，会使用“files_id”进行筛选，并使用“n”

进行排序。

复合索引的创建语句如下。

db.fs.chunks.creatIndex（{files_id：1,n：1},{unique：true}）

2. files 集合

files 集合中是用来保存 GridFS 文件的元数据，文档内容如图 7-2 所示。

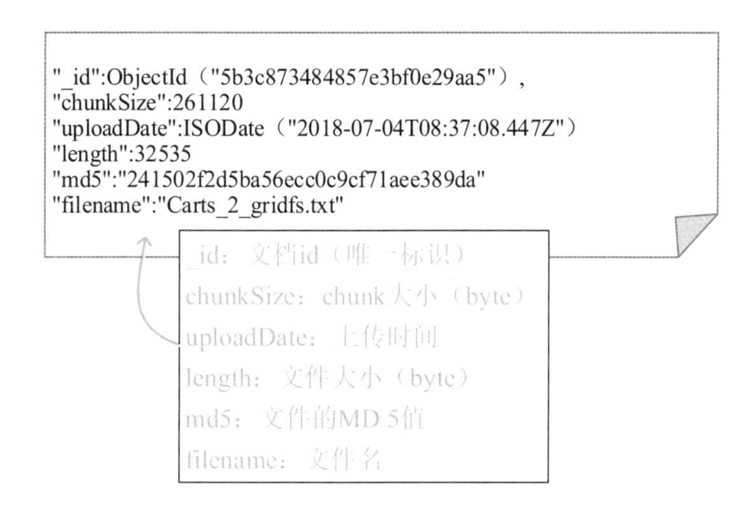

"_id":ObjectId（"5b3c873484857e3bf0e29aa5"），
"chunkSize":261120
"uploadDate":ISODate（"2018-07-04T08:37:08.447Z"）
"length":32535
"md5":"241502f2d5ba56ecc0c9cf71aee389da"
"filename":"Carts_2_gridfs.txt"
_id：文档id（唯一标识）
chunkSize：chunk大小（byte）
uploadDate：上传时间
length：文件大小（byte）
md5：文件的MD 5值
filename：文件名

图 7-2　files 集合中的文档示意图

对于 files 集合，可以对“filename”“uploadDate”这两个字段建立复合索引，用来提升查询速度，语句如下：

db.fs.files.creatIndex（{filename:1,updateDate:1}）

若要在分片环境下对 chunks 集合进行分布式存储，适合使用 { files_id：1,n：1 } 或{ files_id :1 } 作为片键。

7.2　GridFS 操作

使用 GridFS 命令很简单，通过 MongoDB 提供的 mongofiles 工具，就可以直接对文档进行增加、删除、查询、修改操作。

mongofiles 工具包含 5 个命令。

- 上传文件：put。
- 查看文件列表：list。
- 下载文件：get。

- 删除文件：delete。
- 查找文件：search。

7.2.1 通过 GridFS 上传文件

上传文件至 MongoDB 的命令格式如下：

```
mongofiles put <文件路径+文件名> --port <端口号> -u <账号> -p <密码> -d <数据库>
 --authenticationDatabase <认证 DB> --prefix <前缀名>
```

例如，执行以下命令：

```
# mongofiles put Carts.txt --port 27017 -u mongodb_user -p mongodb_pwd -d E-commerce
--authenticationDatabase admin
```

则结果如下：

```
2018-07-05T09:07:30.638+0800    connected to: localhost:27017
added file: Carts.txt
```

执行成功后，可以在数据库中查看到 files 和 chunks 这两个集合。

7.2.2 通过 GridFS 查看文件列表

可以通过 mongofils 的“list”命令查看上传的文件列表。若上传时指定了前缀名，在输入“list”命令时也必须加上“--prefix 前缀名”。

查看文件目录的命令格式如下：

```
mongofiles list <文件路径+文件名> --port <端口号> -u <账号> -p <密码> -d <数据库>
 --authenticationDatabase <认证 DB> --prefix <前缀名>
```

执行“mongofiles list”命令后，可以看到数据库中的文件列表。

例如，执行以下命令：

```
# mongofiles list --port 27017 -u mongodb_user -p mongodb_pwd -d E-commerce
--authenticationDatabase admin
```

则结果如下：

```
2018-07-05T09:20:33.425+0800    connected to: localhost:27017
Carts.txt         8842
```

如果有文件上传时使用了前缀名（--prefix 参数），则在查看或进行其他操作时也必须加上该前缀名。

7.2.3 通过 GridFS 下载文件

如果要将数据库中的文件下载至本地文件系统，则可以使用 mongofiles 的“get”命令。命令格式如下：

mongofiles get <文件名> -l <文件路径与新文件名> --port <端口号> -u <账号> -p <密码> -d <数据库> --authenticationDatabase <认证 DB> --prefix <前缀名>

例如，执行以下命令：

```
# mongofiles get Carts.txt  - l /mongodbtest/Carts_get.txt - u mongodb_user  - p mongodb_pwd --port
27017 -d E-commerce    --authenticationDatabase admin
```

则结果如下：

```
2018-07-05T09:40:43.528+0800    connected to: localhost:27017
finished writing to /mongodbtest/Carts_get.txt
```

依照目录位置与新文件名产生下载后的文件

7.2.4　通过 GridFS 删除文件

如需删除 GridFS 中的文档，则使用 mongofiles 的“delete”命令。

命令格式如下：

mongofiles delete <文件名> --port <端口号> -u <账号> -p <密码> -d <数据库> --authenticationDatabase <认证 DB> --prefix <前缀名>

例如，执行以下命令：

```
# mongofiles delete Carts.txt - u mongodb_user  - p mongodb_pwd --port 27017 -d E-commerce
--authenticationDatabase admin
```

则结果如下：

```
2018-07-05T09:50:53.485+0800    connected to: localhost:27017
successfully deleted all instances of 'Carts.txt'from GridFS
```

7.2.5　通过 GridFS 查找文件

查找 GridFS 中文件的命令格式如下：

mongofiles search <文件名> --port <端口号> -u <账号> -p <密码> -d <数据库> --authenticationDatabase <认证 DB> --prefix <前缀名>

例如以字符串“art”作为模糊查询的条件，执行以下命令：

```
# mongofiles search 'art' - u mongodb_user  - p mongodb_pwd --port 27017 -d E-commerce
--authenticationDatabase admin
```

则结果如下：

```
2018-07-05T10:30:23.678+0800    connected to: localhost:27017
Carts.txt    8842
Carts_en.txt     3743
```

所有包含“art”的文件名都会被查询出

7.2.6　GridFS 的其余参数

除上述的介绍的参数外，GridFS 操作还包含以下其他常用参数。

- --replace：在 put 时使用，用本地文件替换 GridFS 上存储的文件。
- --quiet：安静模式，减少输出结果。
- --host：指定要链接的 MongoDB 主机。
- --prefix：集合前缀名。

可以使用"mongofiles --help"命令查看其他参数的使用方式，这里就不一一列举说明。

7.3 用 Python 实现 GridFS 操作

可以使用 Python 来实现 GridFS 操作，下面以 list 方法为例。

（1）创建一个 Python 文件，命令如下：

```
#vim python_gridfs.py
```

（2）在文件中输入以下代码（其中连接字符串可依据 MongoDB 服务配置做调整）：

```
from pymongo import MongoClient
import gridfs
def listFiles ( db ) :
    fs=gridfs.GridFS ( db )
    print ( fs.list() )

if __name__=="__main__":
    mongo=MongoClient ( 'mongodb://mongodb_user:mongodb_pwd@localhost:27017/admin' )
    db=mongo.get_database ( 'E-commerce' )
    listFiles ( db )
```

用 gridfs 实例的 list 方法列出列表

MongoDB 连接字符串：
Mongodb://账号:密码@主机:端口/认证 DB

（3）完成后保存文件，并执行以下命令：

```
#python python_gridfs.py
```

得到一个文件名字符串集合，如下：

```
[u'Carts.txt',u'Carts_en .txt']
```

或使用以下代码取代 listFiles 方法：

```
fs=gridfs.GridFS ( db )
files=fs. list()
for file in files:
print ( file )
```

得到文件列表清单的结果：

```
Carts.txt
Carts_en.txt
```

在取得的 GridFS 对象实例代码中，若在保存时设置了前缀名参数"– – prefix"，则在取得 GridFS 对象实例的代码中需要配置前缀名，格式如下：

```
fs=gridfs.GridFS（'<数据库名>', '<前缀名>'）
```

另外，通过 Python 对 GridFS 进行添加、取出、删除文件的方法如下：

```
#添加：第 1 个参数为数据内容，接着是文件名与格式
fs.put（'<数据内容>',filename='<文件名>'）

#取出：参数为文件名
fs.get_last_version（'<文件名>'）

#删除：取得 id 后进行删除
delfile=fs. get_last_version（'<文件名>'）
fs.delete（delfile.id）
```

更多关于使用 Python 处理 MongoDB GridFS 的代码说明与范例会在 14.8 节“操作 MongoDB GridFS”中做更详细的介绍。

第 3 篇

运维与安全管理

本篇通过实际操作讲述了 MongoDB 运维与安全管理的相关功能，并通过客户端软件来操作 MongoDB。

第 8 章 数据库安全管理与审计

安全性对于数据库管理来说是非常重要的。MongoDB 在这方面提供了多种功能，如：身份验证、访问控制、数据加密等。这些功能都可以进一步提升 MongoDB 的安全性。

本章将介绍如何对 MongoDB 进行安全管理，让我们在操作数据库时更有保障。

通过本章，读者将学习以下内容：

- MongoDB 用户管理；
- MongoDB 角色管理；
- MongoDB 身份验证；
- MongoDB 数据加密；
- MongoDB 审计。

8.1 权限管理简介

1. 基于角色的访问控制规则

MongoDB 的权限管理采用的是基于角色的访问控制规则，这表示同一个用户（User）可能会被授予一个或多个角色（Role）。但是，除拥有被授予的角色权限外，用户无权做其他操作。

2. 启用访问控制

MongoDB 默认不启用访问控制，所以不需要输入用户的账号和密码就可以访问数据库。如果想对用户进行访问控制，则必须启用访问控制。

单机和集群分别有不同的启用方法。

（1）如果 MongoDB 是单机，则可通过以下两种方法开启访问控制（选其一即可）：

- 在用命令启动 MongoDB 时，通过参数“- -auth”启用。
- 在启动 MongoDB 前，在配置文件中将 security.authorization 设定为 enable。

（2）如果 MongoDB 是集群，则在启动 MongoDB 前，在配置文件中设置 security.keyFile 参数来启用访问控制，具体配置方法在 4.2.4 节有详细介绍。

3. 数据库的第 1 个用户

若在启用访问控制后 MongoDB 里尚无用户，则 MongoDB 允许在无认证的情况下登录，然后创建一个用户。

建议在 admin 数据库中创建第 1 个用户，并给其赋予管理者权限（如 root、userAdmin 等）。因为创建完该管理用户后才能通过此用户去创建其他用户，不会发生无法创建其他用户或无法授权的问题。

此外，也可以在启用访问控制前就创建好主要的数据库用户。

4. 角色与用户的关系

数据库中角色与用户的关系如图 8-1 所示。

（1）**角色**（Role）：用于绑定具体操作权限与数据库，并授权给用户，使用户具有访问和操作一至多个数据库的权限。数据库的角色又分为“内建角色”和“自定义角色”。

- **内建角色**：MongoDB 本身自带的角色，每个内建角色都有预设好的权限。
- **自定义角色**：允许管理者自行定义操作权限的角色（例如：find、insert 等权限）。

（2）**用户**（User）：角色绑定的对象，表示数据库用户具体登录时的账号。

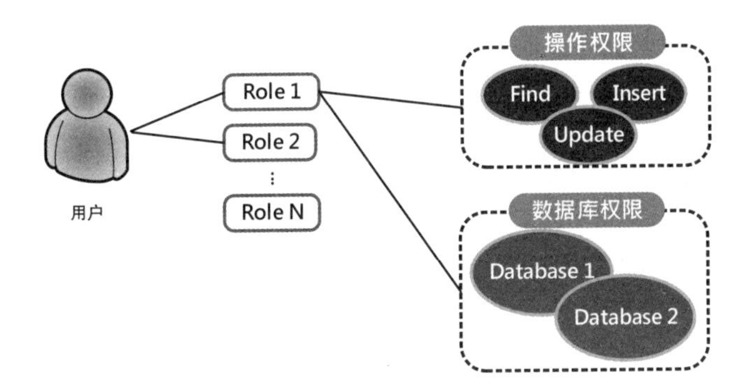

图 8-1　角色与用户的关系

8.2 用户管理

8.2.1 创建用户与登录

可以通过赋予用户具体所需要的权限，来确保数据库访问的安全性。

创建用户的标准语法如下：

```
db. createUser (
{
  user: "<name>",
  pwd: "<cleartext password>",
  customData: { <any information> },
  roles: [
    { role: "<role>", db: "<database>" } | "<role>",
    ...
  ],
  authenticationRestrictions: [
     {
       clientSource: ["<IP>" | "<CIDR range>", ...]
       serverAddress: ["<IP>" | "<CIDR range>", ...]
     },
     ...
  ],
  mechanisms: [ "<SCRAM-SHA-1|SCRAM-SHA-256>", ... ]
}
)
```

参数说明如下。

- user：用户的账号。
- pwd：用户的密码。
- customData：用户的描述。此参数可选择不设置。
- roles：将授予的角色。{ role: "<role>", db: "<database>" }中的 role 表示授予的角色，db 表示此角色用于指定的数据库中。若没有指定 db，则默认为当前数据库。
- authenticationRestrictions：此为可选参数。在 MongoDB 3.6 之后的版本中提供，用来管控用户进行登录的 IP 地址，可绑定用户客户端 IP 地址及用户访问的 MongoDB 服务器端 IP 地址。
  — clientSource: 限制用户客户端 IP 地址。
  — serverAddress: 限制用户访问的 MongoDB 服务器端 IP 地址。
- mechanisms：可选参数。在 MongoDB 4.0 之后的版本中提供，可以指定新用户采用的 SCRAM 机制（SCRAM 的详细说明将会在 8.4.1 节“SCRAM”中介绍）。

启用权限管控以后，在登录 MongoDB 时，需要加上权限相关参数，格式如下：

```
mongo  -u <username> -p <password> --authenticationDatabase <database>
```

其中，权限参数除有账号和密码外，还有认证的数据库名（即此账号是创建于哪个数据库下）。

在登录时，若想以密码提示的方式输入，则只需使用参数“-p”，参数后不需输入密码。此方法可避免登录时密码以明码显示。

1. 创建用户

（1）创建具有“readWrite”角色的用户。

在创建用户时，必须先切换至将用作认证的数据库，然后再进行创建。

【范例】在“Product”数据库中创建了一个具有“readWrite”角色的新用户“user01”。

切换至“Product”数据库，具体指令如下：

```
> use Product
```

创建用户的具体指令如下：

```
> db.createUser({
  user : "user01",                                  用户名称
  pwd : "qweasd",                                   用户密码
  customData : { desc : "This is user01"},          账号描述
  roles : ["readWrite"]                             授予用户在当前数据库的角色
})
```

（2）创建管理员用户。

接下来将创建具有管理员角色的用户。此用户必须在管理数据库“admin”中创建。

【范例】创建管理用户“myAdmin”，并给其授予“userAdminAnyDatabase”角色的权限。

切换至“admin”数据库后，创建管理员用户。具体指令如下：

```
> db.createUser ( {
      user: "myAdmin",
      pwd: "123qwe",
      roles: [ { role: "userAdminAnyDatabase", db: "admin" } ]
})
```

（3）创建具有身份验证限制的用户。

创建具有 IP 地址管控的用户是 MongoDB 3.6 版本之后的新功能。在创建用户时，可以绑定用户 IP 地址，以及限制用户访问的服务器 IP 地址。通过设置“authenticationRestrictions”参数中的“clientSource”或“serverAddress”以达到身份验证的管控。使用此参数会出现 3 种可能的组合，如图 8-2 所示。

接下来创建一个具有身份验证限制的用户：在“Product”数据库中创建一个名为“user02”的用户，并限制客户端 IP 地址为“192.168.1.100”，仅能够连接到的服务器 IP 地址为“192.168.2.100”“192.168.3.100”。

切换至“Product”数据库后，创建具有 IP 地址验证管控的用户。具体指令如下：

```
> db.createUser({
      user: "user02",
      pwd: "password",
      roles : ["readWrite"],
      authenticationRestrictions: [ {
```

```
        clientSource: ["192.168.1.100"],
        serverAddress: ["192.168.2.100","192.168.3.100"]
    }]
})
```

图 8-2　身份验证限制的组合

2. 登录启用身份验证的 MongoDB

在身份验证功能开启的情况下，登录 MongoDB 需要输入账号、密码和认证的数据库，可以选择用完整的登录语句登录，也可以用密码提示的方式登录。出于安全性的考虑，建议使用密码提示的方式输入。

使用前面所创建的一般用户“user01”登录。

登录命令如下：

```
# mongo -u user01 -p qweasd --authenticationDatabase Product
```

使用密码提示的方式登录，具体命令如下：

```
# mongo -u user01 -p --authenticationDatabase Product
```

8.2.2　修改用户

如需要变更用户属性，则可以使用 db.updateUser()方法来实现。

【范例】修改“Product”数据库中的用户“user01”，将其描述改为“the first user”，并且给其增加另一个数据库“E-commerce”的“read”权限。操作如下。

切换至“Product”数据库后，修改用户“user01”，具体指令如下：

```
> db.updateUser( "user01",
{
```

```
    customData : { desc : "the first user" },
    roles : [
    "readWrite" ,
        { role : "read", db : "E-commerce"   }
    ]
})
```

如果要保留原角色，则在修改时也要将原角色加上

8.2.3　删除用户

将用户从当前数据库中删除，有以下两种方式。

- db.dropUser()：删除指定用户。
- db.dropAllUsers()：删除所有用户。

在执行删除用户操作前，必须确保 MongoDB 中至少存在一个拥有管理者权限的用户，否则无法执行更高权限的操作。若发生所有管理者用户都被误删的情况，则可以利用以下步骤补救：

（1）在配置文件中关闭访问管控参数后重启。

（2）登录 MongoDB，创建具有账号管理权限的用户。

（3）在配置文件中开启访问控制参数后重启。

1. 删除指定用户

（1）语法格式：

```
db.dropUser(<username>, <writeConcern>)
```

（2）参数说明（前面已介绍过的参数，此处不再赘述）。

writeConcern 为可选参数，用来设定是否使用写入策略（写入策略的详细说明请查看 3.2.3 节“数据读写策略”）。

（3）范例。

删除“Product”数据库中的用户“user01”。

切换至“Product”数据库后，删除用户“user01”，具体指令如下：

```
> db.dropUser("user01")
true
```

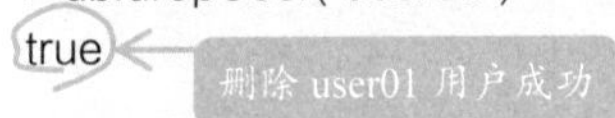

2. 删除所有的用户

（1）语法格式：

```
db.dropAllUsers(<writeConcern>)
```

（2）范例：

删除“Product”数据库中的所有用户。

切换至“Product”数据库后，删除“Product”数据库中的所有用户。具体指令如下：

```
> db.dropAllUsers()
```

执行的结果如下：

```
NumberLong(1)
```

表示 Product 总共有一个用户，且已删除

8.2.4 查询用户

查询用户信息有以下两种方式。

- db.getUser()：查询指定用户。
- db.getUsers()：查询所有用户。

1. 查询指定用户

（1）语法格式：

```
db.getUser(<username>, <args>)
```

（2）参数说明（前面已介绍过的参数，此处就不再赘述）。

args 为可选参数，可分成三种配置。

- showCredentials：是否显示加密后的密码相关信息，默认为 false。
- showPrivileges：是否显示用户的全部权限，默认为 false。在查询所有的用户时，此参数不能设置成 true。
- showAuthenticationRestrictions：是否显示用户的 IP 地址管控限制，默认为 false。在查询所有的用户时，此参数不能设置成 true。

（3）范例：

查询“Product”数据库中用户“user02”的信息，并显示此用户的所有信息。

切换至“Product”数据库后，查询指定用户“user02”，具体指令如下：

```
> db.getUser("user02" , {
    showCredentials : true ,
    showPrivileges : true ,
    showAuthenticationRestrictions : true
})
```

显示结果：

```
{
    "_id" : "Product.user02",
    "user" : "user02",
    "db" : "Product",
    "mechanisms" : [
            "SCRAM-SHA-1",
            "SCRAM-SHA-256"
    ],
```

```
"credentials" : {
        "SCRAM-SHA-1" : {
                "iterationCount" : 10000,
                "salt" : "/fqwHPheOjXcYrPqSRAnkg==",
                "storedKey" : "TqU7IVQ9CGNnFKtX8lX53q5mJE4=",
                "serverKey" : "Dw1Lzaz0QFZ+XSTc6auRIG4Vnyg="
        },
        "SCRAM-SHA-256" : {
                "iterationCount" : 15000,
                "salt" : "SgTaYBNlwkLgDYCYSPqappdhC1XbEsfiaGQgLg==",
                "storedKey" : "Jqa+n1fBgdO7dv8Xy9uObgWZNffHanQV8VwaSArG+Rw=",
                "serverKey" : "zKiwFYP300u5dckQcU+XeZJ97JuDA61didPwgd5CC98="
        }
},
"authenticationRestrictions" : [
        {
                "clientSource" : [
                        "192.168.1.100"
                ],
                "serverAddress" : [
                        "192.168.2.100",
                        "192.168.3.100"
                ]
        }
],
"roles" : [
        {
                "role" : "readWrite",
                "db" : "Product"
        }
],
"inheritedRoles" : [
        {
                "role" : "readWrite",
                "db" : "Product"
        }
],
```

showCredentials 为 tuer 的显示结果

showAuthenticationRestrictions 为 ture 的显示结果

```
        "inheritedPrivileges" : [
            {
                "resource" : {
                    "db" : "Product",
                    "collection" : ""
                },
                "actions" : [
                    "changeStream",
                    "collStats",
                    "convertToCapped",
                    "createCollection",
                    "createIndex",
...
```

showPrivileges 为 ture 的显示结果

2. 查询所有用户

（1）语法格式：

```
db.getUsers( {
   showCredentials: <Boolean>,
   filter: <document>
} )
```

（2）参数说明（前面已介绍过的参数，此处就不再赘述）。

filter 是在 MongoDB 4.0 以后的版本中提供的，可设置筛选条件，以查询匹配的用户信息。

（3）范例。

查询“Product”数据库中使用“SCRAM-SHA-256”安全认证机制创建的所有用户信息。

切换至“Product”数据库后，查询所有用户并加上筛选条件，具体指令如下：

```
> db.getUsers({ filter: { mechanisms: "SCRAM-SHA-256" } })
```

显示结果如下：

```
[
    {
        "_id" : "Product.user01",
        "user" : "user01",
        "db" : "Product",
        "customData" : {
            "desc" : "This is user01"
        },
        "roles" : [
            {
                "role" : "readWrite",
                "db" : "Product"
            }
        ],
```

```
            "mechanisms" : [
                "SCRAM-SHA-1",
                "SCRAM-SHA-256"
            ]
        },
        ...
]
```

8.2.5　授予用户权限

如果用户账号存在，现在要对此用户授予额外的权限，则需要使用 db.grantRolesToUser()来进行角色授权。

（1）语法格式：

```
db.grantRolesToUser( "<username>", [ <roles> ], { <writeConcern> } )
```

（2）范例：

在“Product”数据库中，给“user01”授予“Carts”数据库的“read”权限。

切换至“Product”数据库后，授予用户权限，具体指令如下：

```
> db.grantRolesToUser(
   "user01",
   [ { role: "read", db: "Carts" } ]
)
```

8.2.6　撤销用户权限

在已授权的用户中撤销指定的角色权限，可以使用 db.revokeRolesFromUser()。

（1）语法格式：

```
db.revokeRolesFromUser( "<username>", [ <roles> ] , { <writeConcern> })
```

（2）范例：

在“Product”数据库中，撤销“user01”在“Carts”数据库中的“read”权限。

切换至“Product”数据库后，撤销用户权限，具体指令如下：

```
> db.revokeRolesFromUser(
     "user01",
     [ { role: "read", db: "Carts" }]
)
```

8.3 角色管理

8.3.1 内建角色

MongoDB 主要是通过角色绑定的方式授予用户权限，而 MongoDB 已经提供了一些内建角色，可以让用户在不同的数据库中进行不同级别的访问。除此之外，也可以创建自定义角色，这部分内容将会在 8.3.2 节中介绍。

1. 内建角色的特点

内建角色具有以下特点：

- 授予用户角色权限时，默认授权于当前的数据库。
- 角色授权可以授予集合级别的粒度。
- 角色授权分成系统集合以及非系统集合的访问权限。
- 每个数据库中的角色都可以分成一般角色和管理角色。
- 管理数据库（admin）可以使用所有的内建角色。

2. 内建角色的种类

MongoDB 中有 7 个不同级别的内建角色，如图 8-3 所示。

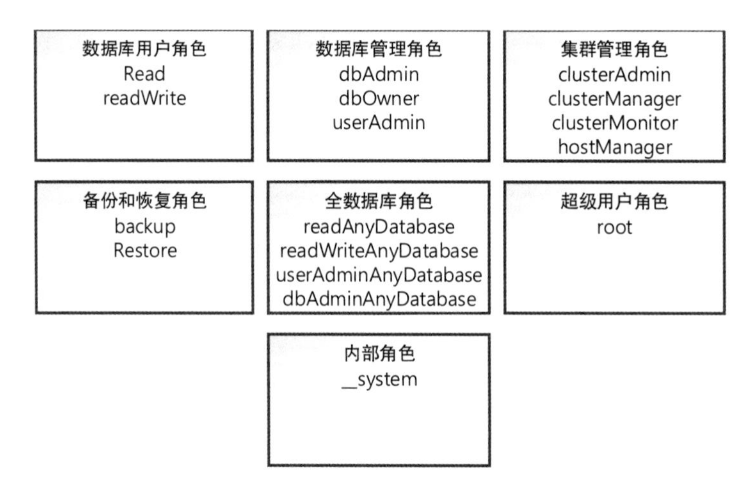

图 8-3 内建角色

（1）数据库用户角色。

- read：用于读取所有非系统集合，以及以下 3 个系统集合的数据。
  - — system.indexes。
  - — system.js。
  - — system.namesp。

- readWrite：拥有 read 角色的所有权限，并且可以修改所有非系统集合和 system.js 集合上的数据。

（2）数据库管理角色。

- dbAdmin：提供管理相关的功能，如：查询数据库统计信息、索引管理等。
- userAdmin：提供管理数据库角色及用户的权限。具有这个角色的用户可以为当前数据库的任何用户（包括自己）分配任何角色权限。
- dbOwner：提供数据库所有者的权限，它可以对数据库执行任何管理操作。这个角色结合了 readWrite、dbAdmin 和 userAdmin 三种角色授予的权限。

（3）集群管理角色。

此类角色提供管理整个 MongoDB 的权限，角色只能在 admin 数据库中进行授权，它包含了以下四种不同功能的角色。

- clusterManager：提供对集群进行管理和监控的权限。
- clusterMonitor：提供对监控工具（如 MongoDB Cloud Manager 和 Ops Manager 监控代理）只读的访问权限。
- hostManager：提供监控和管理服务器的权限。
- clusterAdmin：提供最高的集群管理访问权限，这个角色拥有 clusterManager、clusterMonitor 和 hostManager 角色授予的权限，除此之外也提供了 dropDatabase 的权限。

（4）备份和恢复角色。

此类角色只能在 admin 数据库中授权备份以及恢复，具有以下两种角色。

- backup：提供备份数据的权限，且这个角色可以进行以下操作——使用 MongoDB Cloud Manager 备份代理，使用 mongodump 备份整个 mongod 实例。
- restore：提供还原数据所需的权限，使用户可以使用 mongorestore 恢复数据。

（5）全数据库角色。

全数据库角色用于管理所有数据库。此类角色有以下两个特点需要注意：

- 只能授权于 admin 数据库中的用户。
- 不适用于 local 和 config 数据库。

全数据库角色分成以下四种不同功能的角色。

- readAnyDatabase：提供所有数据库只读权限。
- readWriteAnyDatabase：提供所有数据库的 readWrite 权限。
- userAdminAnyDatabase：提供所有数据库的 userAdmin 权限。由于角色可以授予自己所有权限，因此这个角色实际上是一个 MongoDB 系统的超级用户。
- dbAdminAnyDatabase：提供所有数据库 dbAdmin 权限。

（6）超级用户角色。

角色仅能在 admin 数据库中配置权限，此权限可以对所有数据库进行任何操作，也可以定义任何用户的权限。

root 角色就是 MongoDB 的超级用户。它拥有 readWriteAnyDatabase、dbAdminAnyDatabase、userAdminAnyDatabase、clusterAdmin、restore 和 backup 等角色的权限。

另外有以下三种权限若用在 admin 数据库下可以替自己授予任何权限，间接达到超级用户角色的权限，说明如下。

- dbOwner：当拥有 admin 数据库的 dbOwner 角色时，可以管理其他数据库及授予所有用户任何权限。
- userAdmin：当拥有 admin 数据库的 userAdmin 角色时，可以为所有数据库中的用户分配任何角色权限。
- userAdminAnyDatabase：提供所有数据库的 userAdmin 权限。

（7）内部角色。

__system 主要用于 MongoDB 系统内部的操作。目前 MongoDB 官方不建议将此角色授权给任何用户或管理者，防止用户随意对内部系统进行操作，从而影响整个数据库，除非用户需要进行如 MongoDB 认证这种特定的系统内部操作。

8.3.2 创建自定义角色

此类角色可让管理者自行定义角色的权限（如 remove、update 等权限），以及可使用的数据库。

（1）自定义角色有以下几个特点：

- 在一般数据库上创建的角色，只适用于当前数据库。
- 在 admin 数据库上创建的角色，可适用于所有数据库。
- 创建角色时，角色名称不能重复。

（2）语法格式：

```
db. createRole (
{
  role: "<name>",
  privileges: [
     { resource: { <resource> }, actions: [ "<action>",  …  ] },
     …
  ],
  roles: [
     { role: "<role>", db: "<database>" } | "<role>",
       …
  ],
  authenticationRestrictions: [
    {
      clientSource: ["<IP 地址>" | "<CIDR range>",  …],
```

```
        serverAddress: ["<IP 地址>" | "<CIDR range>", …]
      },
      …
  ]
}
)
```

（3）参数说明（上面已介绍过的参数，此处就不再赘述）。

- role：新角色的名称。
- privileges：授予角色的权限。
  - — resource：指定数据库或集合。若数据库设置为空，则默认为当前数据库；若集合设置为空，则默认为全部集合。
  - — actions：指定权限（如：remove、update 等权限）。
- roles：继承已存在角色的权限。

（4）范例。

在“admin”数据库中创建具有 find、insert、remove、update 权限的角色“myRole01”，并从其他数据库角色中继承权限，并设置此角色只能从客户端“192.168.1.100”连接“192.168.2.100”“192.168.3.100”节点的 MongoDB 实例上。

切换至“admin”数据库，创建自定义角色“myRole01”，具体指令如下：

```
> db.createRole({
   role: "myRole01",
   privileges: [
            { resource:
                        { db: "", collection: "" },
                        actions: [ "find" , "insert", "remove","update"]
            }
     ],
     roles: [
            { role: "readWrite", db: "Product" },
            { role: "read", db: "Carts" } ,
            { role: "read" , db : "admin"}
     ],
     authenticationRestrictions: [ {
            clientSource: ["192.168.1.100"],
            serverAddress: ["192.168.2.100","192.168.3.100"]
   } ]
})
```

如果没有指定数据库及集合，则 MongoDB 会默认为当前数据库的全部集合

在 admin 数据库中，可以从其他数据库中的角色继承权限

8.3.3　修改自定义角色

更新自定义角色使用 db.updateRole()，此方式会使得新权限完全取代原本角色的权限。若只需要修改其中几个角色或权限，可以使用 db.grantRolesToRole()、grantPrivilegesToRole()、 db.revokeRolesFromRole()、db.revokePrivilegesFromRole()四种方法。

【范例】将“admin”数据库中的“myRole01”角色更改为仅能对“Product”数据库进行“insert”操作，并继承“E-commerce”数据库的“readWrite”权限。

切换至“admin”数据库后，修改自定义角色“myRole01”：

```
> db.updateRole("myRole01",
      { privileges:[
            { resource: { db:"Product", collection:"" },
            actions: ["insert"] }
      ],
      roles:[
            { role: "readWrite", db: "E-commerce" }
      ]
})
```

8.3.4 删除自定义角色

删除自定义角色可使用以下两种方法。

- db.dropRole()：删除指定的自定义角色。
- db.dropAllRoles()：删除全部自定义角色。

1. 删除指定的自定义角色

（1）语法格式：

```
db.dropRole(<rolename> , <writeConcern>)
```

（2）范例：

删除“admin”数据库中的自定义角色“myRole01”。

切换至“admin”数据库，删除自定义角色“myRole01”，具体指令如下：

```
> db.dropRole("myRole01")
```

执行的结果如下：

```
true
```

2. 删除所有的自定义角色

（1）语法格式：

```
db.dropAllRoles(<writeConcern>)
```

（2）范例：

删除“admin”数据库中所有的自定义角色。

切换至“admin”数据库，删除所有的自定义角色，具体指令如下：

```
> db.dropAllRoles()
```

执行的结果如下：

```
NumberLong(2)
```

表示 admin 总共有两个自定义角色，且已删除

8.3.5　查询自定义角色

可使用以下两种方法查询自定义角色。

- db.getRole()：查询指定的自定义角色。
- db.getRoles()：查询所有自定义角色。

1. 查询指定的自定义角色

（1）语法格式：

```
db.getRole(<rolename,args>)
```

（2）参数说明。

args 为可选参数，设定时有两种值。

- showPrivileges：是否显示自定义角色的全部权限，默认为 false。
- showAuthenticationRestrictions：是否显示自定义角色的 IP 地址管控限制，默认为 false。

（3）范例。

查询在“admin”数据库中的自定义角色“myRole01”，并显示此角色所有的详细信息。

切换至“admin”数据库，查询自定义角色“myRole01”，具体指令如下：

```
> db.getRole("myRole01" , {
   showPrivileges: true,
   showAuthenticationRestrictions: true
})
```

显示结果：

```
{
     "role" : "myRole01",
     "db" : "admin",
     "isBuiltin" : false,
     "roles" : [
            {
                    "role" : "readWrite",
                    "db" : "Product"
            },
            {
                    "role" : "read",
                    "db" : "Carts"
            },
            {
                    "role" : "read",
                    "db" : "admin"
            }
```

myRole01 继承的角色

```
    ],
    ...
    "privileges" : [
        {
            "resource" : {
                "db" : "",
                "collection" : ""
            },
            "actions" : [
                "find",
                "insert",
                "remove",
                "update"
            ]
        }
    ],
    "authenticationRestrictions" : [
        [
            {
                "clientSource" : [
                    "192.168.1.100/32"
                ],
                "serverAddress" : [
                    "192.168.2.100/32",
                    "192.168.3.100/32"
                ]
            }
        ]
    ],
    ...
}
```

授予 myRole01 的权限

myRole01 的 IP 管控

2. 查询所有的自定义角色

（1）语法格式：

```
db.getRoles(<args>)
```

（2）范例：

查询“admin”数据库中所有的自定义角色，并显示这些角色所有的详细信息。

切换至“admin”数据库，查询所有的自定义角色，具体指令如下：

```
> db.getRoles( {
   showPrivileges: true,
   showAuthenticationRestrictions: true
})
```

8.3.6 授予角色权限

若要在已存在的用户上添加角色或权限，有以下两种方法。

（1）db.grantRolesToRole()：将指定“角色”授予给自定义角色。

（2）db.grantPrivilegesToRole()：将指定“权限”授予给自定义角色。

1. 将角色授予给自定义角色

（1）语法格式：

```
db.grantRolesToRole( "<rolename>", [ <roles> ] , { <writeConcern> })
```

（2）范例：

将“Product”数据库中的自定义角色“myRole02”，授予给“admin”数据库中的自定义角色“myRole01”。

切换至“admin”数据库，将角色授予给自定义角色“myRole01”，具体指令如下：

```
> db.grantRolesToRole(
    "myRole01",
   [{ role: "myRole02",db: "Product" }]
 )
```

2. 将权限授予给自定义角色

（1）语法格式：

```
db.grantPrivilegesToRole(
    "< rolename >",
    [
        { resource: { <resource> }, actions: [ "<action>", ... ] },
        ...
    ],
    { < writeConcern > }
)
```

（2）范例：

在“admin”数据库的自定义角色“myRole01”中增加“createUser”“createRole”两个权限。

切换至“admin”数据库，将权限授予给自定义角色“myRole01”，具体指令如下：

```
> db.grantPrivilegesToRole(
  "myRole01",
  [
    {
      resource: { db: "", collection: "" },
      actions: [ "createUser" , "createRole" ]
    }
  ]
)
```

8.3.7 撤销角色权限

如果需要在现有的角色权限中撤销其中的几个角色权限，则可以使用以下两种方法。

- db.revokeRolesFromRole()：删除自定义角色中的指定角色。
- db.revokePrivilegesFromRole()：删除自定义角色中的指定权限。

1. 删除自定义角色中的指定角色

（1）语法格式：

```
db.revokeRolesFromRole( "<rolename>", [ <roles> ], { <writeConcern> } )
```

（2）范例：

切换至“admin”数据库，删除自定义角色“myRole01”中的“myRole02”角色，具体指令如下：

```
> db.revokeRolesFromRole("myRole01",[" myRole02"])
```

2. 删除自定义角色中的指定权限

（1）语法格式：

```
db.revokePrivilegesFromRole(
    "<rolename>",
    [
        { resource: { <resource> },
          actions: [ "<action>", ... ] },
        ...
    ],
    { <writeConcern> }
)
```

（2）范例：

切换至“admin”数据库，删除自定义角色“myRole01”中的“createUser”“createRole”权限，具体指令如下：

```
> db.revokePrivilegesFromRole(
   "myRole01",
   [
     {
       resource : {
          db : "", collection : ""
       },
       actions : [ "createUser","createRole" ]
     }
   ]
)
```

8.4 身份验证

MongoDB 社区版与企业版均支持两种身份验证机制,并通过这些机制验证用户身份。此外，MongoDB 企业版还额外支持两种机制，但本节仅介绍两种版本都支持的验证机制。

1. MongoDB 社区版与企业版都支持的验证机制

- SCRAM（MongoDB 默认的验证机制）。
- x.509 证书认证。

2. MongoDB 企业版单独支持的验证机制

- Kerberos 认证。
- LDAP 代理认证。

MongoDB 早期版本的验证机制是 MongoDB-CR。从 MongoDB 4.0 版本开始，就已经不支持它了！

8.4.1 SCRAM

SCRAM（Salted Challenge Response Authentication Mechanism）是 MongoDB 启用身份管控后默认的验证机制。SCRAM 是基于 IETF RFC 5802 标准，通过密码对用户进行身份验证。该机制会使用客户端与服务器端协商好的哈希函数对双方身份进行验证，如 MongoDB 支持的“SCRAM-SHA-1”及“SCRAM-SHA-256”机制就是分别使用了哈希函数“SHA-1”和“SHA-256”来进行验证。

为什么要用 SCRAM 进行双方身份验证呢？

因为：

（1）服务器端必须要验证连接的是真的客户端。

（2）客户端必须要验证连接的是真的服务器端。

通过双向身份验证，可以证明双方的真实身份，确保具有高度安全性。

图 8-4 说明了 SCRAM 是如何让客户端及服务器端进行双向身份验证的。

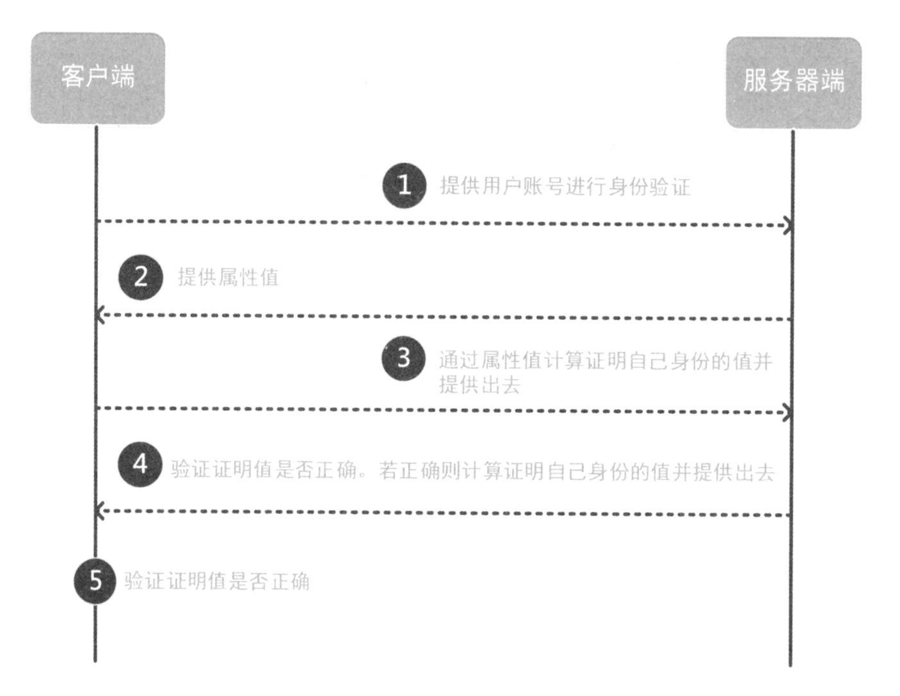

图 8-4 SCRAM 验证流程

经过上述 5 个步骤可以让客户端及服务器端确认彼此的身份。在进行 SCRAM 身份验证时，MongoDB 服务器端会存取 4 个属性。

- iterationCount：密码重复加密的次数。
- salt：密码加密前的随机字符串。
- storedKey：加密后验证客户端身份的密钥。
- serverKey：验证服务器端身份的密钥。

下面以一个 MongoDB 实际范例说明如何在服务器端取得用户 SCRAM 身份验证的 4 个属性。查询“Product”数据库中用户“user02”的密码相关信息。具体指令如下：

```
> db.getUser("user02", { showCredentials : 1 })
```

显示结果如下：

```
{
    "_id" : "Product.user02",
    "user" : "user02",
    "db" : "Product",
    "credentials" : {
        "SCRAM-SHA-1" : {
            "iterationCount" : 10000,
            "salt" : "/fqwHPheOjXcYrPqSRAnkg==",
            "storedKey" : "TqU7IVQ9CGNnFKtX8lX53q5mJE4=",
```

```
            "serverKey" : "Dw1Lzaz0QFZ+XSTc6auRIG4Vnyg="
        },
        "SCRAM-SHA-256" : {
            "iterationCount" : 15000,
            "salt" : "SgTaYBNIwkLgDYCYSPqappdhC1XbEsfiaGQgLg==",
            "storedKey" : "Jqa+n1fBgdO7dv8Xy9uObgWZNffHanQV8VwaSArG+Rw=",
            "serverKey" : "zKiwFYP300u5dckQcU+XeZJ97JuDA61didPwgd5CC98="
        }
    },
    "roles" : [
        {
            "role" : "readWrite",
            "db" : "Product"
        }
    ],
    "mechanisms" : [
        "SCRAM-SHA-1",
        "SCRAM-SHA-256"
    ]
}
```

8.4.2　x.509

MongoDB 支持 x.509 证书身份认证，并通过 TLS/SSL 建立安全的连接，使客户端连接服务器端时不需要使用账号和密码进行登录，而是通过证书进行登录。

这个证书必须由数字证书认证机构（CA）颁发给客户端及服务器端。此证书不仅可以用于客户端的认证，也可以用于 MongoDB 系统内部副本集和分片之间的身份认证。

关于 x.509 的使用主要包括三个方面：

（1）外部认证。

（2）内部认证。

（3）TLS/SSL 安全传输。

证书颁发机构（CA）可以是第三方 TLS/SSL 供货商，或是自己内部组织，但内部组织颁布的证书仅能在内部局网使用。

图 8-5 是 x.509 身份认证的流程图。

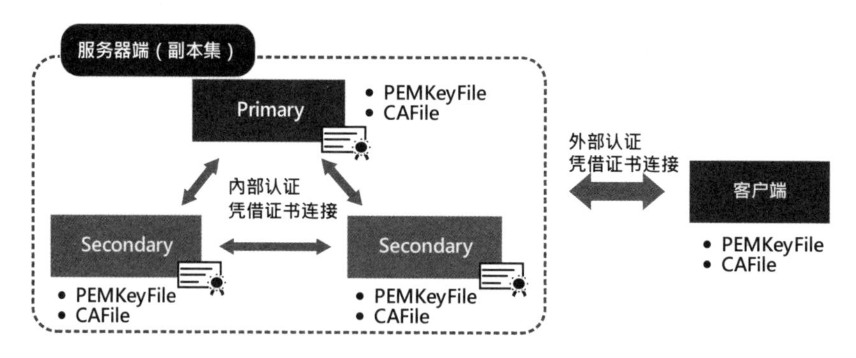

图 8-5　x.509 身份认证的流程图

外部认证为客户端可以通过 CA 授予的证书连接服务器端；内部认证为服务器端的 MongoDB 实例之间通过 CA 授予的证书互相连接。其中，“PEMKeyFile”和“CAFile”是 CA 在授予证书时产生的文件。CA 如何授予证书不在本节介绍范畴内。

上述“PEMKeyFile”和“CAFile”文件需在配置文件中设置。若为副本集或集群，则其中每一个实例均须要使用相同的文件设置。

1. 外部认证

使用证书认证的配置启动后，需要在 MongoDB 中建立证书用户。具体步骤如下。

（1）在 MongoDB 配置文件中使用 x.509 外部认证。

具体配置方式如下：

```
security:
  clusterAuthMode: x509
net:
  ssl:
    mode: requireSSL
    PEMKeyFile: <PEMKeyFile 路径>
    CAFile: <CAFile 路径>
```

这两个文件为配置 TLS/SSL 所需，在 CA 授予证书时产生

（2）使用 PEM 证书新增 MongoDB 用户。

- 使用命令查询 PEM 证书中的 subject，具体命令如下：

```
# openssl x509 -in <PEM 文件> -inform PEM -subject -nameopt RFC2253
```

执行的结果如下：

```
subject= CN=<Name>,OU=<OrgUnit>,O=<Org>,L=<Localiyt>,ST=<State>,C=<Country>
-----BEGIN CERTIFICATE-----
.....
-----END CERTIFICATE-----
```

- 登录 MongoDB 后，用 x509 证书的 subject 新增用户，具体指令如下：

```
> db.getSiblingDB("$external").runCommand(
```

```
    {
        createUser:"CN=<Name>,OU=<OrgUnit>,O=<Org>,L=<Localiyt>,ST=<State>,C= <Country>",
        roles:[
            { role: ‘root’ ,db: ‘admin’ }
        ],
    }
)
```

（3）登录配置 x.509 认证的 MongoDB，具体命令如下：

```
# mongo --ssl --sslPEMKeyFile <PEMKeyFile 文件> --sslCAFile <CAFile 文件> --authenticaionDatabase
 ‘$external’  - authenticationMechanism MONGODB-X509
```

2. 内部认证

在 MongoDB 配置文件中，使用 x.509 内部认证的具体配置方式如下：

```
security:
   clusterAuthMode: x509
net:
   ssl:
      mode: requireSSL
      PEMKeyFile: <PEMKeyFile 路径>
      CAFile: <CAFile 路径>
      clusterFile:<PRMKeyFile>
```

clusterFile 为启用内部认证所使用的参数，同样使用“PEMKeyFile”证书即可。

须注意，同一个集群间的 MongoDB 实例，证书上的组织（O）、组织单位（OU）、域（DC）信息必须相同。

3. TLS/SSL 安全传输

x.509 作为外部认证，可使客户端在连接 MongoDB 服务器端时具有 TLS/SSL 安全传输的功能；x.509 作为内部认证，可使 MonogDB 集群间的实例在互相连接时具有 TLS/SSL 安全传输的功能。

从 MongoDB 4.0 开始，若使用的是无效证书，则可以通过参数的配置，使得连接虽无法达到认证的效果，但还是具有 TLS/SSL 安全传输的功能。

MongoDB 配置文件允许无效证书，具体配置方式如下：

```
security:
   clusterAuthMode: x509
net:
   ssl:
      mode: requireSSL
      PEMKeyFile: <PEMKeyFile 路径>
      CAFile: <CAFile 路径>
      clusterFile:<PRMKeyFile>
      allowInvalidCertificates: true
```

8.5 数据加密

MongoDB 提供了动态加密和静态加密。动态加密是指，在 MongoDB 传输数据时进行加密；而静态加密是指，对 MongoDB 数据库中的内部数据进行加密。

8.5.1 动态数据加密（传输加密）

动态数据加密用于 MongoDB 节点之间及节点与客户端之间数据传输。它确保数据只能由预期的目标客户端读取，从而保障了数据的安全。它有下两种方式。

- **使用 CA 颁发的 TLS/SSL 证书**：MongoDB 会使用驱动程序验证服务器的身份。
- **使用私人组织的证书**：传输的数据会被加密，但是无法验证服务器身份。

8.5.2 静态数据加密

MongoDB 还提供了静态加密功能。但静态加密功能目前只有 MongoDB 企业版才支持。

MongoDB 的静态加密是存储引擎 WiredTiger 提供的功能，通过它可以对数据库中的文件进行加密，只有拥有密钥的用户才能解密并读取数据。

静态加密方式为每一个数据库实例产生一个密钥，数据库实例使用自己的密钥对数据进行加密，而这些密钥会通过 MongoDB 的主密钥加密，以保障每个实例密钥的安全性。而主密钥的创建及管理方式支持以下两种选项：

（1）通过第三方密钥管理供货商来进行创建及管理，但必须支持密钥管理互操作协议（KMIP）才可以使用。这也是目前 MongoDB 官方所推荐的方式，且官方也有认证的合作伙伴供用户参考选择。

（2）通过“openssl”命令在服务器上创建主密钥，且此密钥需要由用户自行管理。对于 MongoDB 来说，管理密钥是一项非常重要的工作。若使用这种方式，则 MongoDB 会要求用户安全妥善地管理自己的密钥。

8.6 审计

MongoDB 的审计功能是指，数据库管理员可以管控每个用户对数据库所进行的操作。当审计功能开启时，操作事件的呈现方式可以选择在命令提示符显示、写入系统日志、生成 JSON 或 BSON 文件，而目前这个功能只有 MongoDB 企业版才支持。

将审计功能开启后，MongoDB 会记录以下 4 个操作事件：

- 副本集、分片操作。
- 身份验证、授权操作。
- DDL 操作。

- CRUD 操作。

8.6.1　审计的启用与配置

在 MongoDB 企业版中开启审计功能，需要在配置文件中设定 auditLog 选项，格式如下：

```
auditLog:
  destination: <string>
  format: <string>
  path: <string>
  filter: <string>
```

配置 auditLog 选项的四个参数说明如下。

（1）destination：表示审计的呈现方式。在 MongoDB 中可以选择以下 3 种不同的呈现方式。

- syslog：将操作事件以 JSON 格式写入系统日志中。目前这个方式在 Windows 系统上暂不支持。
- console：直接将操作事件呈现在操作系统的命令提示行中。但此服务无法在后台运行（不能使用“--fork“参数）。
- file：使用文件的形式记录操作事件，须配置文件路径（path）及输出形式（format）。

（2）format：输出操作事件的文件格式。当 destination 设定为 file 时，需设定为 JSON 或 BSON 格式。

（3）path：操作事件的文件路径。当 destination 被设定为 file 时，需设定文件的绝对路径或相对路径。

（4）filter：针对指定的操作行为进行操作事件记录。在执行此操作时需设置“atype”和“param.db”两个参数，这两个参数分别表示“指定操作”和“指定数据库”。若未指定，则默认记录所有审计事件的操作。

8.6.2　审计事件与过滤

MongoDB 支持许多操作的审计。当审计功能开启时，默认会将所有审计的操作事件记录下来，也可以特别指定记录某些操作事件（只需在 MongoDB 命令启动时设置 auditFilter，或者在配置文件中设置 auditLog.filter）。下面将结合实际操作来介绍如何进行过滤。

配置文件范例如下：

```
auditLog:
    destination: file
    format: BSON
    path: /var/log/mongodb/auditlog.bson
    filter: '{ atype: "authenticate", "param.db": "Product" }'
```

将操作事件以文件形式输出

文件形式是 BSON 格式

文件存放的路径

针对“Product”数据库的“身份验证”操作进行审计

配置完成后重启数据库，然后验证一下是否有日志产生。

在配置文件中指定的/var/log/mongodb/路径下，使用“bsondump”命令打开指定的审计文件“auditlog.bson”，即可查看记录了身份验证的操作。

具体命令如下：

```
/var/log/mongodb# bsondump auditlog.bson
```

显示的结果如下：

```
{"atype":"authenticate","ts":{"$date":"2018-05-11T07:03:40.498Z"},"local":{"ip":"127.0.0.1","port":27017},"remote":{"ip":"127.0.0.1","port":55733},"users":[{"user":"user02","db":"Product"}],"roles":[{"role":"readWrite","db":"Product"}],"param":{"user":"user02","db":" Product","mechanism":"SCRAM-SHA-1"},"result":0}
2018-05-11T15:04:04.977+0800	1 objects found
```

8.7 检测安全漏洞

在所有环境都配置好之后，如果想知道环境是否安全，则可以通过一些开源软件来检测环境，防止安全漏洞。

1. 审计 MongoDB 服务器工具——mongoaudit

mongoaudit 可以检测 MongoDB 错误配置、已知的漏洞和错误。除此之外，它也提供了如何修复 MongoDB 的建议。

此工具为开源，可在 GitHub 下载，网址为：https://github.com/stampery/mongoaudit。

mongoaudit 工具可以做以下检测：

- MongoDB 监听的端口是否与默认端口不同。
- 是否已禁用 MongoDB 的 HTTP 接口。
- 是否已启用 TLS / SSL 加密。
- 是否已启用身份验证。
- 是否已启用 SCRAM-SHA-1 身份验证方法。
- 是否已禁止服务器端的 Javascript 代码。
- 授予用户的角色是否只允许 CRUD 操作。
- 用户是否只拥有单个数据库的权限。
- 该服务器是否容易受到十几种不同的已知安全漏洞的攻击。

2. 检测 MongoDB 是否暴露在网络上

Shodan（https://www.shodan.io/）是一个搜索引擎。用户可以通过关键词在 Shodan 上查找放置在外网的 MongoDB 服务器的公开信息。

目前所有大规模的 MongoDB 信息外泄，几乎都来自通过 Shodan 搜索引擎可以查寻到的服务器，这些服务器因为 MongoDB 管理人员未完善安全配置而被攻击。通过 Shodan，用户可以确认自身的 MongoDB 服务器是否暴露在 Internet 上。Shodan 搜寻页面如图 8-6 所示。

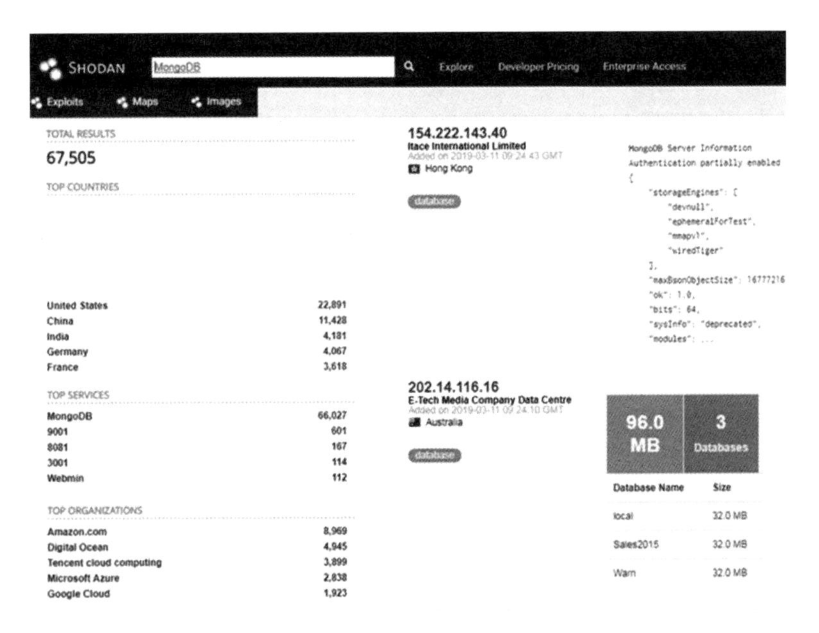

图 8-6　Shodan 的搜寻页面

为了降低 MongoDB 数据库系统的风险，须确保 MongoDB 运行在受信任的网络环境中，并限制连机访问 MongoDB 的接口。若只允许受信任的客户端可访问 MongoDB 的网络接口和端口，则可以通过以下两种方式来实现。

- 通过配置防火墙来控制访问 MongoDB 服务器。
- 使用 VPN，通过加密且受限访问的可信网络对 MongoDB 数据库进行访问。

到这里各位小伙伴们已经知道了许多数据库安全管理的概念及方法，在实际操作中可以依照不同的需求选择不同的管理方式。

如果还想知道更深入的管理内容，可以到 MongoDB 官方网站查看，或是上“萌阔论坛”与许多高手交流。

第 9 章 备份与恢复

数据库中最重要的就是数据。但有时系统会出现突发状况，导致数据丢失。因此，周期性备份数据是非常有必要的。

本章将介绍 MongoDB 中备份工具的使用方法。

通过本章，读者将会学到以下内容：

- MongoDB 中的逻辑备份/恢复；
- MongoDB 中的物理备份/恢复；
- 单机的备份恢复；
- 副本集的备份恢复；
- 分片集群的备份恢复。

9.1 了解备份/恢复

1. 评估备份方案的两个指标

一般情况下，有两个指标可以用来评估备份方案。

- **恢复点目标**（recovery point objective，RPO）：数据库可以承受多少时间的数据丢失。
- **恢复时间目标**（recovery time objective，RTO）：在发生灾难时，数据库可以承受多长时间的停机。

在实际操作中，可以根据以上的指标来决定全备份和差异备份的时间间隔。

2. 逻辑备份与物理备份

MongoDB 的备份/恢复分为逻辑方式与物理方式。

- **逻辑方式：**从数据库中将数据读出保存，通过命令来执行备份及恢复任务，包含备份/恢复、导出/导入操作。
- **物理方式：**直接复制硬盘上的数据文件，作为恢复节点的数据文件。这种备份方式在单机、副本集、分片集群上的步骤略有不同。

9.2　逻辑备份/恢复的常用命令

9.2.1　备份/恢复命令

1. 备份

备份命令是“mongodump”，它直接对 mongos 或 mongod 的实例进行操作。

备份的是数据及数据结构，会以 BSON 格式储存。逻辑备份并不会备份索引，仅会备份索引的元数据。只有在恢复数据时才会重建索引。

“mongodump”命令使用的是游标，每次备份都会将数据批量加载到内存中。若备份的数据量过大，则这种方法除持续占用内存资源外，还会提高 I/O 负载。因此，“mongodump”命令只适合用在小型或单一数据库备份中。

- mongodump 的优点：可以备份某个数据库、整个集合、部分集合的内容，甚至可以使用文档筛选条件来过滤需要导出的数据。
- mongodump 的缺点：比物理备份更耗时。

mongodump 操作需要在操作系统的命令提示行中运行。

在备份时，可根据需求在“mongodump”命令后添加一些参数。表 9-1 列出了“mongodump”命令的常用参数。

表 9-1　“mongodump”命令的常用参数

参　数	说　明
-p（或表示为：--port）	备份 MongoDB 的实例端口号，默认为 27017。 如：-p 27017 或：--port 27017
-h（或表示为：--host）	备份 MongoDB 的 IP 地址，默认为本机。在 IP 地址后可加端口号。 如：-h 127.0.0.1 或：--host 127.0.0.1 或：-h 127.0.0.1:27017 或：--host 127.0.0.1:27017
-d（或表示为：--db）	备份数据库，默认备份全部数据库。 如：-d DBName 或：--db DBName

续表

参　　数	说　　明
-c（或表示为：--collection）	备份集合，默认备份全部集合。 如：-c CollectionName 或：--collection CollectionName
-q（或表示为：--query）	备份数据的条件式，默认为空。 如：-q '{number:{$lte:10}}' 或：--query '{number:{$lte:10}}'
-o（或表示为：--out）	备份文件的存放位置，默认备份至当前目录。 如：-o /data/backup/ 或：--out /data/backup/
-u（或表示为：--username）	备份权限认证的用户。若无权限管控，则无须使用该参数。 如：-u DBadmin 或：--username DBadmin
-p（或表示为：--password）	备份权限认证的密码。若无权限管控，或想使用密码提示输入，则无须使用该参数。 如：-p DBadmin_pwd 或：--password DBadmin_pwd
--authenticationDatabase	备份权限认证的数据库。若无权限管控，则无须使用该参数。 如：--authenticationDatabase admin

若备份参数符合默认值，则可省略不写。如果只输入“mongodump”，即表示从当前主机、默认端口中备份所有数据库至当前目录。

【范例】

（1）将 E-commerce 库中“Quantity”大于等于 8 的 Carts 集合数据备份至“/data/backup/”路径下，具体命令如下：

```
# mongodump -h 127.0.0.1:27017 -d E-commerce -c Carts -q '{"Quantity" : {$gte:8}}' -o /data/backup/ -u DBadmin -p DBadmin_pwd --authenticationDatabase admin
```

（2）执行的结果如下：

```
2018-09-05T23:56:05.070+0800    writing E-commerce.Carts to
2018-09-05T23:56:05.074+0800    done dumping E-commerce.Carts (78 documents)
```

2. 恢复

恢复命令是“mongorestore”。它也直接在操作系统的命令提示行中运行，通过正在运行的 mongod 实例进行数据恢复。

在恢复时，可根据需求在“mongorestore”命令后添加一些常用参数。表 9-2 中列出了“mongorestore”命令的常用参数。

表 9-2　"mongorestore"命令的常用参数

参　　数	说　　明
-p（或表示为：--port）	恢复 MongoDB 的实例端口号，默认为 27017
-h（或表示为：--host）	恢复 MongoDB 的 IP 地址，默认为本机。在 IP 地址后可加端口号。 如：-h 127.0.0.1 或：--host 127.0.0.1 或：-h 127.0.0.1:27017 或：--host 127.0.0.1:27017
-d（或表示为：--db）	恢复至哪个数据库，默认使用恢复文件的名称。若使用此参数，则恢复路径须使用指定的数据库文件。 如：-d DBName 或：--db DBName
-c（或表示为：--collection）	恢复的集合名，默认使用恢复文件的集合名称。如使用此参数，则恢复文件必须为 BSON 文件。 如：-c CollectionName 或：--collection CollectionName
--dir（或直接使用路径）	恢复文件的存放位置，默认从当前目录恢复。如： （1）/data/backup/ 或 --dir /data/backup/ （如没有指定数据库，则使用整个备份路径）； （2）/data/backup/E-commerce/ （如指定了数据库，则使用数据库文件夹）； （3）/data/backup/E-commerce/Carts.bson （如指定了数据库及集合，需使用集合的 BSON 文件）
--drop	如使用此参数，则会先将目标数据库中的数据删除，然后再进行恢复。在使用时后面不需加变量。 如：--drop
-u(或表示为：--username)	恢复权限认证的用户。若无权限管控，则无须使用该参数。 如：-u DBadmin 或：--username DBadmin
-p(或表示为：--password)	恢复权限认证的密码。如果无权限管控，或想使用密码提示输入，则无须使用该参数。 如：-p DBadmin_pwd 或：--password DBadmin_pwd
--authenticationDatabase	恢复权限认证的数据库。若无权限管控，则无须使用。 如：--authenticationDatabase admin

若备份参数符合默认值，则可省略不写，只需输入"mongorestore"，即表示从当前目录中将所有数据库文件恢复至当前主机的默认端口中。

基本语句：

mongorestore --port <端口号> <文件路径>

范例如下：

```
# mongorestore --port 27017 /data/backup/
```

使用常用参数的范例：

（1）将“/data/backup/E-commerce /Carts.bson”数据恢复至 E-commerce 库的 Carts 集合中（需先清除集合中的数据），具体命令如下：

```
# mongorestore -h 127.0.0.1:27017 -d E-commerce -c Carts /data/backup/E-commerce /Carts.bson
--drop -u DBadmin -p DBadmin_pwd --authenticationDatabase admin
```

（2）执行的结果如下：

```
2018-09-06T00:05:14.423+0800    checking for collection data in /data/backup/E-commerc
e/Carts.bson
2018-09-06T00:05:14.432+0800    reading metadata for E-commerce.Carts from /data/backu
p/E-commerce/Carts.metadata.json
2018-09-06T00:05:14.453+0800    restoring E-commerce.Carts from /data/backup/E-commer
ce/Carts.bson
2018-09-06T00:05:14.518+0800    restoring indexes for collection E-commerce.Carts from metadata
2018-09-06T00:05:14.535+0800    finished restoring E-commerce.Carts (78 documents)
2018-09-06T00:05:14.535+0800    done
```

“mongodump”和“mongorestore”命令都是通过正在运行的 mongod 实例进行操作的作。

9.2.2 导出/导入命令

与备份不同，导出是以集合为单位的，只导出数据本身，并不能保证数据导出后的字段类型，且导出的数据是可以直接阅读的。

可以选择导出 JSON 或 CSV 格式的文件，并自定义导出的字段。

导入也一样，可以导入 JSON 或 CSV 格式的文件，也可以导入其他来源或自定义的数据。

必须可转成 JSON 或 CSV 文件

1. 导出

导出命令是“mongoexport”。导出所使用的参数与备份相似，但比备份多了“选择欲导出的字段”和“导出的文件格式”。其中，某些参数（如集合名称）是必须指定的。其常用参数及其含义见表 9-3。

表 9-3 “mongoexport”命令的常用参数

参　数	说　明
-p（或表示为：--port）	导出 MongoDB 的实例端口号，默认为 27017
-h（或表示为：--host）	导出 MongoDB 的 IP 地址，默认为本机；IP 地址后可加端口号。 如：-h 127.0.0.1

续表

参　　数	说　　明
-h（或表示为：--host）	或：--host 127.0.0.1 或：-h 127.0.0.1:27017 或：--host 127.0.0.1:27017
-d（或表示为：--db）	导出数据库。默认只会依照集合参数来返回搜寻到的第 1 个数据库中拥有相同集合名的数据。 如：-d DBName 或：--db DBName
-c（或表示为：--collection）	导出集合，必须指定。 如：-c CollectionName 或：--collection CollectionName
-f（或表示为：--fields）	导出字段，以逗号隔开。默认导出所有字段。 如：-f Quantity,CustomerSysNo,CreateDate 或：--fields Quantity,CustomerSysNo,CreateDate
-q（或表示为：--query）	导出数据的条件式。默认将全部数据导出。 如：-q '{number:{$lte:10}}' 或：--query '{number:{$lte:10}}'
--type csv	导出 CSV 文件，后面不需要加变量，默认导出 JSON 文件。 如：--type csv
-o（或表示为：--out）	导出备份文件的存放位置及文件名，CSV 格式需使用“--type”参数，默认返回的数据会显示在 mongo shell 上，而不会被存储。 JSON 格式如：-o /data/backup/Carts.json 或：--out /data/backup/Carts.json CSV 格式如：-o /data/backup/Carts.csv 或：--out /data/backup/Carts.csv
-u（或表示为：--username）	导出权限认证的用户。若无权限管控，则无须使用该参数。 如：-u DBadmin 或：--username DBadmin
-p（或表示为：--password）	导出权限认证的密码。若无权限管控，想使用密码提示输入，则无须使用该参数。 如：-p DBadmin_pwd 或：--password DBadmin_pwd
--authenticationDatabase	导出权限认证的数据库。若无权限管控，则无须使用该参数。 如：--authenticationDatabase admin

- 如果在导出时只指定了“集合名”而未指定“数据库名”，则只返回第 1 个符合条件的集合。
- 如果没有指定导出的“文件路径及名称”，则导出的数据会被直接打印在 mongo shell 上，而不会被储存。

因此，建议最基本的命令须包含“库名”“集合名”“导出文件路径及名称”，若无特殊需求其余项使用默认值即可。

基本语法：

```
mongoexport  -d <数据库名> -c <集合名> -o <文件路径及名称>
```

【范例】

（1）将 E-commerce 库中 Carts 集合的数据导出至“/data/backup/”路径下。

```
# mongoexport -d E-commerce -c Carts -o /data/backup/Carts.json
```

（2）将 E-commerce 库中“Quantity”大于等于 8 的 Carts 集合的数据导出成 JSON 或 CSV 格式文件。

- 导出为 JSON 格式（默认）：

```
# mongoexport -h 127.0.0.1:27017 -d E-commerce -c Carts -f Quantity,CustomerSysNo,
CreateDate -q '{"Quantity" : {$gte:8}}' -o /data/backup/Carts.json -u DBadmin -p DBadmin_pwd
--authenticationDatabase admin
```

- 导出为 CSV 格式：

```
# mongoexport -h 127.0.0.1:27017 -d E-commerce -c Carts -f Quantity,CustomerSysNo,
CreateDate -q '{"Quantity" : {$gte:8}}' --type csv -o /data/backup/Carts.csv
-u DBadmin -p DBadmin_pwd --authenticationDatabase admin
```

结果显示：

```
2018-09-06T00:26:58.258+0800    connected to: 127.0.0.1:27017
2018-09-06T00:26:58.269+0800    exported 78 records
```

2. 导入

在导入数据时，至少需要指定导入的“文件路径及名称”。若没有指定“数据库名”，则会使用指定的“文件名称”在所有数据库中寻找相同名称的集合，并将其导入。但如果有两个以上的数据库拥有这个“集合名”，则可能导入错误的数据库。因此，强烈建议在导入命令中需要指定“数据库名”。

“mongoimport”命令的常用参数见表 9-4。

表 9-4 “mongoimport”命令的常用参数

参 数	说 明
-p（或表示为：--port）	mongoDB 的实例端口号，默认为 27017
-h（或表示为：--host）	导入 MongoDB 的 IP 地址，默认为本机；在 IP 地址后可加端口号。 如：-h 127.0.0.1 或：--host 127.0.0.1 或：-h 127.0.0.1:27017 或：--host 127.0.0.1:27017
-d（或表示为：--db）	导入数据库。默认会使用导入文件的名称在数据库中寻找相同集合名称的集合导入。如果数据库中有重名的集合名，则可能导入错误，因此建议在导入时指定数据库。 如：-d DBName 或：--db DBName

续表

参　　数	说　　明
-c（或表示为：--collection）	导入集合。默认会依导入文件的名称在数据库中寻找相同名称的集合导入。 如：-c CollectionName 或：--collection CollectionName
--type csv 导入 CSV 文件时才需要	导入 CSV 文件，后面不需加变量。默认导入 JSON 文件。 如：--type csv
--f（或表示为：--fields）	当导入的 CSV 文件没有第一行的字段名时，以逗号将它们隔开，依序表示字段名。与“--headerline”为互斥选项。 如：-f Quantity,CustomerSysNo,CreateDate 或：--fields Quantity,CustomerSysNo,CreateDate
--headerline	如果指定第一行是字段名，则无须导入。在导入 CSV 文件时，才会需要使用它，后面不需加变量。与“-f”为互斥选项。 如：--headerline
--file	导入文件路径及名称。若导入的是 CSV 文件，则需要指定“--type”。 如：--file /data/backup/Carts.json 或：--file /data/backup/Carts.csv
--drop	使用此参数会将目标数据库中的数据删除后导入。若没删除，则导入相同主键的数据会报错。直接使用，后面不加变量。 如：--drop
-u（或表示为：--username）	导入权限认证的用户。若无权限管控，则无须使用该参数。 如：-u DBadmin 或：--username DBadmin
-p（或表示为：--password）	导入权限认证的密码。若无权限管控或想使用密码提示输入，则无须使用该参数。 如：-p DBadmin_pwd 或：--password DBadmin_pwd
--authenticationDatabase	导入权限认证的数据库。若无权限管控，则无须使用该参数。 如：--authenticationDatabase admin

基本语法：

mongoimport　-d <数据库名> --file <文件路径及名称>

【范例】

（1）将 Carts 文件的数据导至 E-commerce 库中。

```
# mongoimport -d E-commerce  --file /data/backup/Carts.json
```

（2）将格式为 JSON 或 CSV 的 Carts 文件数据（指定导入字段）导至 E-commerce 库的 Carts 集合中（需先清除集合中的数据）。

- JSON 格式（默认）：

```
# mongoimport -h 127.0.0.1:27017 -d E-commerce -c Carts --file /data/backup/Carts.json --drop -u
DBadmin -p DBadmin_pwd --authenticationDatabase admin
```

- CSV 格式：

如果 CSV 文件首行为字段名，则执行以下命令：

```
# mongoimport -h 127.0.0.1:27017 -d E-commerce -c Carts --type csv --headerline --file
/data/backup/Carts.csv --drop -u DBadmin -p DBadmin_pwd --authenticationDatabase admin
```

如果 CSV 文件首行没有字段名，则执行以下命令：

```
# mongoimport -h 127.0.0.1:27017 -d E-commerce -c Carts -f Quantity,CustomerSysNo, CreateDate
--type csv --file /data/backup/Carts.csv --drop -u DBadmin -p DBadmin_pwd --authenticationDatabase
admin
```

结果显示如下：

```
2018-09-06T01:35:37.818+0800    connected to: 127.0.0.1:27017
2018-09-06T01:35:37.819+0800    dropping: E-commerce.Carts
2018-09-06T01:35:37.851+0800    imported 78 documents
```

这里所列出的备份/还原与导出/导入参数为常用备份的参数，并非全部。若想知道更多其他参数，可以查看 MongoDB 官方网站文件：

https://docs.mongodb.com/manual/reference/program/

9.3 物理备份/恢复的常用命令

1. 物理备份

物理备份，即复制物理硬盘上的数据库文件。数据库会根据配置文件中的存储路径来存放数据库文件。将这些数据库文件完整地复制出来就可以达到备份的效果。

如果在复制期间有新的数据写入，则会造成数据不一致，尤其在集群环境中更容易出现这种数据不一致的情况。因此，在复制文件前必须先将数据库实例（主副节点都可以）锁定，或者直接将 MongoDB 集群服务关闭，并确保写入的数据都保存到硬盘中。

一般情况下建议锁定副节点。在主节点被锁定时并不会触发重新选举，因此整个集群在锁定状态下都不能写入，而锁定副节点只会影响到此节点。

在锁定或关闭节点实例后，便可以将整个数据文件复制出来，然后再将该实例解锁或者重新启动。

锁定指令如下：

```
db.fsync Lock()
```

必须在 mongod 上执行。一旦执行，则此节点的所有数据库都会被锁住而无法写入数据，但这不会影响其他未执行锁定的节点。

解锁指令如下：

```
db.fsyncUnlock()
```

2. 物理恢复

如果要恢复数据，则需要将正在运行的实例关闭，并删除该实例的数据文件，然后将要恢复的文件复制至实例路径下，然后启动 MongoDB。

9.4　备份/恢复的具体方案

前面介绍了 MongoDB 备份/恢复方法。但在实际操作时，在单机与集群中的操作方法稍有不同，所以接下来将分别介绍在单机和集群中该如何实现备份/还原。

需要注意数据一致性问题。在备份过程中，如果对已经完成备份的数据库再写入数据，则新写入的数据不会被备份。

如图 9-1 所示，同一个时间点写入两次数据：

- 一次写入未执行备份的 B 数据库，则新写入的数据会被备份。
- 另一次写入已经完成备份的 A 数据库，则新写入的数据将不会被备份，这样会造成同一个时间点写入的多笔数据却只有部分被备份。

所以，如何避免这种备份不完整的状况，也是备份时需要注意的。

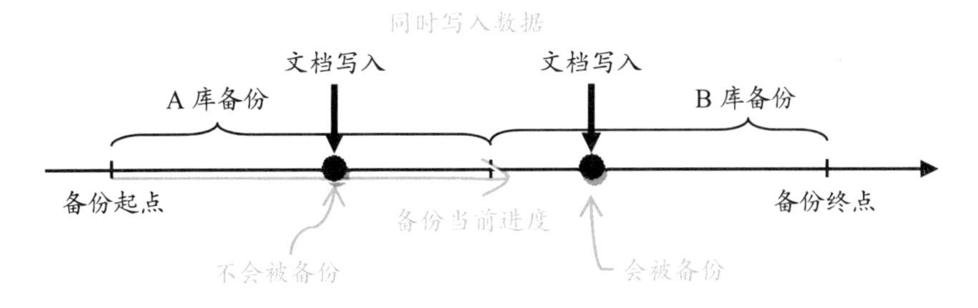

图 9-1　数据一致性问题示意图

9.4.1　单机的备份/恢复

单机只有一台实例，所以备份和恢复操作相对简单，使用 9.2 节的两种备份方式都可以实现。但为了确保数据的一致性，在备份前最好先锁定数据库或是停机。

若想在备份时不停机，则需使用副本集或分片集群（这个知识点将在后续章节进行介绍）。

1. MongoDB 的逻辑备份/恢复

（1）备份步骤。

① 登录单机实例，将数据库锁定。

② 在操作系统命令提示行中输入 9.2 节提到的备份命令（mongodump）。

③ 解除锁定 MongoDB。

（2）恢复步骤。

用恢复命令“mongorestore”将数据恢复。

2. MongoDB 的物理备份/恢复

一个实例仅有一个存放数据的文件夹。

（1）备份步骤。

① 登录单机实例，将数据库锁定或停机。

② 将文件夹下的文件直接复制出来。

③ 解除锁定或启动 MongoDB。

（2）恢复步骤。

① 将 MongoDB 停机，以避免数据不断写入。

② 删除数据目录下的所有文件。

③ 将文件放回配置文件中所给定的数据目录下。

④ 启动 MongoDB 实例即可。

> 一般是 MongoDB 安装后默认路径。但是，该路径可以在配置时可自行修改，请参考第 5 章

> 也可以使用新的单机 MongoDB 实例来启动：将要还原的数据文件复制到新机器对应的目录下，然后启动 MongoDB。

9.4.2 副本集的备份/恢复

副本集的备份/恢复相较于单机复杂一些。备份时使用的是副节点，为避免数据写入造成数据不一致的情况，所以需要在备份前锁定写入或停机。

因为备份操作针对的是副节点，所以主节点还是可以正常地读写文件，并不会造成服务中断。

1. MongoDB 的逻辑备份/恢复

（1）备份步骤。

① 选择一个副本节点执行锁定指令：db.fsyncLock()。

② 使用“mongodump”命令将此副本节点中的数据备份出来。

③ 执行解除锁定指令：db.fsyncUnlock()。

或者按以下步骤：

在使用“mongodump”命令备份副本节点时，可以将操作记录（Oplog）也备份出来（只需要在备份命令后加上“--oplog”参数），以防止备份时产生数据不一致的情况。

“--oplog”参数只能用在数据库全备份的情况下，且必须用在 shard 节点上。

（2）恢复步骤。

- 若先锁定再备份，则不会存在数据备份不一致的状况，因此可以直接使用主节点进行恢复（“mongorestore”命令）。
- 若使用“--oplog”方式备份，则在从副本集主节点进行恢复时，须加上“--oplogReplay”参数。

2. MongoDB 的物理备份/恢复

（1）备份步骤。

若不想影响 MongoDB 服务，则可以选择对副本（shard 副本）进行操作。

① 锁定数据库。

② 到数据节点副本中存放数据库文件的目录下，将数据文件全部复制出来。

③ 解除锁定。

（2）恢复步骤。

① 关闭 MongoDB 服务。

② 删除所有节点数据文件夹下的文件。

③ 将复制出来的数据库文件放回主节点的数据目录下。

④ 启动 MongoDB 服务。

因为数据节点的数据中都记录着配置副本集时的 IP 地址，所以在服务器 IP 地址配置不变的情况下，只能恢复到原本的副本集中。

9.4.3　分片集群的备份/恢复

分片集群的备份恢复方式与副本集类似，差别在于：①分片集群在备份时，需要备份 config 节点与每个分片；②在数据库设置了分片的情况下，chunk 可能会发生迁移，因此需先关闭平衡器的运作。

另外，在备份时，不同的分片需要单独备份，且同样是针对副节点进行备份。此时，为避免数据写入造成数据不一致，需要在备份前先锁定写入或停机。因为该操作针对的是副节点，所以主节点依然可以正常运作，服务不会中断。

1. MongoDB 的逻辑备份/恢复

（1）备份步骤。

① 停止平衡器的运作。

② 在每个分片中选择一个副本节点执行锁定。

③ 使用“mongodump”命令将不同分片的副本节点数据备份出来。

④ 解除锁定。

若数据库设置了分片，则使用“db.printShardingStatus()”查询数据库的主分片是哪一个，然后针对这个主分片做备份操作。

例如，E-commerce 数据库设置了分片，主分片为 shard1，则从 shard1 副本节点备份出来的是全部数据，从 shard2 副本节点备份出来的是部分数据。

（2）恢复步骤。

① 将主分片备份出来的数据从 mongos 恢复回去。

② 有分片的数据库需要重新设定分片。

若使用“mongodump 命令将所有数据库全部备份出来，则在使用”mongorestore”命令进行还原时需要注意，必须先将备份出来的 config 文件夹整个删掉才能成功还原。

2. MongoDB 的物理备份/恢复

（1）备份步骤。

① 停止平衡器的运作。

② 在 config 副本集及每个分片中分别选择一个副本节点执行锁定。

③ 将 config 副本与数据副本节点的数据文件目录下的文件复制出来。若为两个分片，则须分别复制两个分片的数据及 config 数据；若为三分片，则分别复制三个分片的数据及 config 数据。以此类推。

④ 解除锁定。

⑤ 开启平衡器的运作。

（2）恢复步骤。

① 关闭 MongoDB 服务。

② 将所有节点数据文件夹下的文件删除。

③ 将复制出来的数据库文件放回 config 及每个 shard 的主节点对应的数据文件目录下。

④ 启动 MongoDB 服务。

因为数据节点及 config 节点的数据中均记录着配置副本集时的 IP 地址，所以在服务器 IP 地址配置不变的情况下，只能恢复到原本的集群中。

第 10 章 监控管理

监控对于数据库管理来说很重要。从 MongoDB 的监控报告中，我们可以得知数据库目前的状态和整体的稳定性，即时发现异常状况。

本章将介绍许多 MongoDB 的监控工具，让大家在管理数据库的同时也可以了解数据库存在的风险。

通过本章，读者将会学到以下内容：

- 使用 MongoDB 自带的监控工具；
- 在 mongoshell 中使用 MongoDB 监控指令；
- 使用第三方监控工具；
- 使用官方的云服务监控管理平台 Ops Manager。

10.1 监控 MongoDB

MongoDB 在运行时，许多指标都可以显示 MongoDB 的当前情况，除数据库本身的信息（如：数据量、索引数量、数据库线程数、数据池连接数等）外，还有硬件信息（如：CPU、内存、I/O、磁盘的使用情况等）。通过监控，我们可以清楚地知道软硬件的瓶颈，从而作为改善的依据。

本章介绍的监控工具包含 MongoDB 自带工具、MongoDB 监控指令、第三方工具，以及官方的云服务监控管理平台（Ops Manager）。

- MongoDB 自带工具，在操作系统的命令提示行中执行。
- MongoDB 监控指令，需在 mongo shell 中使用。
- 第三方监控工具，则需要额外安装，大多为图形化界面（GUI）。
- Ops Manager，在 MongoDB 企业版才会提供，包含监控、管理与备份，必须额外安装。

10.1.1 MongoDB 自带监控工具

MongoDB 自带的监控工具有两种——mongostat 和 mongotop。在安装了 MongoDB 后，可以在 bin 文件夹下看到这两个工具，如图 10-1 所示。通过这两个工具可以监控数据库读写时的状态，以便在数据库出现异常状况时及时进行初步判断。

```
[root@localhost bin]# ll
total 273748
-rwxr-xr-x. 1 root root 12442112 Jun 22 10:03 bsondump
-rwxr-xr-x. 1 root root     5782 Jun 22 10:09 install_compass
-rwxr-xr-x. 1 root root 38798376 Jun 22 10:11 mongo
-rwxr-xr-x. 1 root root 62605736 Jun 22 10:11 mongod
-rwxr-xr-x. 1 root root 10942792 Jun 22 10:11 mongodecrypt
-rwxr-xr-x. 1 root root 14751296 Jun 22 10:04 mongodump
-rwxr-xr-x. 1 root root 12781480 Jun 22 10:04 mongoexport
-rwxr-xr-x. 1 root root 12684264 Jun 22 10:03 mongofiles
-rwxr-xr-x. 1 root root 12940624 Jun 22 10:04 mongoimport
-rwxr-xr-x. 1 root root 11129024 Jun 22 10:11 mongoldap
-rwxr-xr-x. 1 root root 13985816 Jun 22 10:04 mongoreplay
-rwxr-xr-x. 1 root root 15869232 Jun 22 10:04 mongorestore
-rwxr-xr-x. 1 root root 35716384 Jun 22 10:11 mongos
-rwxr-xr-x. 1 root root 12995960 Jun 22 10:03 mongostat
-rwxr-xr-x. 1 root root 12638936 Jun 22 10:04 mongotop
```

图 10-1 MongoDB 自带的监控工具

1. mongostat 工具

mongostat 工具的作用类似于 Linux 中的"vmstat"命令，但 mongostat 工具只提供 mongod 进程及 mongos 进程的运行状态数据。从"mongostat"命令的执行结果中可以得知数据库当前的负载。

在操作系统下执行"mongostat"命令：

```
# mongostat
```

可以得到如图 10-2 所示的统计数据。

```
insert query update delete getmore command flushes mapped vsize  res faults qrw arw net_in net_out conn                time
    16    22     12     *0       0  131|0       0     0B 8.41G 366M      0 0|0 0|0  23.5k    102k 2149 Dec  7 17:09:15.216
    21    26     10     *0       0  146|0       0     0B 8.41G 366M      0 0|0 0|0  25.8k   98.4k 2146 Dec  7 17:09:16.214
    27    40      8     *0       0   98|0       0     0B 8.41G 366M      0 0|0 0|0  29.2k    115k 2146 Dec  7 17:09:17.216
    18    33      9     *0       0  110|0       0     0B 8.41G 366M      0 0|0 0|0  24.4k    112k 2146 Dec  7 17:09:18.218
    15    51     14     *0       0  140|0       0     0B 8.41G 366M      0 0|0 0|0  30.4k    115k 2148 Dec  7 17:09:19.215
    17    31     10     *0       0  136|0       0     0B 8.41G 366M      0 0|0 0|0  25.5k    370k 2150 Dec  7 17:09:20.216
    18    56      9     *0       0  123|0       0     0B 8.41G 365M      0 0|0 0|0  29.3k    125k 2151 Dec  7 17:09:21.220
    19    10     22     *0       0   98|0       0     0B 8.41G 365M      0 0|0 0|0  18.7k   57.9k 2151 Dec  7 17:09:22.222
    16    41      4     *0       0   94|0       0     0B 8.41G 365M      0 0|0 0|0  21.9k   66.0k 2152 Dec  7 17:09:23.214
    25    21      2     *0       0  124|0       0     0B 8.41G 365M      0 0|0 0|0  27.2k    102k 2153 Dec  7 17:09:24.213
insert query update delete getmore command flushes mapped vsize  res faults qrw arw net_in net_out conn                time
    18    31      5     *0       0  146|0       0     0B 8.41G 365M      0 0|0 0|0  36.0k    121k 2153 Dec  7 17:09:25.214
    26    22      7     *0       0  138|0       0     0B 8.41G 365M      0 0|0 0|0  26.6k   82.3k 2152 Dec  7 17:09:26.213
    21    54      7     *0       0  100|0       0     0B 8.41G 365M      0 0|0 0|0  28.2k   90.9k 2153 Dec  7 17:09:27.213
    17    45      5     *0       0  104|0       0     0B 8.41G 365M      0 0|0 0|0  24.8k    345k 2155 Dec  7 17:09:28.214
    15    95      9     *0       0  116|0       0     0B 8.41G 365M      0 0|0 0|0  42.2k    179k 2159 Dec  7 17:09:29.235
    15   100     11     *0       1  148|0       0     0B 8.41G 365M      0 0|0 0|0  47.0k    203k 2159 Dec  7 17:09:30.218
    25   113      8     *0       2  129|0       0     0B 8.41G 365M      0 0|0 0|0  45.0k    167k 2161 Dec  7 17:09:31.215
     9    13      9     *0       0   77|0       0     0B 8.41G 365M      0 0|0 0|0  12.1k   64.5k 2162 Dec  7 17:09:32.212
    24    40      4     *0       0  109|0       0     0B 8.42G 365M      0 0|0 0|0  27.0k   77.3k 2165 Dec  7 17:09:33.212
```

图 10-2 mongostat 统计数据

结果中的主要字段说明如下（以下结果皆为当前时间的状态，每秒更新一次）。

- insert：当前每秒插入的文档个数。若为"*0"，表示每秒插入 0 个文档。
- query：当前每秒查询的文档个数。
- update：当前每秒更新的文档个数。

- delete：当前每秒删除的文档个数。

注意，Insert、query、update、delete 显示的结果中含有“*”，表示此为复制操作。

- getmore：当前批量查询得出的文档个数。如果要查询的文档较多，则 MongoDB 会批量进行查询。
- command：当前 Primary 节点和 Secondary 节点的指令个数。如范例显示结果为 1|0，则表示每秒 Primary 节点有 1 个指令，而 Secondary 节点有 0 个指令。
- flushes：对于 WiredTiger 存储引擎，该值表示触发检查点的次数；对于 MMAPv1 存储引擎，该值表示当前将数据写入磁盘的次数。使用不同存储引擎，flushes 的意义不同。
- mapped：此结果只适用于 MMAPv1 存储引擎，表示当前查出的总数据量，单位为 MB。
- vsiz：当前可使用的虚拟内存量，单位为 MB。
- res：当前已使用的物理内存量，单位为 MB。
- faults：此结果只适用于 MMAPv1 存储引擎，表示当前页面的错误数量。
- qrw：等待读取的文档个数以及等待写入的文档个数。范例中显示的是 0|0，第 1 个 0 表示等待读取 0 个文档，第 2 个 0 表示等待写入 0 个文档。
- arw：执行读取的文档个数以及执行写入的文档个数。范例中显示的是为 0|0，第 1 个 0 表示正在读取 0 个文档，第 2 个 0 表示正在写入 0 个文档。
- net_in：MongoDB 接收的网络流量，单位为 byte。
- net_out：MongoDB 发送的网络流量，单位为 byte。
- conn：该实例上当前的连接数。
- time：当前时间。

2. mongotop 工具

mongotop 提供了集合级别的读写监控数据，让我们可以得知每个集合的运行状态。

具体命令如下：

```
# mongotop
```

可以得到以下数据：

```
    ns                    total     read     write
E-commerce.Product        3ms       3ms      0ms
E-commerce.Carts          10ms      9ms      1ms
E-commerce.Members        15ms      10ms     5ms
...
```

标题名

具体数据

结果中的字段说明如下（以下结果皆为当前时间的状态，每秒更新一次）。

- ns：当前的集合名称，会依照“数据库名称.集合名称”格式显示。
- total：集合读写操作总共花费的时间，单位为 ms。
- read：集合执行读取操作所花费的时间，单位为 ms。
- write：集合执行写入操作所花费的时间，单位为 ms。

在使用 mongostat 与 mongotop 时，如果用户设定了身份验证，则需要在命令后加上权限参数，或使用“--uri”标准连接字符串格式（Standard Connection String Format）连接 MongoDB。另外，还可以在命令后加上“--help”以查看帮助文件。

10.1.2 mongo shell 中的监控指令

MongoDB 对于数据库整体状态也提供了四个操作监控指令，即 serverStatus、dbStats、collStats 和 replSetGetStatus。这些指令需要在 mongo shell 中进行操作，显示出的数据结果会比 10.1.1 节介绍的命令工具更加详细。

下面将分别解释这四个指令的操作方法。

1. serverStatus

使用该指令会列出 MongoDB 实例的整体概况，包含当前 MongoDB 的主机名、版本、进程、连续活动时间、连接状态、操作状态等信息。

指令如下：

```
> db.serverStatus()
```

执行的结果如下：

```
{
	"host" : "localhost.localdomain:27017",
	"version" : "4.0.0",
	"process" : "mongod",
	"pid" : NumberLong(10367),
	"uptime" : 2067718,
	"uptimeMillis" : NumberLong(2067718853),
	"uptimeEstimate" : NumberLong(2067718),
	"localTime" : ISODate("2018-08-16T13:03:53.955Z"),
	"asserts" : {
		"regular" : 0,
		"warning" : 0,
		"msg" : 0,
		"user" : 5,
		"rollovers" : 0
	},
	"connections" : {
		"current" : 2,
		"available" : 817,
		"totalCreated" : 18
	},
...
```

下面介绍结果中常出现的字段（上面结果只显示了部分字段，有省略号）。

- host：主机名。
- version：MongoDB 的版本。
- process：MongoDB 的进程，分为 mongod 和 mongos。
- pid：MongoDB 进程的 ID 号。
- uptime：MongoDB 从启动后到当前时间连续活动的秒数。
- uptimeMillis：MongoDB 从启动后到当前时间连续活动的毫秒数。
- uptimeEstimate：MongoDB 内部计算连续活动的秒数。
- localTime：当前的时间。
- asserts：MongoDB 启动后错误或警告的数量统计。
- connections：MongoDB 的连接统计量。
- extra_info：提供 MongoDB 的其他基础信息。
- globalLock：MongoDB 数据库全局锁的状态信息。
- locks：MongoDB 数据库锁的状态信息。
- logicalSessionRecordCache：MongoDB 从上次刷新缓存到现在的会话信息，如会话数、最后一次会话时间以及持续时间等。
- network：MongoDB 的网络使用数据。
- opLatencies：MongoDB 的操作延迟信息数据。
- opcounters：MongoDB 启动后的操作统计数据。
- opcountersRepl：MongoDB 启动后的复制操作统计数据。
- storageEngine：MongoDB 目前存储引擎的相关信息。
- transactions：MongoDB 重新写入操作的统计信息。
- wiredTiger：MongoDB 使用 WiredTiger 存储引擎的相关信息。
- mem：MongoDB 当前内存使用的信息数据。
- metrics：mongod 实例目前使用的统计数据。

2. dbStats

使用该指令会列出指定数据库中的统计数据。应先切换到指定的数据库中，然后输入“db.Stats()”指令，则可以得到该数据库的信息。

下面以 admin 数据库为例。

具体指令如下：

```
> db.stats()
```

执行的结果如下：

```
{
    "db" : "admin",
```

```
    "collections" : 1,
    "views" : 0,
    "objects" : 1,
    "avgObjSize" : 59,
    "dataSize" : 59,
    "storageSize" : 16384,
    "numExtents" : 0,
    "indexes" : 1,
    "indexSize" : 16384,
    "fsUsedSize" : 25390280704,
    "fsTotalSize" : 102500659200,
    "ok" : 1
}
```

下面介绍结果中的字段。

- db：当前数据库的名称。
- collections：当前数据库中集合的数量。
- views：当前数据库中视图的数量。
- objects：当前数据库中所有文档的数量。
- avgObjSize：当前数据库中每个文档的平均大小，单位是 byte。
- dataSize：当前数据库中的数据大小，单位是 byte。
- storageSize：当前数据库占硬盘空间的大小，单位是 byte。
- numExtents：当前数据库中所有集合 Extents 扩展的数量统计。
- indexes：当前数据库中的索引总数。
- indexSize：当前数据库中的索引大小，单位是 byte。
- fsUsedSize：MongoDB 所在的硬盘已使用的空间大小（MongoDB 3.6 版本以后才会提供的信息），单位是 byte。
- fsTotalSize：MongoDB 所在的硬盘总共的空间大小（MongoDB 3.6 版本以后才会提供的信息），单位是 byte。
- ok：1 表示执行成功，0 表示失败。

3. collStats

使用该指令会列出指定集合的使用情况，包含指定集合的大小、文档数量、文档大小、指定集合是否为固定集合等信息，让我们可以清楚地知道每个集合的信息。

下面以“Carts”集合为例。具体指令如下：

```
>db.Carts.stats()
```

执行的结果如下：

```
{
    "ns" : "E-commerce.Carts",
```

```
        "size" : 8779,
        "count" : 38,
        "avgObjSize" : 231,
        "storageSize" : 16384,
        "capped" : false,
        "wiredTiger" : {
                "metadata" : {
                        "formatVersion" : 1
                },
...
```

下面介绍结果中常出现的字段（上面结果只显示了部分字段，有省略号）。

- ns：当前的集合名称，会依照“数据库名称.集合名称”格式显示。
- size：当前集合的大小，单位是 byte。
- count：当前集合的文档数量。
- avgObjSize：当前集合中文档的平均大小，单位是 byte。
- storageSize：当前集合中可以储存的空间大小，单位是 byte。
- capped：当前集合是否为固定集合（Capped Collections）。
- wiredTiger：wiredTiger 存储引擎的数据报告。
- nindexes：当前集合中的索引数量。
- totalIndexSize：当前集合中所有索引的大小，单位是 byte。
- indexSizes：当前集合索引的大小，单位是 byte。

4. replSetGetStatus

在管理或配置集群时，如果想了解副本集中各成员的状态，可以使用该指令。但需要注意的是，该指令列出的是副本集的相关信息，所以，必须在有配置副本集架构的 mongod 中执行它才会显示结果。

具体指令如下：

```
shard1:PRIMARY> rs.status()
```

执行的结果如下：

```
{
        "set" : "shard1",
        "date" : ISODate("2018-08-16T15:40:03.681Z"),
        "myState" : 1,
        "term" : NumberLong(3),
        "syncingTo" : "",
        "syncSourceHost" : "",
        "syncSourceId" : -1,
        "heartbeatIntervalMillis" : NumberLong(2000),
        "optimes" : {
                "lastCommittedOpTime" : {
```

```
            "ts" : Timestamp(1534434001, 1),
            "t" : NumberLong(3)
        },
        "readConcernMajorityOpTime" : {
            "ts" : Timestamp(1534434001, 1),
            "t" : NumberLong(3)
        },
        "appliedOpTime" : {
            "ts" : Timestamp(1534434001, 1),
            "t" : NumberLong(3)
        },
...
```

下面介绍结果中常出现的字段（上面结果只显示了部分字段，有省略号）。

- set：副本集的名称。
- date：当前的时间。
- myState：当前副本集节点的状态。
- term：副本集的选举数。
- syncingTo：从哪个副本集节点同步数据。如果这里是空值，则表示这个副本集节点的是 Primary。
- syncSourceHost：从哪个副本集节点同步数据（MongoDB 4.0 以后的版本才有该字段）。如果这里是空值，则表示这个副本集节点是 Primary。
- syncSourceId：从哪个副本集节点同步数据（MongoDB 4.0 才有该字段）。如果这里显示的是 –1，则表示这个副本集节点是 Primary。
- heartbeatIntervalMillis：副本集心跳的频率，单位为 ms。
- optimes：副本集同步的进度信息。
- lastStableCheckpointTimestamp：列出最近或目前检查点的时间（MongoDB 4.0 以后的版本才有该字段）。
- members：列出副本集中每个成员的信息数据。

10.1.3 第三方监控工具

许多第三方公司还提供了一些图形化的监控工具。这些第三方监控工具可分为两类：自托管监控工具、托管监控工具。下面将分别介绍这两种第三方监控工具。

1. 自托管监控工具

自托管监控工具大多是免费开源的监控工具，需要自行在服务器上安装并配置后才可以使用。下面列出了 5 种可以从 GitHub 下载安装的监控工具。

- motop：可用于监控 MongoDB 当前的副本集状态、同步状态、操作等数据信息。
- mtop：监控功能类似于 Linux 中的“top”命令，也用来显示 MongoDB 副本集的同步状态。
- munin：可用于监控 MongoDB 当前的操作状态、内存使用情况、连接数、数据库锁等数据信息。

- ganglia：其功能类似 MongoDB 提供的 db.serverStatus()及 rs.status()指令。
- nagios：可用于监控 MongoDB 的连接状态、副本集同步状态、内存使用情况、数据库锁状态、数据库、集合、索引等相关信息数据。

> 如果大家想知道这些工具的下载网址，可以到国内官方支持的萌阔论坛查看。
> 萌阔论坛地址是：http://forum.foxera.com/mongodb。
> 依次进入“主页 > 版块 > 【教学区】>『相关软件&技术介绍』> 自托管监控工具”。

2. 托管监控工具

托管监控工具是由一些企业为监控开发出的一套系统，大部分都需要付费。下面将介绍其中的 4 个监控工具。

- MongoDB Ops Manager：这个工具是 MongoDB 官方推出的，是一个基于云服务的运维管理系统，只有购买 MongoDB 企业版才有权使用。使用这个工具可以对 MongoDB 进行监控、备份数据、恢复数据，以及进行一些自动化的部署。该工具对于管理大量 MongoDB 实例的管理人员而言是非常重要且实用的工具，这些都将在 10.2 节中进行更详细的介绍。
- VividCortex：由 VividCortex 提出的监控产品，它可以对 MongoDB 的副本集设置进行监控，也可以提供一些配置错误的信息及一般操作时的相关性能信息等。在进行监控管理时，VividCortex 并不会影响数据库的性能，数据库管理者可以放心使用。
- Application Performance Management：由 IBM 提出的性能管理 SaaS（Software as a Service，软件即服务）产品，可用于监控 MongoDB 集群、内存使用信息、数据库连接/操作/锁情况，以及日志状态等。
- SPM Performance Monitoring：由 Sematext 公司推出的一套监控系统，它可以对 MongoDB 数据库中的硬盘、内存、网络进行评估，也可以对数据库的操作情况、锁情况和日志状态等提供详细的信息。

以上介绍的工具并没有绝对的好与坏，依个人需要及使用习惯选用即可。

10.1.4 免费监控服务

MongoDB 从 4.0 开始，官方为单机和副本集提供了免费的云端监控服务。

1. 可监控的信息

- 操作运行时间。
- 内存使用情况。
- CPU 使用率。
- 操作计数。

2. 启用/禁用监控

（1）通过指令启用/禁用。

在运行的 MongoDB 实例中，可以使用指令来启用/禁用监控。

- 启用监控的指令是：db.enableFreeMonitoring()。
- 禁用监控的指令是：db.disableFreeMonitoring()。

用户需对集群拥有“setFreeMonitoring”及“checkFreeMonitoringStatus”权限才可以启用/禁用监控。内置角色“clusterMonitor”具有以上两种权限。

（2）启动实例时启用/禁用。

- 在启动文件中配置 cloud.monitoring.free.state，其中包含以下 3 个选项。
  — runtime：默认选项。可在实例运行时使用指令启用或禁用监控。
  — on：在启动时启用监控，但无法在运行时禁用监控。
  — off：在启动时禁止监控，但无法在运行时启用监控。

范例如下：

```
cloud：
    monitoring：
        free：
            status：on
```

- 在启动 MongoDB 的命令“mongod”后加上“--enableFreeMonitoring <runtime|on|off>”。

（3）查看免费监控的状态。

可使用 db.getFreeMonitoringStatus()指令来查看免费监控的状态。

3. 查看免费监控的数据

当启用免费监控后，用户将得到一个唯一的网址（URL），MongoDB 将会定期上传受监控的数据。但用户只能访问过去 24 小时内的监控数据。

任何人通过该网址都可以访问用户数据库上传的监控数据。

10.2　官方提供的运维管理系统——MongoDB Ops Manager

MongoDB Ops Manager（后续将其简称为 Ops Manager）是 MongoDB 官方提供的一个基于云服务套件的运维管理系统。目前只有购买 MongoDB 企业版的用户才可以合法使用这套工具。

这套运维管理系统主要是有对 MongoDB 实例进行自动化部署、监控及备份这三大功能。

10.2.1 认识 Ops Manager

在搭建 Ops Manager 平台时，需配置一个数据库用来存放 Ops Manager 应用程序的数据。若用到备份功能，则需另外配置一个数据库来存放备份数据。

Ops Manager 是一个基于 Web 的平台，可依照管理需求划分出多个群组，给每个群组添加不同的用户，以便他们分别管理自己负责的 MongoDB 实例。所有的操作均通过网页进行操作。

1. 认识管理页面

Ops Manager 的管理页面如图 10-3 所示，分成四个区域。

- **左侧上方**：在其中选择要操作 MongoDB 群组。
- **左侧中部**：功能模块，是针对已监控的 MongoDB 实例可进行的操作，包含部署、告警、备份、此群组用户管理与设置。
- **右边主区域**：具体的操作页面。
- **右上角的“Admin”选项**：通过此项可以配置 Ops Manger 平台。

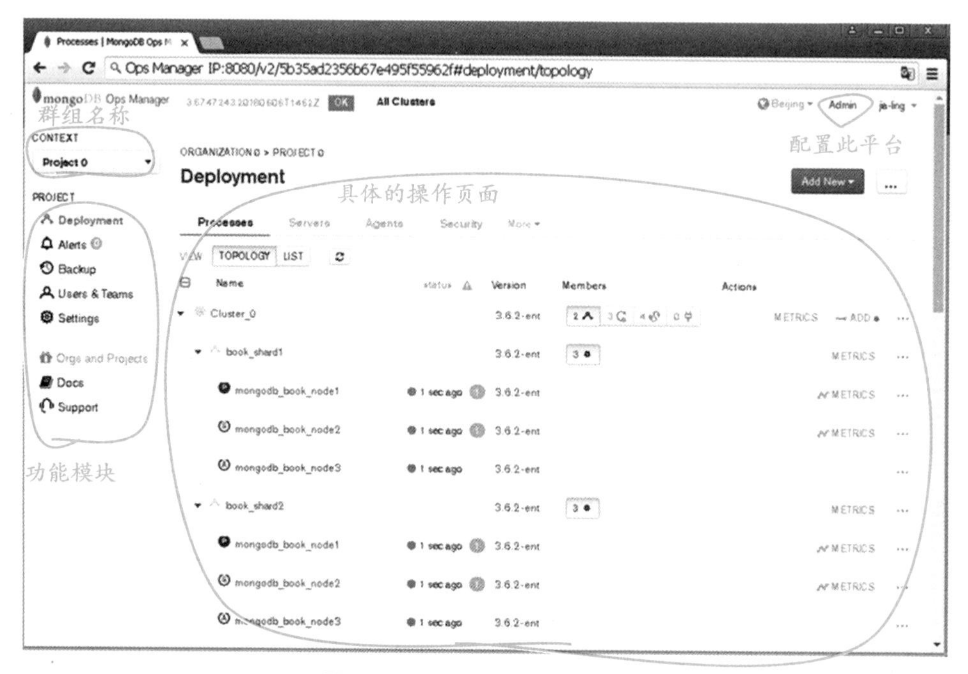

图 10-3 Ops Manager 平台页面

2. 代理服务

Ops Manager 会通过代理（Agent）对 MongoDB 集群进行操作，共有 3 种代理：

- 自动化代理（Automation Agent）。
- 监控代理（Monitoring Agent）。

- 备份代理（Backup Agent）。

在配置完Ops Manager平台后，可以在平台中看到自动化代理的下载与配置命令，如图10-4所示。须逐一在欲纳入管理的 MongoDB 服务器上安装自动化代理服务并启动，然后便可通过 Ops Manager 平台对此服务器上的 MongoDB 实例做自动化操作。

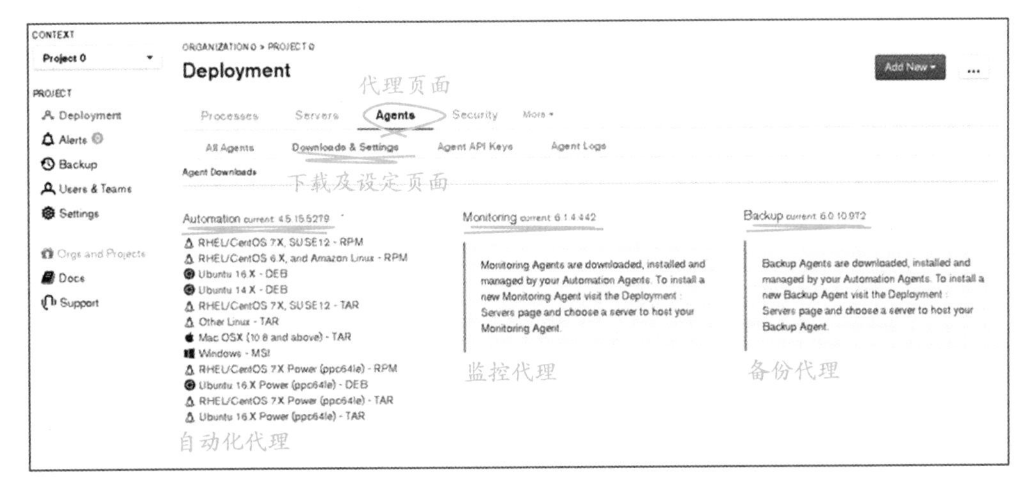

图 10-4　Ops Manager 代理下载安装画面

自动化代理的作用还包含对监控代理、备份代理的安装与维护。因此，在配置自动化代理后，仅需要通过 Ops Manager 平台操作即可完成监控代理、备份代理的配置与启动。在接下来的几节将逐一介绍 Ops Manager 这三个代理的功能。

10.2.2　Ops Manager 的功能

1. 自动化

Ops Manager 提供了图形化界面（GUI），使用者可以通过自动化功能轻松地完成 MongoDB 实例的配置、部署及升级。但在使用前必须确保自动化代理（Automation Agent）已配置，且能在每台 MongoDB 服务器上正常运行。

自动化代理会一并在这些服务器上维护监控代理及备份代理，并适时地对这些代理进行重启和升级。当自动化代理配置完成一段时间后，在 Ops Manager 的“Processes”标签中即可看见已经加入自动化部署的 MongoDB 服务，也可在配置后自行添加已存在的 MongoDB 实例，如图 10-5 所示。

Ops Manager 自动化的主要功能如下：

- 维护、监控及备份代理。
- 创建新的 MongoDB 单机、副本集、集群服务。
- 查看所有已配置自动化部署的 MongoDB 服务。
- 管理分片集群的配置，例如：创建新的分片集、定义分片集的范围等。

- 管理副本集的配置，例如：将副本集节点迁移至新的服务器上、将单机转为副本集等。
- 开启用户身分验证及管理用户角色权限。
- 管理 MongoDB 进程，例如：关闭、删除、暂停进程。
- 配置 MongoDB 的版本，例如：对当前的版本升级或降级。
- 管理索引，例如创建或修改索引。
- 自动截断及压缩 MongoDB 服务的 log。

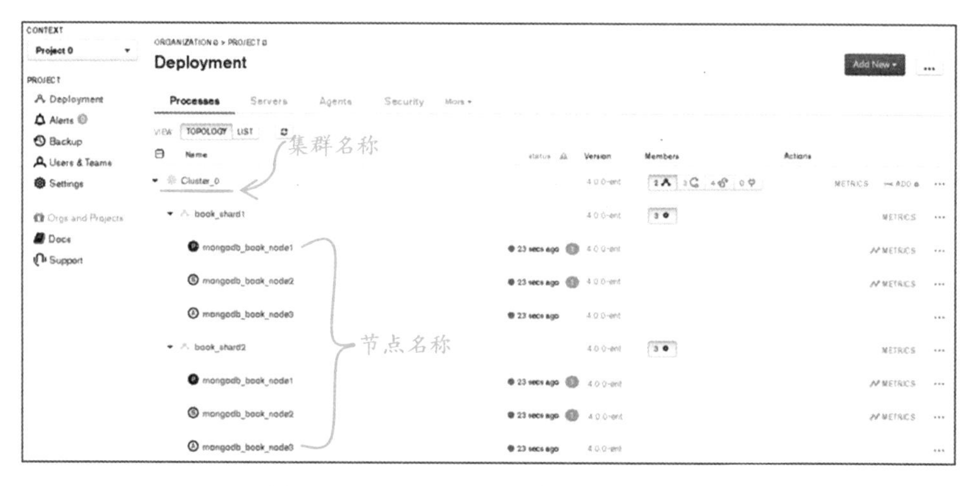

图 10-5　MongoDB 已加入自动化代理的服务

2. 监控

Ops Manager 的监控功能会产生数据库和服务器硬件的实时报告、数据可视化图表，以及报警信息。在配置 Ops Manager 的监控功能前，必须将监控代理（Monitoring Agent）部署在其中一台具有自动化代理的服务器上。此操作是通过自动化代理完成的。

监控代理的功能是收集监控数据并传给 Ops Manager 以提供实时统计报告，并根据配置的阈值报警。虽然 Ops Manager 监控反馈的数据我们也能自行在 MongoDB 服务器上通过命令得到，但 Ops Manager 的好处是将这些监控内容自动化、图形化地呈现在同一个平台上，让数据库管理人员能高效地完成数据库运维任务。

Ops Manager 监控的主要功能如下：

- 监控目前数据库的整体负载，如同“mongostat”命令。
- 监控集合级别的读写状态，如同“mongotop”命令。
- 监控 MongoDB 数据库的整体概况，如同“serverStatus”指令。
- 监控目前数据库的慢查询，如同“db.currentOp()”指令。并且可通过 Ops Manager 停止慢查询操作。
- 监控索引的使用状况，Ops Manager 也会提供索引建议以提高查询性能。

- 查看 MongoDB 服务及三种代理（Agents）的日志。
- 监控硬件资源的使用状况，如 CPU 及磁盘空间等。
- 监控副本节点的同步状况。
- 可设定告警。当服务器、分片、副本集或备份出现异常时，Ops Manager 会监控并发出警报，通知 MongoDB 管理者。而发送警报可通过短信、邮件等方式。

Ops Manager 监控界面如图 10-6 所示，上方标签分成几个部分（以 MongoDB 实例为单位）。

- Status：数据库的整体负载，包含连接数、网络、读写操作等。
- Hardware：服务器的硬件资源，如 CPU 和磁盘空间等。
- DB Status：数据库中数据的相关信息，如数据大小、集合数量、索引大小、索引数量等。
- Profiler：慢查询的记录。
- Log：数据库的 log 记录。

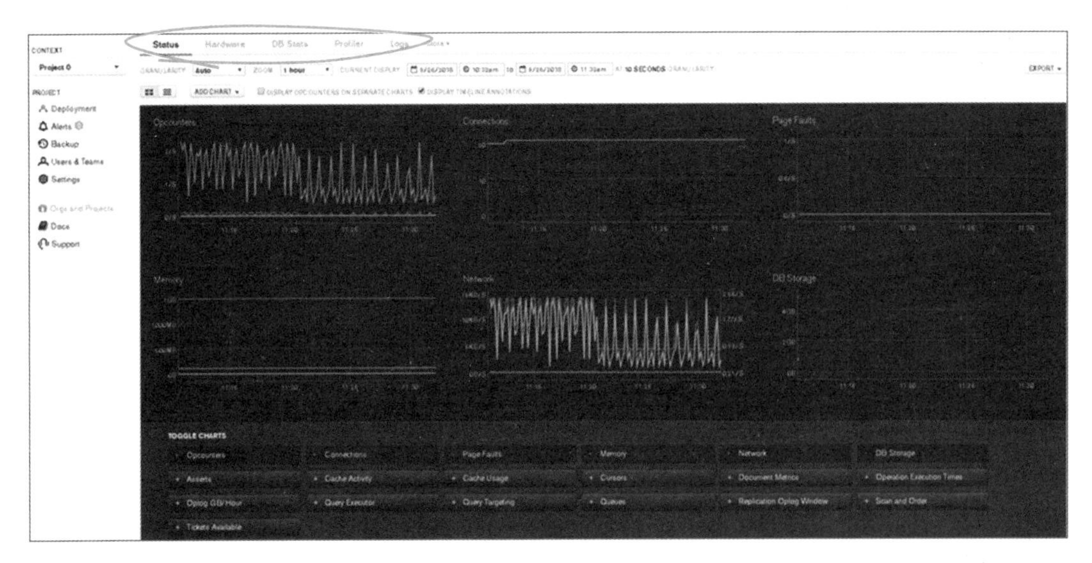

图 10-6　Ops Manager 节点的监控画面

3. 备份

Ops Manager 的备份是使用了 MongoDB 集群的快照，可接近实时地备份数据。操作界面如图 10-7 所示。

备份数据储存在以下几个地方：

- 本地的 MongoDB 数据库。
- AWS 云端上的存储桶（AWS S3 bucket）。
- 本地的文件系统目录。

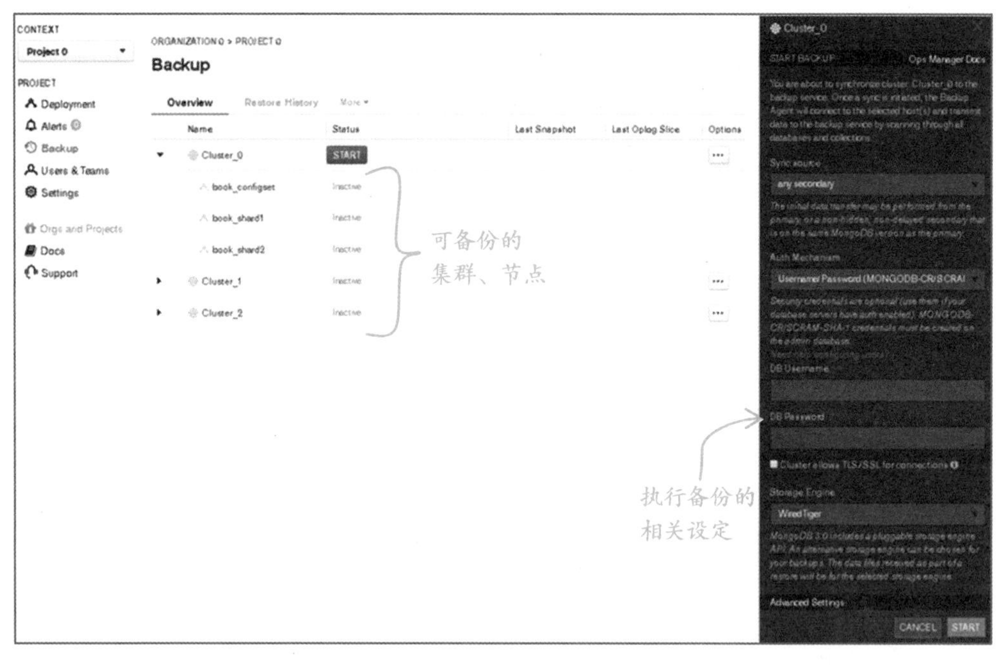

图 10-7　Ops Manager 的备份界面

若想使用 Ops Manager 的备份功能，则在搭建平台时，除需要搭建一个应用程序所使用的数据库外，还需要搭建一个用来保存备份数据的数据库。

备份功能需要将备份代理（Backup Agent）运行在其中一台具有自动化代理的服务器上，再通过 Ops Manager 指定需要备份的 MongoDB 数据，并按备份计划将这些数据依序存放到备份数据库中。

Ops Manager 的主要功能如下：

- 编辑备份设置，例如选择备份时间、启用身份验证机制、选择存储引擎等。
- 停止、重启及重新同步备份。
- 查看、删除备份的快照。
- 修改快照的过期时间。
- 禁用 Ops Manager 的备份服务。

Ops Manager 功能多样，但配置与安装步骤会比一般的第三方工具复杂得多，也需要额外的服务器硬件成本。所以，如果用户管理的 MongoDB 实例或服务器数量过多，则可以考虑使用 Ops Manager，它将大大地节省你的时间与精力。相反，若管理的数量极少，则不建议使用该工具。

第 11 章 客户端软件

在操作 MongoDB 时，如果只能通过 mongo shell 输入指令会非常不方便，因此 MongoDB 官方及第三方软件公司推出了一些可以协助用户操作和管理 MongoDB 的客户端软件。

本章将介绍四个软件产品，用户可以依照自己的需要选择适合自己的工具。

通过本章，读者将学到以下内容：

- MongoDB Compass 的使用方法；
- Studio 3T for MongoDB 的使用方法；
- Robo 3T 的使用方法；
- NoSQL Manager 的使用方法。

11.1 官方客户端软件

11.1.1 MongoDB Compass 简介

MongoDB 官方提供免费的客户端软件 MongoDB Compass 是一个 GUI 工具。通过该工具我们方便地管理数据库，并对数据库进行聚合、数据校验、创建索引、监控等操作。

此软件的操作界面分为三部分，如图 11-1 所示。

- 左边是数据库对象列表，包含数据库、集合及视图等。
- 上方是主要功能模块，包含文档操作、聚合操作、执行计划等模块。
- 下方是单击模块后显示的画面。

图 11-1　MongoDB Compass 的界面

可以输入网址“https://www.mongodb.com/download-center?jmp=hero#compass”下载 MongoDB Compass 的安装包，然后双击安装包进行安装。

11.1.2　创建数据库及集合

进入 MongoDB Compass，可以看到 MongoDB 内建的三个数据库分别为 admin、config、local。

下面将创建一个全新的数据库“E-commerce”和全新的集合“Product”，具体步骤如图 11-2 所示。

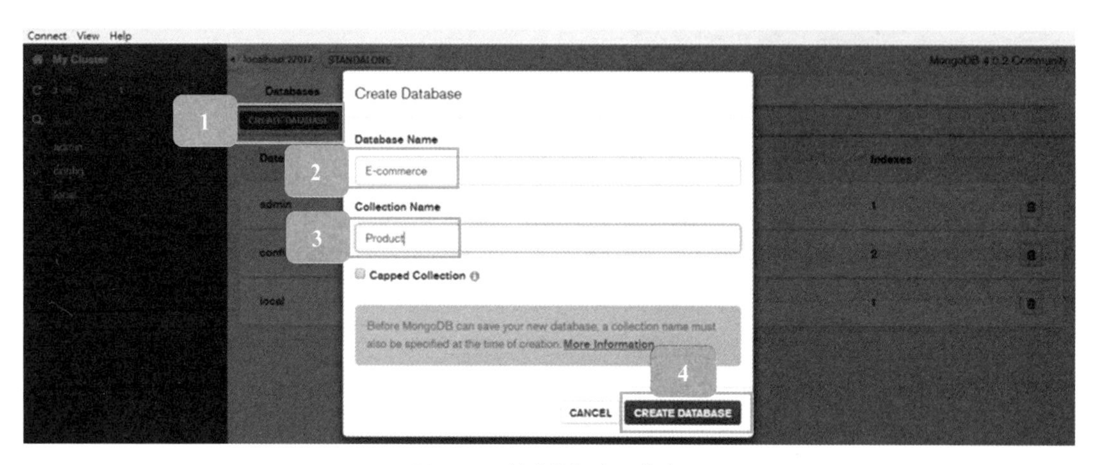

图 11-2　创建数据库和集合

步骤说明如下：

（1）单击“CREATE DATABASE”按钮开始创建数据库和集合。

（2）输入欲创建的数据库名称，本范例使用“E-commerce”。

（3）输入数据库中欲创建的集合名称，本范例使用“Product”。

（4）单击“CREATE DATABASE”按钮，创建数据库和集合。

11.1.3　新增集合中的文档及查询数据

在创建了数据库和集合后，就可以使用 MongoDB Compass 新增集合中的文档并且查询数据，具体步骤如图 11-3 所示。

图 11-3　MongoDB Compass 新增文档及查询数据界面

步骤说明如下：

（1）单击已建立的集合“Product”。

（2）单击“INSERT DOCUMENT”按钮，开始创建文档。

（3）当文档创建完成后，可看见 MongoDB Compass 默认以 LIST 方式呈现数据。

11.1.4　查询文档

使用 MongoDB Compass 可以简易地查询文档。这里的查询语句与 mongo shell 中的查询语句不同，只需输入{}中的条件就可以查询想要的文档。

例如，要查询“Product”集合中“SysNo”字段值为“2971”的文档，在 mongo shell 和 MongoDB Compass 中的方法分别如下：

1. mongo shell 中的方法

查询语句如下：

```
> db.Product.find({SysNo:2971}).pretty()
```

查询结果如下：

```
{
        "_id" : ObjectId("5adae9ea462afdf55e2fe631"),
        "SysNo" : 2971,
        "ProductName" : "DE -1300 Earbuds",
        "Weight" : 465,
        "ProductMode" : "Set"
}
```

2. MongoDB Compass 中的方法

在 MongoDB Compass 中的方法如图 11-4 所示。

（1）输入查询语句“{SysNo:2971}”。

（2）单击“FIND”按钮后，就可以查询到“SysNo”字段值为“2971”的文档。

图 11-4　在 MongoDB Compass 中查询文档的步骤

11.1.5　进行聚合操作

MongoDB Compass 也具有 MongoDB 特有的聚合操作功能。它可以通过简单的操作，查询到用户所需要的数据。

例如，如果想要查询“Product”集合中“Weight”字段值为“400”的文档，并且将匹配到的文档按照“SysNo”字段由大到小排序，其在 mongo shell 和 MongoDB Compass 中的方法分别如下。

1. 在 mongo shell 中的方法

查询语句如下：

```
> db.Product.aggregate([{$match:{Weight:400}},{$sort:{SysNo:-1}}])
```

2. MongoDB Compass 中的方法

在 MongoDB Compass 中的步骤如图 11-5 所示。

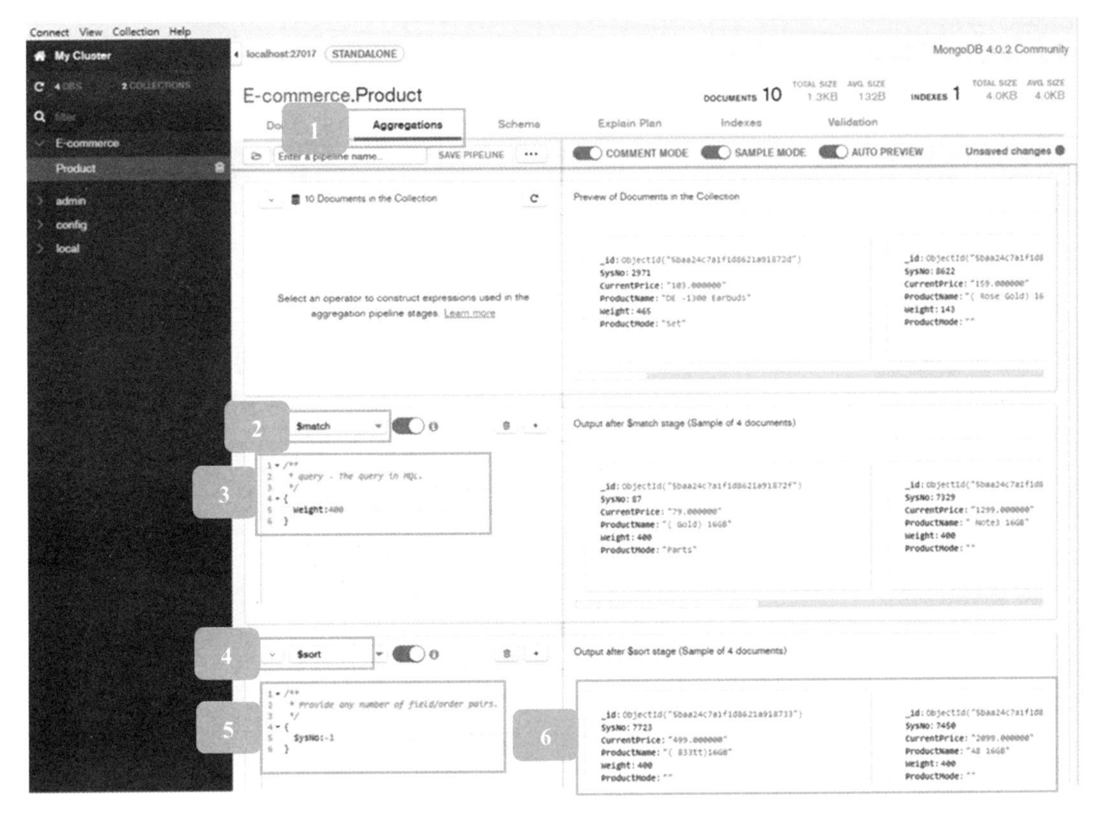

图 11-5 MongoDB Compass 的聚合操作界面

步骤说明如下：

（1）进入“Aggregations”选项卡，开始使用聚合操作。

（2）选择想要使用的聚合操作，这里选择的是“$match”。

（3）输入“$match”聚合操作的条件“{ Weight:400 }”。

（4）再次选择想要使用的聚合操作“$sort”。

（5）输入“$sort”聚合操作的条件“{ SysNo:-1 }”。

（6）实时查询出符合条件的文档。

11.1.6 查询执行计划

在进行查询时，有时需要查看执行计划，以便检查语句或查看查询时所需要的时间，而在 MongoDB Compass 中也有查看执行计划的功能。

例如想要查看 db.Product.find({Weight:400})的执行计划，则可以执行以下操作，如图 11-6 所示。

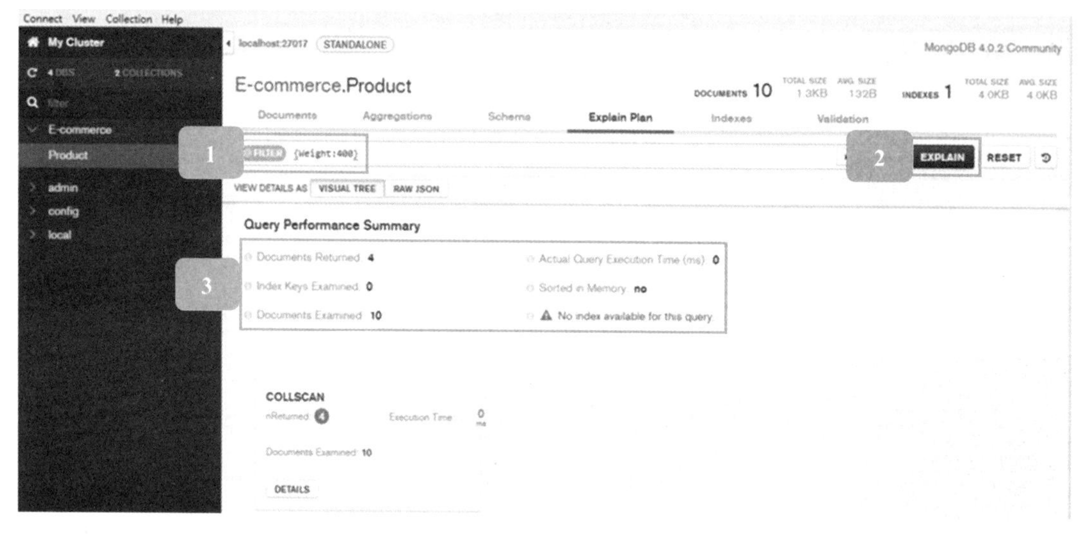

图 11-6　MongoDB Compass 的查询执行计划界面

步骤说明如下：

（1）输入想要查询的语句“{ Weight:400 }”。

（2）单击“EXPLAIN”按钮，可以看见执行计划的总览。

（3）查看执行计划总览。查到 6 种执行计划，其说明如下。

- Documents Returned：查询返回的文档数。
- Index Keys Examined：使用索引查询返回的文档数。
- Documents Examined：文档的总数。
- Actual Query Execution Time(ms) ：查询所花费的时间。
- Stored in Memory：查询的数据是否在内存中。
- No index available for this query：不使用索引。

在 MongoDB 中还有许多更详细的执行计划内容，但在此工具中只显示一些常用的。如果读者想查看更多内容，可以到 6.3.7 节“查询优化诊断”查看。

11.1.7　建立数据校验规则

MongoDB 具有数据校验功能，它可以校验数据是否符合我们设定的数据类型。MongoDB Compass 工具中提供了操作接口，方便用户设定数据校验规则。具体步骤如图 11-7 所示。

步骤说明如下：

（1）单击“ADD RULE”按钮，为集合添加数据校验的规则。

（2）分别输入需要校验的字段及校验规则。

（3）单击“UPDATE”按钮，让此集合具有数据校验功能。

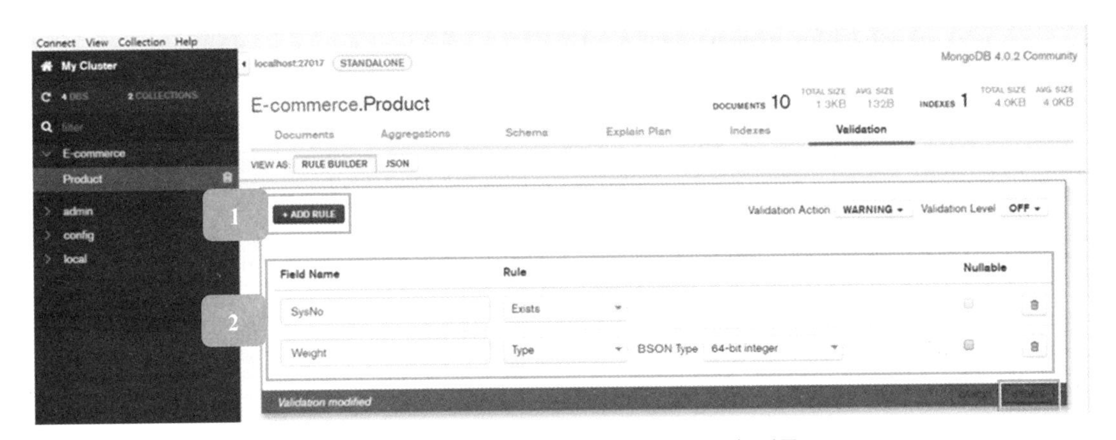

图 11-7　MongoDB Compass 建立数据校验规则界面

11.1.8　进行监控

MongoDB Compass 最具特色的是可视化的监控页面，该页面将 mongostat 命令、mongotop 命令和 db.currentOp()指令操作的结果以图形的方式呈现出来。使用 MongoDB Compass 可以动态查看数据库目前的性能及状况，如图 11-8 所示。

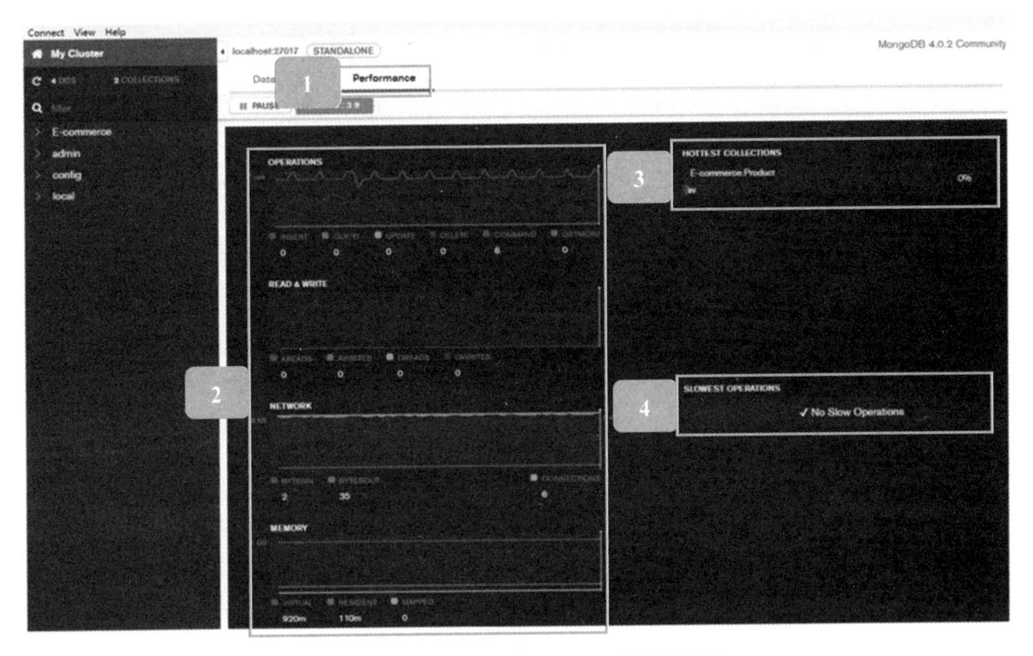

图 11-8　MongoDB Compass 的监控界面

步骤说明如下：

（1）单击“Performance”按钮，可以查看此数据库的性能状态。

（2）在这里可以查看四种动态图（相当于“mongostat”命令操作的结果）。

- OPERATIONS：显示每秒钟每个操作的数量。
- READ & WRITE：显示正在执行读写、等待读写的操作数量。
- NETWORK：显示目前连接数据库的数量及网络流量。
- MEMORY：调用进程时使用的内存量。

（3）这里显示的是目前用户使用频率较高的集合（相当于在 Linux 中执行“mongotop”命令的结果）。

（4）这里显示的是目前数据库的慢查询语句（相当于在 MongoDB 中执行“db.currentOp()”指令的结果）。

11.2 第三方客户端软件

除上述介绍的官方客户端软件外，第三方软件公司也为用户提供了许多客户端软件。

本节将介绍 Studio 3T for MongoDB、Robo 3T、NoSQL Manager 这三个软件。这些软件的功能与官方客户端软件的功能类似，甚至比官方客户端软件的功能更加多样。

11.2.1 Studio 3T for MongoDB

Studio 3T for MongoDB（原名为 MongoChef）是 Studio 3T 团队开发的 GUI 工具，需付费使用。这套工具可以让用户方便地执行新增、删除、修改、查询、监控等操作。

用户可以在浏览器中输入网址“https://studio3t.com/download”，填写完基本资料后就可以下载 Studio 3T for MongoDB 安装包了。安装后，用户拥有 30 天的免费试用期，而 30 天之后 Studio 3T for MongoDB 会关闭所有的进阶功能，只剩下部分基本功能可以使用。

在表 11-1 中列出了此工具的免费及付费功能，以便大家清楚地知道某些功能的使用期限。

表 11-1　Studio 3T for MongoDB 免费及付费功能列表

免费功能	付费功能
1. IntelliShell 2. 管理数据库、集合、文档及视图 3. Visual Query Builder 4. Aggregate 5. Map-Reduce 6. 数据导入及导出 7. 创建用户及角色 8. Server Status Chart	1. SQL 2. Schema 3. Compare

1. 自带的 shell——IntelliShell

IntelliShell 是 Studio 3T for MongoDB 工具自带的 shell，该功能相当于 mongo shell。图 11-9 所示为使用 IntelliShell 查询“Product”集合中所有文档的方法。

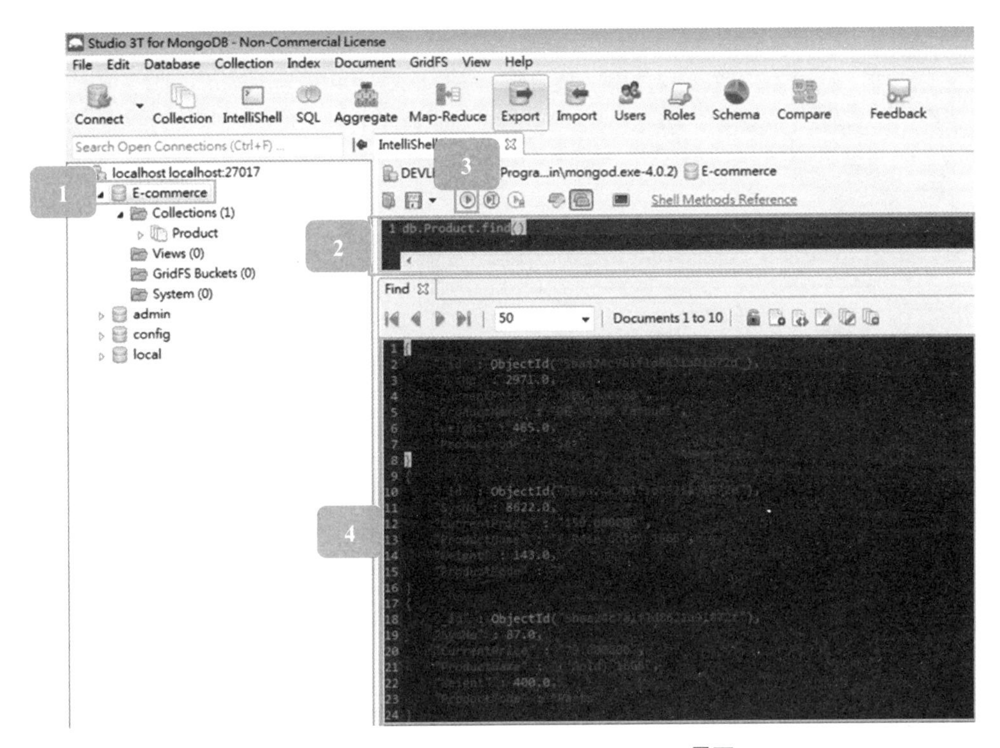

图 11-9　Studio 3T for MongoDB shell 界面

步骤说明如下：

（1）右击已建立的数据库“E-commerce”，在弹出的菜单中选择“Open IntelliShell”命令。

（2）出现 IntelliShell，在其中执行如同 mongo shell 的语句。例如：输入“db.Product.find()”语句。

（3）单击“执行”按钮。

（4）显示“Product”集合中全部文档的内容。

2. 拖拉式查询文档工具——Visual Query Builder

在 Studio 3T for MongoDB 中可以对文档进行查询。这个工具对于查询操作设计了一个简单便利的拖拉式功能，即用户不需要编写复杂的语句就可以查到想要的数据。

例如，要查询“Product”集合中“Weight”字段值小于“465”的文档，并且按照“SysNo”字段由大到小排序。在 mongo shell 的语句和在 Studio 3T for MongoDB 中的操作步骤分别如下。

（1）在 mongo shell 中的查询语句如下：

```
> db.Product.find({Weight:{$lt:465}}).sort({SysNo:-1})
```

（2）在 Studio 3T for MongoDB 中的操作步骤如图 11-10 所示。

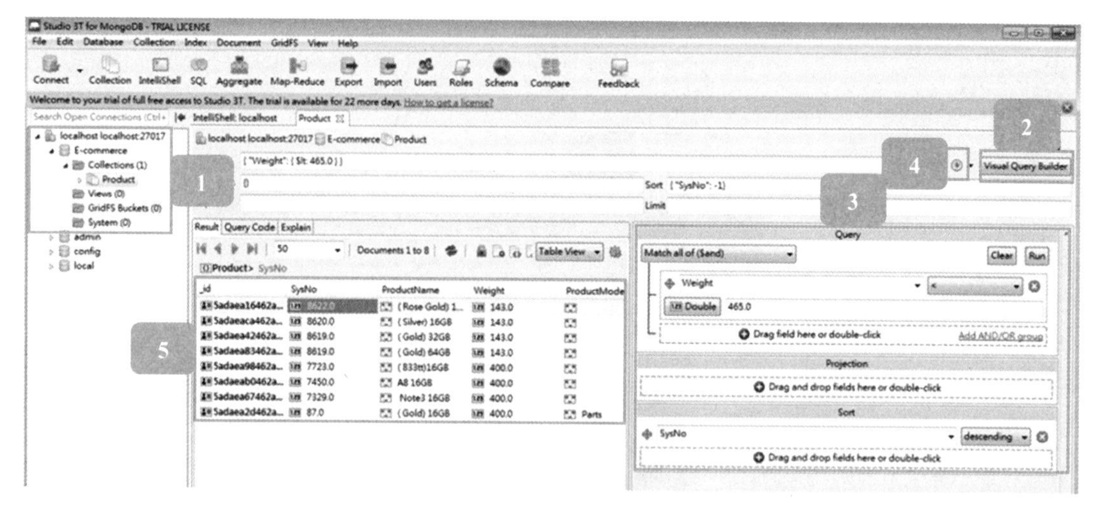

图 11-10　Studio 3T for MongoDB 拖拉式查询文档工具界面

Studio 3T for MongoDB 中的操作步骤如下：

① 展开已建立的数据库“E-commerce”，并单击“Product”集合。

② 单击“Visual Query Builder”按钮，以输入查询条件。

③ 将左边的“Weight”字段和“SysNo”字段拖至出现的 Visual Query Builder 窗口，将“Weight”字段设置为“<465”，并将“SysNo”设置为“descending”（表示降序）进行查询。

④ 单击“执行”按钮。

⑤ 显示查询的结果。

3. 使用关系型数据库的 SQL 语句查询 MongoDB 数据

在 Studio 3T for MongoDB 中拥有一个与其他工具不同的功能——SQL 功能。该功能可以让用户使用关系型数据库的 SQL 语句对 MongoDB 进行操作。

另外，MongoDB 官方也提供了与 SQL 功能类似的工具——BI Connector。它能够提供类似 MySQL 的操作接口，让我们用 SQL 语句操作 MongoDB，此工具非本章讨论重点，在此就不针对它做深入探讨，有兴趣的读者可至 MongoDB 官网了解。

若要查询“Product”集合中“Weight”字段值小于“400”的文档，则可以使用一般关系型数据库的 SQL 语句“select * from Product where Weight < 400”。

（1）以上操作结果会在 Result 中显示，如图 11-11 所示。

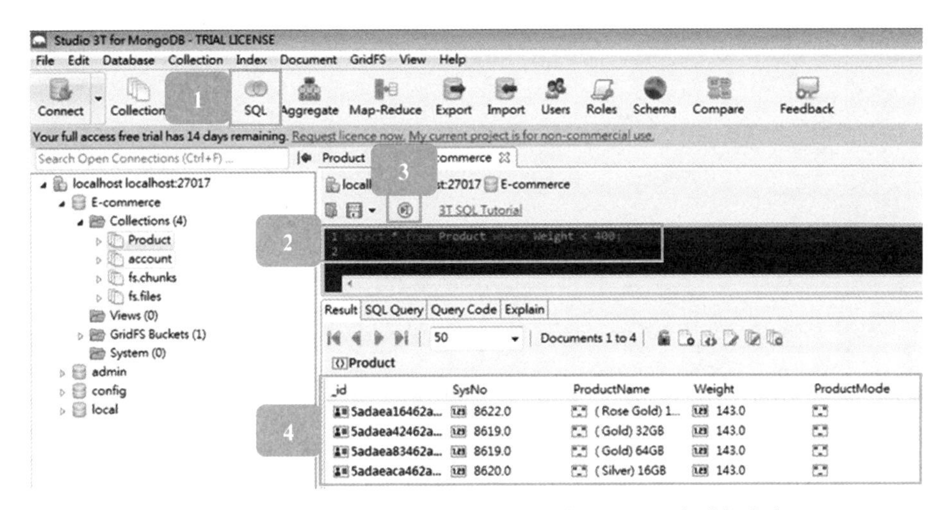

图 11-11　在 Studio 3T for MongoDB 中使用 SQL 语句进行查询

步骤说明如下：

① 单击“SQL”功能。

② 使用关系型数据库的 SQL 语句对 MongoDB 数据进行操作。

③ 单击“执行”按钮。

④ 显示的执行结果。

（2）当切换至 Query Code 时，仍然可以看到 SQL 语法在不同的操作中所对应的语句，分别有 mongo shell、JavaScript、JAVA、C#及 Python 语言。图 11-12 显示了 SQL 语句在 mongo shell 中所对应的语句。

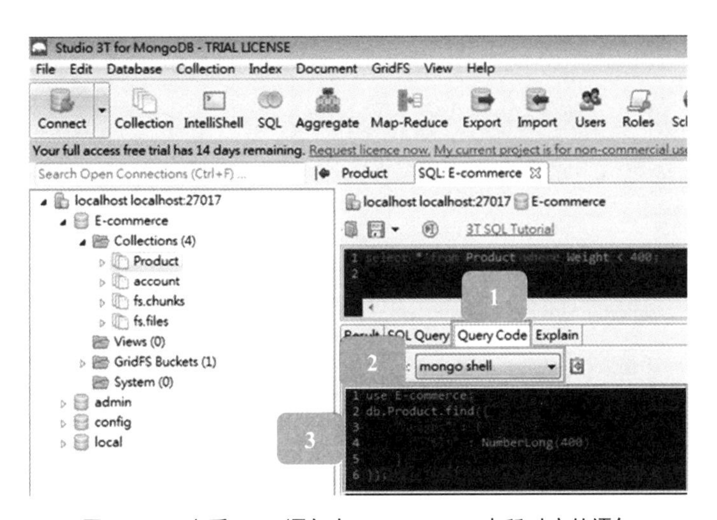

图 11-12　查看 SQL 语句在 mongo shell 中所对应的语句

步骤说明：

① 单击“Query Code”。

② 在“Language”下拉列表中选择“mongo shell”，以显示一般关系型数据库的SQL语句在mongo shell 中所对应的语句。

③ 显示此 SQL 语句在 mongo shell 中对应的语句。

（3）当切换至 Explain 时，也可以看到 SQL 语句的执行计划，如图 11-13 所示。

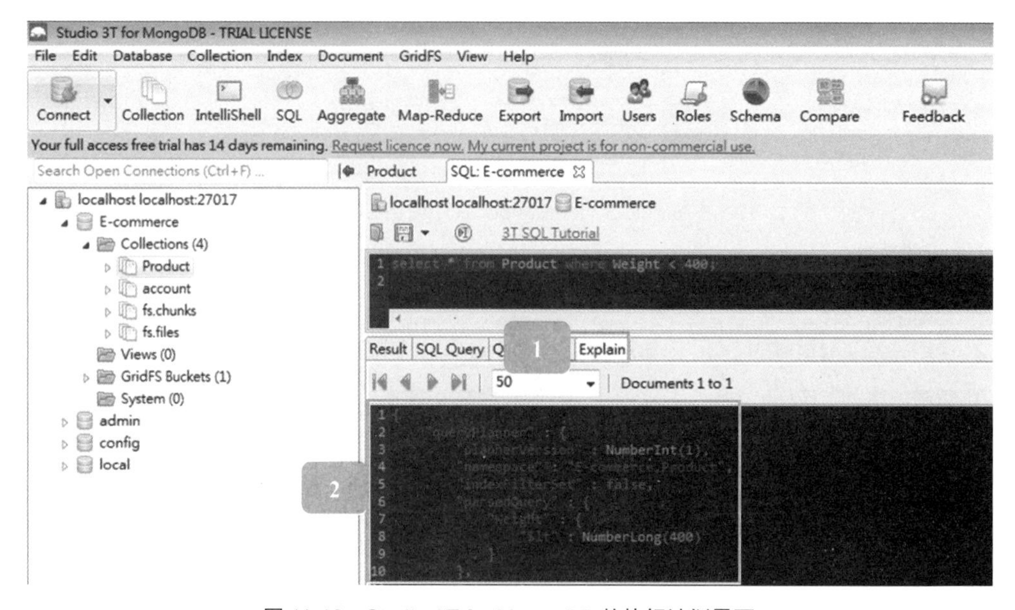

图 11-13 Studio 3T for MongoDB 的执行计划界面

步骤说明如下：

① 单击“Explain”选项卡，查看此 SQL 语句的执行计划。

② 显示此 SQL 语句的执行计划。

4. 数据导入及导出

在 Studio 3T for MongoDB 工具中，提供数据的不同导入、导出方式。

（1）导出。

Studio 3T for MongoDB 提供了 5 种导出方式，分别为 JSON、CSV、SQL、mongodump 及导出到其他集合。其中，SQL 的导出方式分为导至 MySQL、SQL Server、Oracle 及 PostgreSQL 四种，让用户方便地将数据导出至不同种类的数据库中。具体步骤如图 11-14 所示。

步骤说明如下：

① 单击“Export”（导出）按钮。

② 选择想要导出的方式，分为 JSON、CSV、SQL、mongodump、导到其他集合。

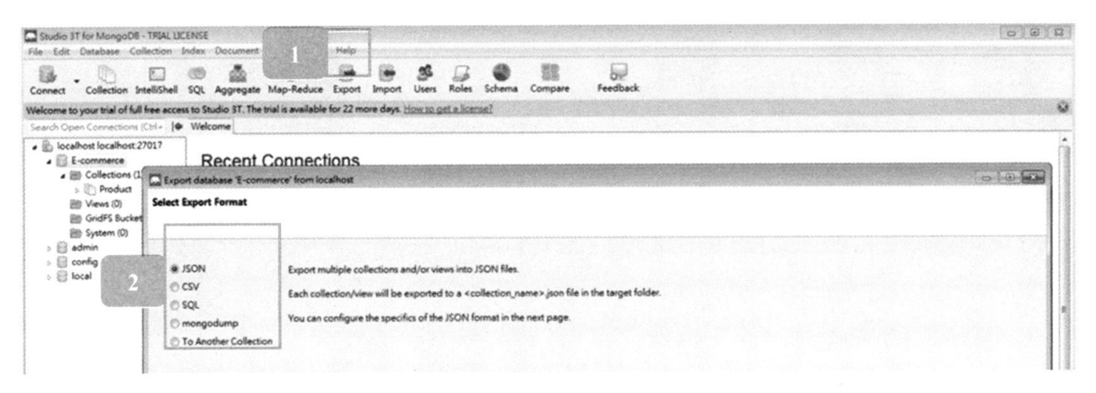

图 11-14　导出界面

（2）导入。

Studio 3T for MongoDB 也提供了 5 种不同的导入方式，分别为 JSON、CSV、SQL Database、BSON、从其他集合导入。其中，SQL 的导入方式分为从 MySQL、SQL Server、PostgreSQL 中导入，对用户来说非常便利。具体步骤如图 11–15 所示。

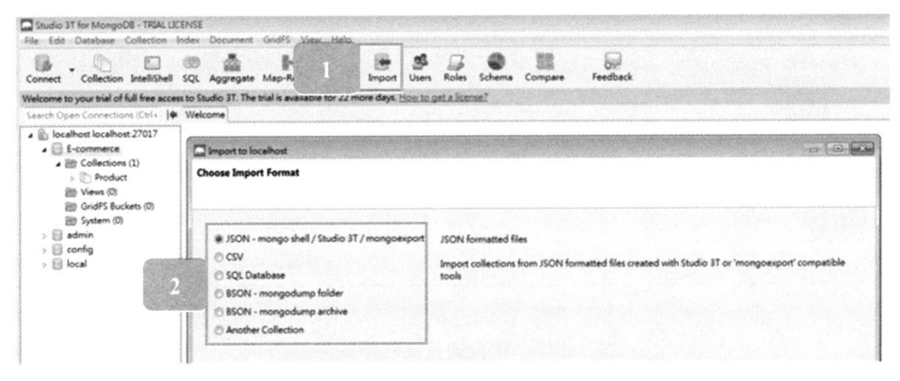

图 11-15　Studio 3T for MongoDB 的导入界面

步骤说明如下：

① 单击“Import”(导入)按钮。

② 选择想要导入的方式，分别为 JSON、CSV、SQL、BSON、从其他集合导入。

5. 集合数据比较功能——Compare

在 Studio 3T for MongoDB 中，Compare 是一个非常有特色的功能，它可以比较两个集合的数据是否一致。在对数据进行库同步时，这个功能对于用户来说是非常方便的，具体步骤如图 11–16 和图 11–17 所示。

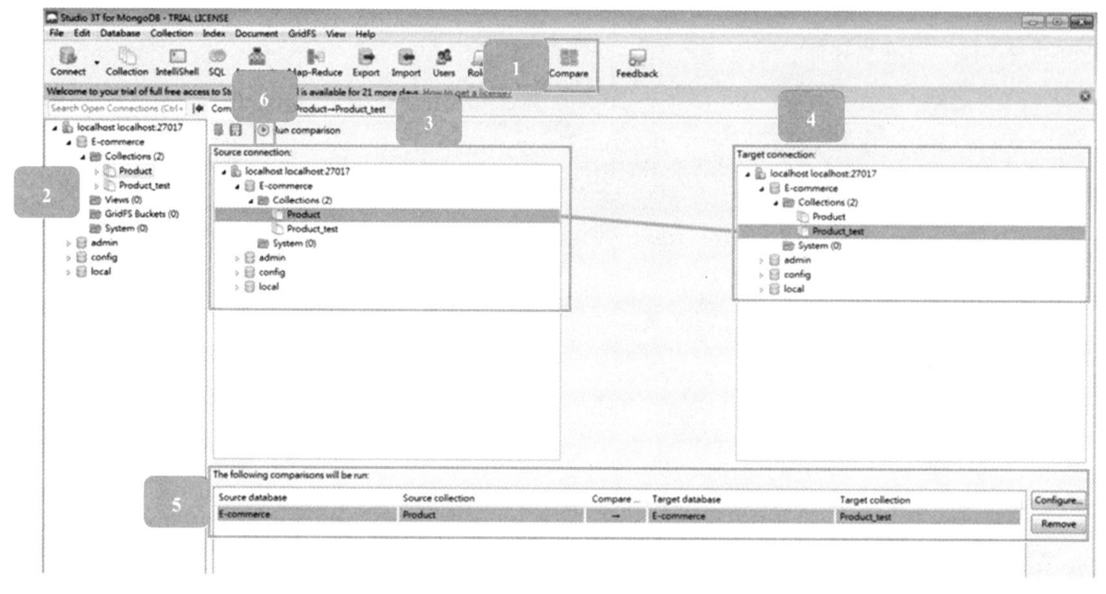

图 11-16　执行集合数据比较界面

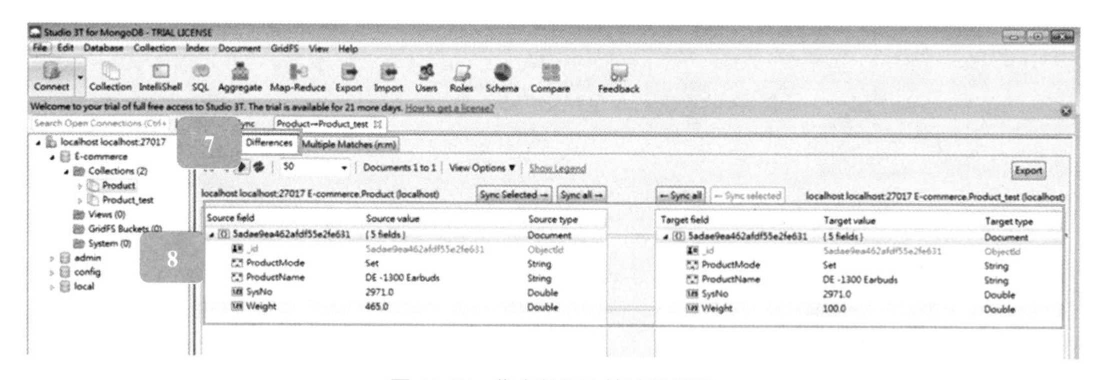

图 11-17　集合数据比较结果界面

步骤说明如下：

（1）单击“Compare”按钮，进行两个集合的比较。

（2）选择来源数据库及集合，本范例选择“Product”集合。

（3）选择目标数据库及集合，本范例选择“Product_test”集合。

（4）将两个要比较的集合用拖拉的方式连接起来。

（5）拖拉完成后，会分别显示来源集合及目标集合。

（6）单击“执行”按钮。

（7）单击“Differences”标签。

（8）可以看到，两个集合中的一个文档因为 Weight 值不一样而具有差异。

11.2.2　Robo 3T

Robo 3T 是一个可用于 MongoDB 数据库的图形化界面工具，它原本的名字是“Robomongo”，但在 2017 年 3 月 14 日被 3T Software Labs 收购，因而改名为“Robo 3T”。

这个工具是完全免费的，用户在浏览器中输入“https://robomongo.org/download”即可下载 Robo 3T 安装包。

相对于前面介绍的两个工具，Robo 3T 的功能更简单且操作方便。它可以让用户对数据库进行新增、删除、修改、查询等基本操作，而这些功能与前面介绍的工具操作类似，所以许多相似的功能就不再赘述。

Robo 3T 可以简易地查看集合中的文档，单击鼠标右键也可以对文档内容进行新增、修改或删除。在文档呈现方面有三种模式可选择，分别为 Tree、Table 及 Json。

具体步骤如图 11-18 所示。

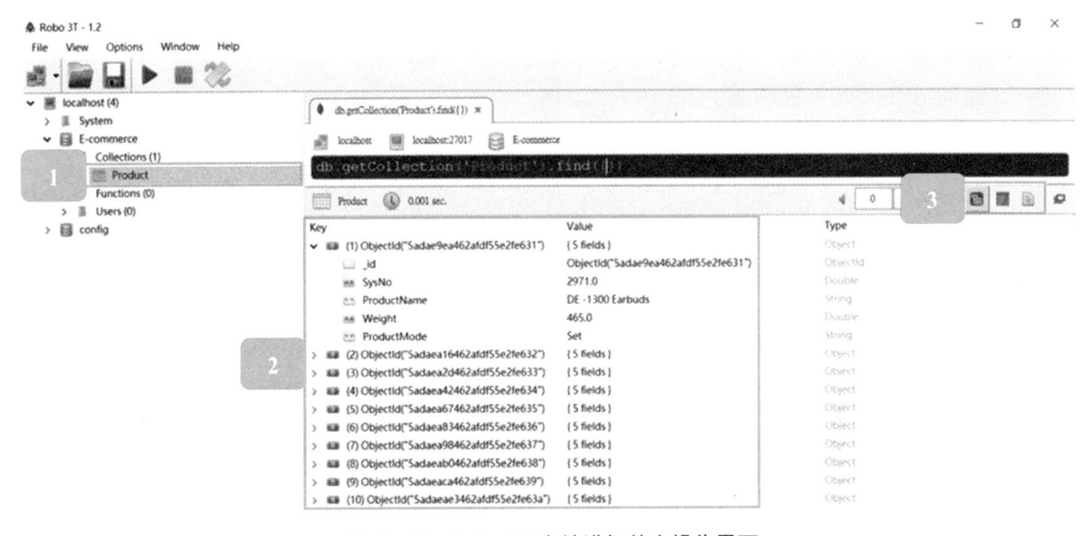

图 11-18　Robo 3T 文档进行基本操作界面

步骤说明如下：

（1）单击已建立的“Product”集合，可以看见其中的文档。

（2）在这些“Product”集合的文档中单击鼠标右键可以进行新增、修改及删除操作。

（3）选择文档的呈现类型，分别为 Tree、Table 及 Json 模式。

在 shell 中的操作与 mongo shell 的操作类似。例如，想查询“Product”集合中“SysNo”字段值为“2971”的文档，则其操作步骤及结果如图 11-19 所示。

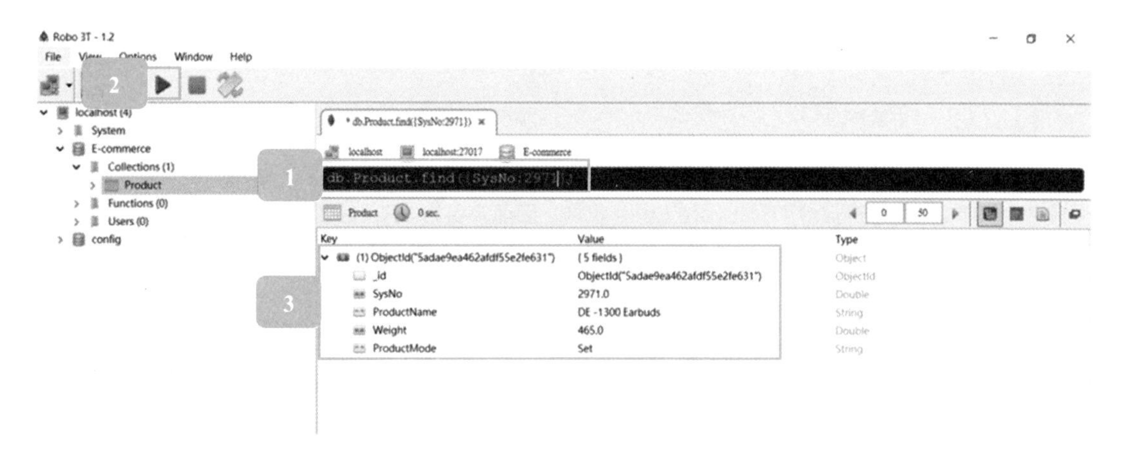

图 11-19　查询“Product”集合中“SysNo”字段值为“2971”的文档

步骤说明如下：

（1）在 Shell 中查询“SysNo”字段值为“2971”的文档。

（2）单击“执行”按钮。

（3）呈现 “SysNo”字段值为“2971”的文档。

11.2.3　NoSQL Manager

NoSQL Manager 与前面几个工具一样，都是用于开发及管理 MongoDB 数据库的图形化界面工具。它由 NoSQL Manager Group 公司开发。用户在浏览器中输入“https://www.mongodbmanager.com/download”即可下载其安装包。

这个工具与 Studio 3T for MongoDB 一样，具有丰富的功能。此工具的进阶功能（例如数据导入导出、数据备份还原以及 Map-Reduce 等功能）可免费试用 30 天，超过 30 天后需要付费才可以使用。

在表 11-2 中列出了此工具的免费及付费功能。

表 11-2　No SQL Manager 免费及付费功能列表

免费（基本）功能	付费（进阶）功能
1. 管理数据库、集合、文档及视图	1. Map-Reduce
2. 管理用户及角色	2. Copy Collections
3. Shell	3. 导入数据
4. File Manager	4. 备份还原
	5. 监控

1. Shell

使用 NoSQL Manager 的 Shell 可以直接对数据库进行操作。其功能类似于 mongo shell。具体步骤如图 11-20 所示。

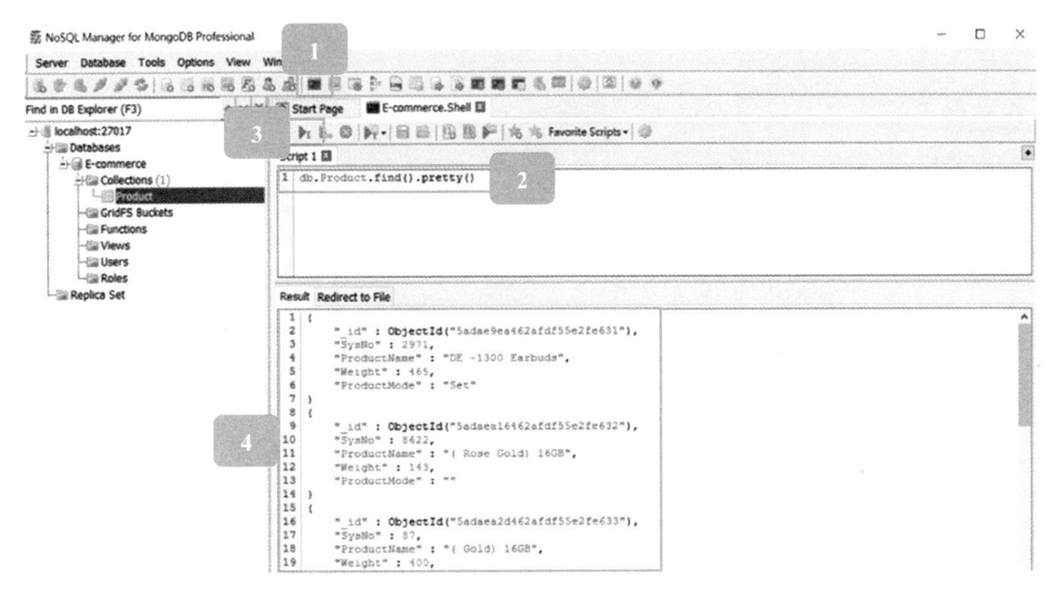

图 11-20　NoSQL Manager Shell 界面

步骤说明如下：

（1）单击“Shell”按钮，出现执行操作语句的界面。

（2）在此输入语句，这里查询“Product”集合中所有的文档。

（3）单击“执行”按钮。

（4）在下方显示执行结果。

2. GridFS 功能——File Manager

NoSQL Manager 中的 File Manager 提供了操作 MongoDB GridFS 的功能界面，可以轻易地将想要存放的文件添加至 MongoDB 中。在第一次新增文件时，MongoDB 会自动建立“fs.files”与“fs.chunks”集合。具体的步骤如图 11-21 和图 11-22 所示。

如果想了解更多有关于 fs.files 与 fs.chunks 集合的信息，可以至第 7 章“大文件存储——MongoDB GridFS”查看。

步骤说明如下：

（1）单击“File Manager”按钮。

（2）单击“添加文件”按钮。

（3）选择想要添加的文件。

（4）单击“OK”按钮。

（5）可以看见成功添加文件至 File Manager 中，双击可直接打开文件。

（6）在新增文件后，MongoDB 会自动创建 fs.files 与 fs.chunks 集合。

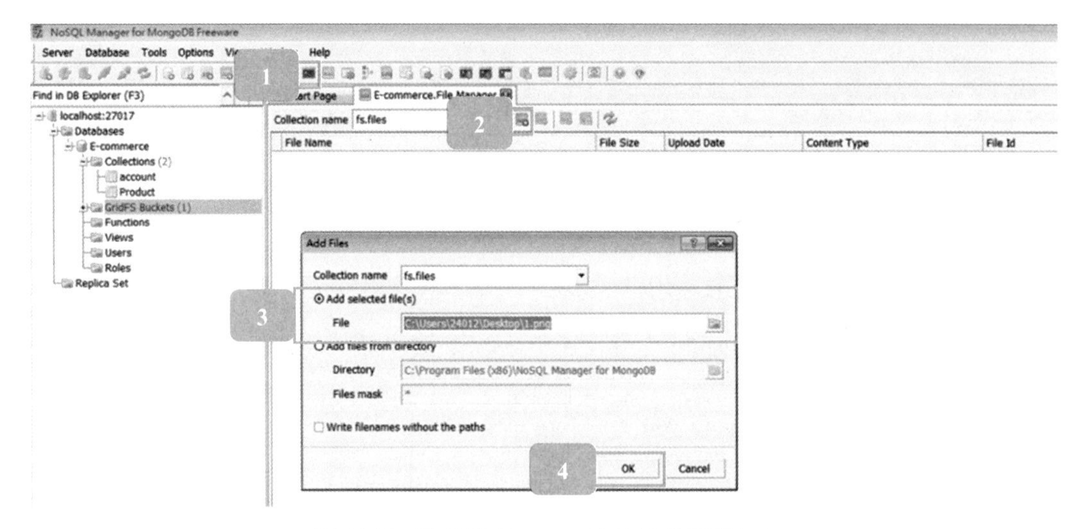

图 11-21　NoSQL Manager GridFS 功能界面 1

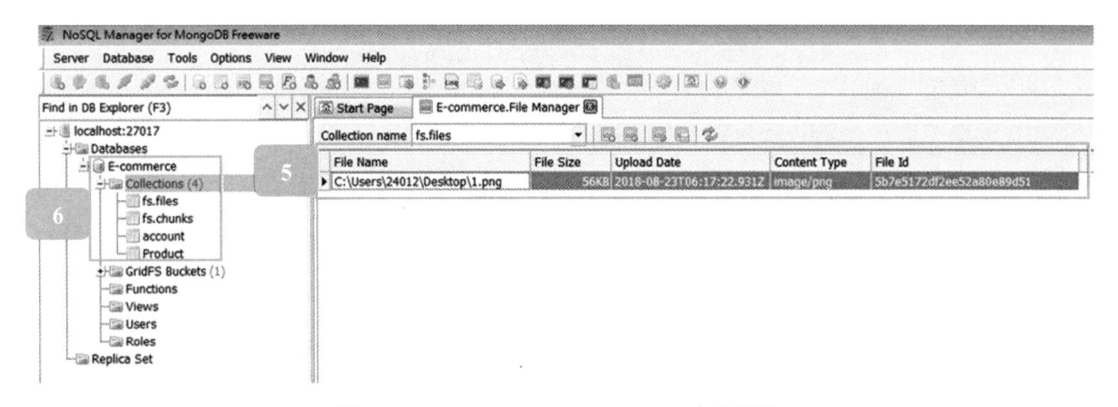

图 11-22　NoSQL Manager GridFS 功能界面 2

3. 备份/还原

在 NoSQL Manager 中，可以非常方便地对数据库进行备份/还原。

（1）备份。

在备份之前，需要先设定“mongodump”命令执行文件的路径，本范例的路径选择“C:\Program Files\MongoDB\Server\4.0\bin\mongodump.exe”，具体步骤如图 11-23 和图 11-24 所示。

步骤说明如下：

① 单击“Options”图标。

② 单击“Mongo Utilities”按钮进入配置画面。

③ 单击选择 mongodump.exe 的文件夹路径。

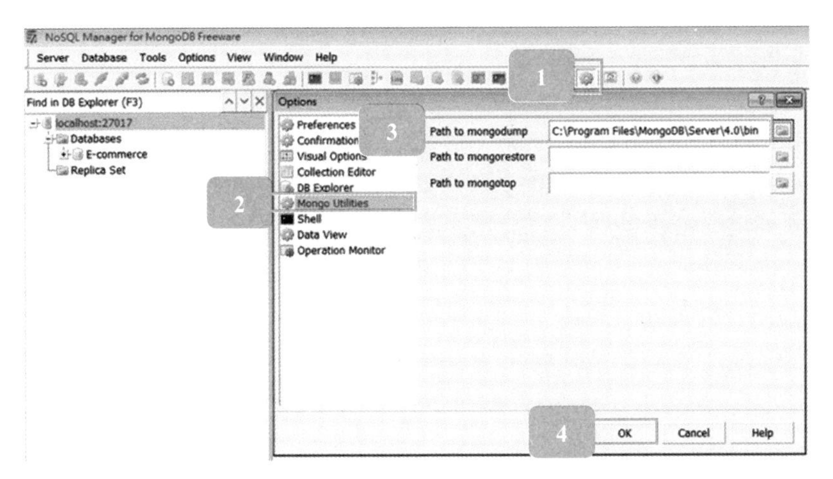

图 11-23　设定 mongodump 执行文件的路径

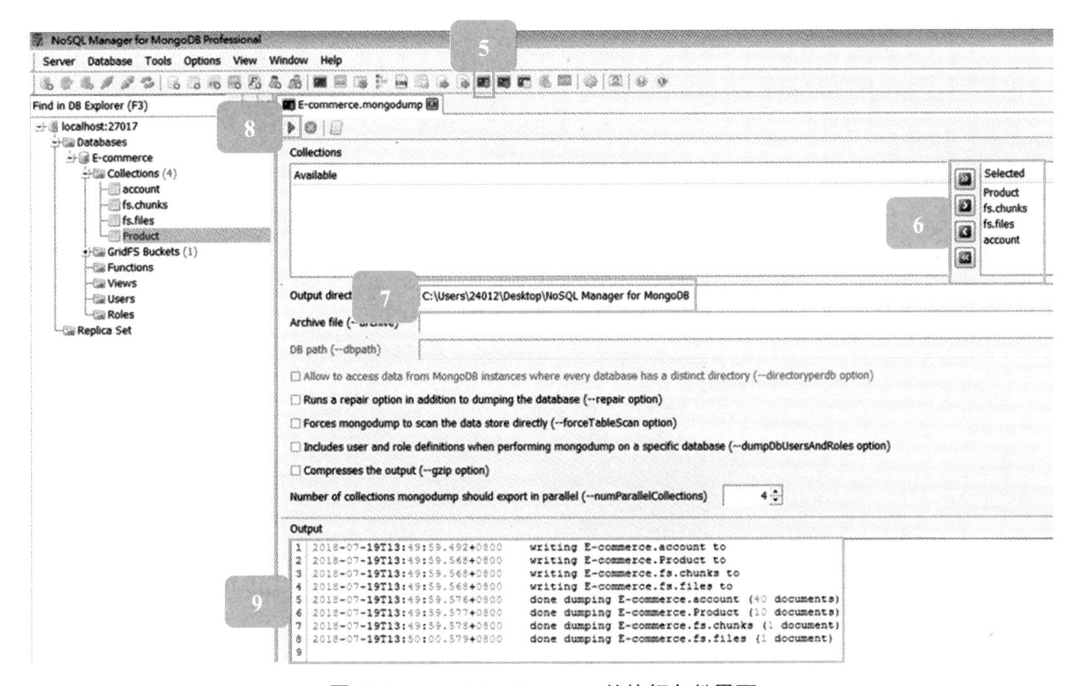

图 11-24　NoSQL Manager 的执行备份界面

④ 单击“OK”按钮。

⑤ 单击“mongodump utility”按钮，开始设定备份选项。

⑥ 将要备份的集合移至右边。

⑦ 选择备份文件的存放路径。

⑧ 单击“执行”按钮。

⑨ 显示备份的执行结果。

（2）还原。

在还原之前须提前设定“mongorestore”命令执行文件的路径，还需要一个还原的目标数据库。本范例的路径是“C:\Program Files\MongoDB\Server\4.0\bin\mongorestore.exe”，目标数据库为“E-commerce_copy”。具体步骤如图 11-25 和图 11-26 所示。

步骤说明如下：

① 单击“Options”按钮。

② 单击“Mongo Utilities”选项进入配置界面。

③ 选择 mongorestore.exe 的路径。

④ 单击“OK”按钮。

⑤ 单击“mongorestore utility”按钮，开始设定还原选项。

⑥ 选择要还原的文件路径。

⑦ 选择还原的目标数据库“E-commerce_copy”。

⑧ 单击“执行”按钮。

⑨ 显示执行的结果。

⑩ 查看是否还原成功。

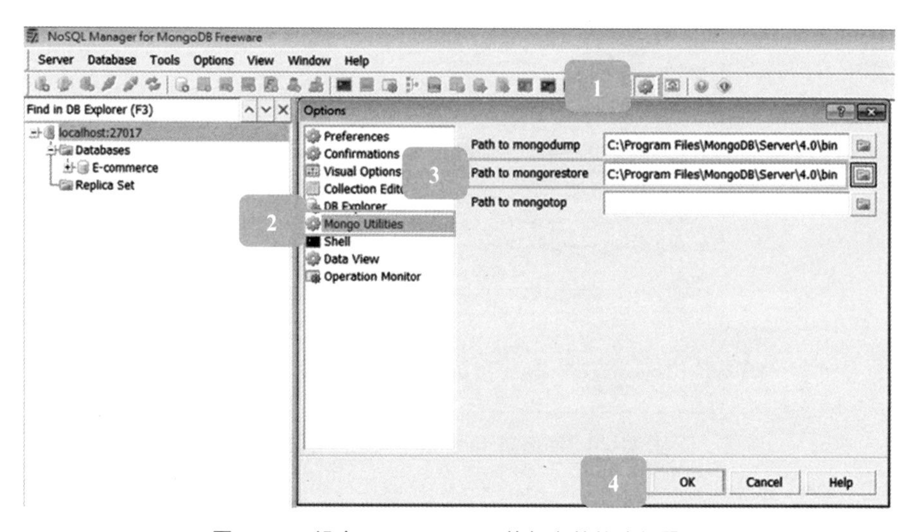

图 11-25　设定 mongorestore 执行文件的路径界面

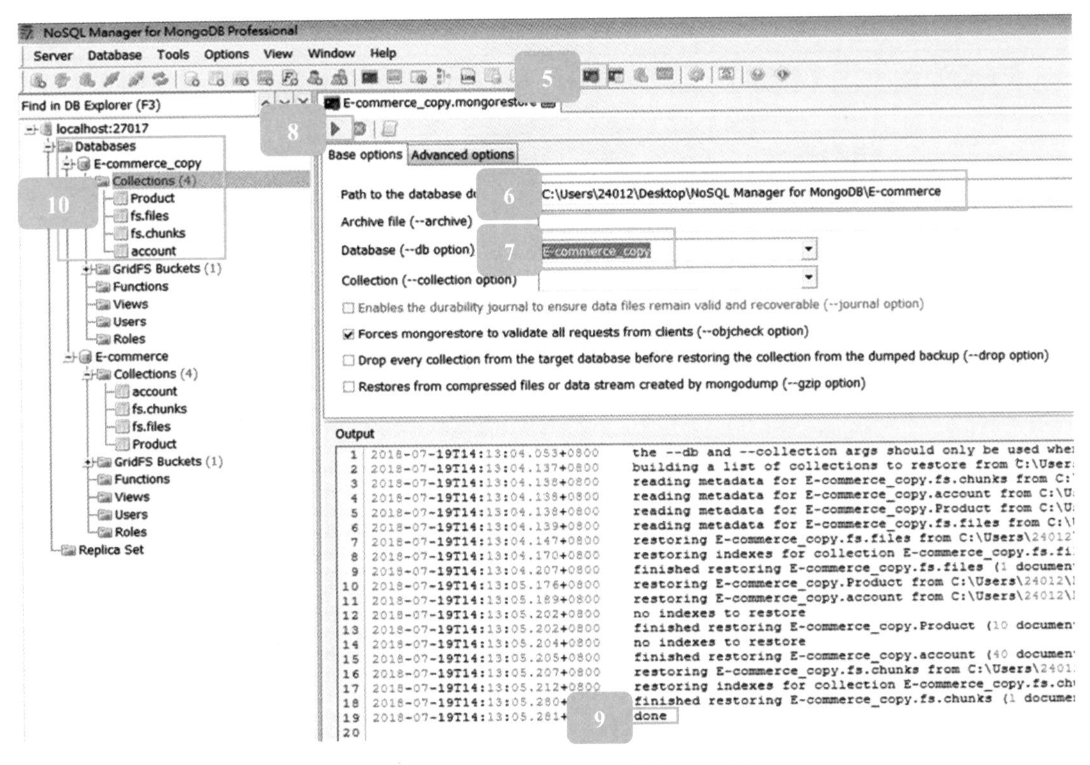

图 11-26　NoSQL Manager 的执行还原界面

11.3　总结

前面已经介绍了四种不同的 MongoDB GUI 软件，但用户该如何挑选符合自己需求的软件呢？这里将对这四个软件进行总结，并对比每个软件所支持的功能整理了一个表格，见表 11-3，方便用户选择。

表 11-3　MongoDB 客户端软件比对清单

功能类别	功能细项	MongoDB Compass	Studio 3T for MongoDB	Robo 3T	NoSQL Manager
支持 mongo Shell	嵌入式 Shell	✓	✓	✓	✓
管理 MongoDB 对象	管理数据库	✓	✓	✓	✓
	管理集合	✓	✓	✓	✓
	管理文档	✓	✓	✓	✓
	管理视图		✓		✓
	管理索引	✓	✓		✓
	管理数据校正	✓	✓		✓

续表

功能类别	功能细项	MongoDB Compass	Studio 3T for MongoDB	Robo 3T	NoSQL Manager
管理 MongoDB 对象	管理 Aggregate	✓	✓		
	管理 GridFS		✓		✓
	管理 Map-Reduce		✓		✓
	管理用户		✓	✓	✓
	管理角色		✓		✓
	管理 Explain Plan	✓			
使用数据库导入数据	SQL Server		✓		✓
	My SQL		✓		✓
	MongoDB		✓		✓
使用文件导入数据	CSV	✓	✓		✓
	JSON	✓	✓		✓
导出数据	CSV	✓	✓		✓
	JSON	✓	✓		✓
	XML				✓
	XLSX				✓
备份	mongodump		✓		✓
还原	mongorestore		✓		✓
监控	mongostat	✓	✓		
	mongotop	✓	✓		✓
	currentOp	✓	✓		✓
文档统计	Schema	✓	✓		
文档比较	Compare		✓		
SQL 查询文档	SQL		✓		

这四个工具的功能各有特色，但在本章中只介绍了各个工具的主要功能，如果大家还想知道完整的功能介绍，请到萌阔论坛查看。

萌阔论坛：http://forum.foxera.com/mongodb/
主页 > 版块 > 【教学区】>『相关软件&技术介绍』> 客户端软件

第 4 篇

应用开发与案例

本篇通过具体的代码介绍了如何使用常用的程序语言来操作 MongoDB，并通过实例贯穿整本书的知识点，让读者直观地感受到 MongoDB 的强大功能。

第 12 章 用 Java 操作 MongoDB

前面章学习了 MongoDB 数据库层面的知识。从这章开始，将介绍用 Java 操作 MongoDB。

通过本章，读者将学到以下内容：

- 配置 MongoDB 的 Java 驱动程序；
- 用 Java 对 MongoDB 文档进行新增、删除、修改、查询操作；
- 用 Java 的聚合方法操作 MongoDB；
- 用 Java 操作 MongoDB 索引；
- 用 Java 应用 MongoDB 的正则表达式；
- 用 Java 批量处理 MongoDB 数据；
- 用 Java 操作 MongoDB GridFS。

12.1 环境准备

12.1.1 环境说明

本章的开发环境：JDK 版本是 JDK 1.8，MongoDB 驱动程序版本是 MongoDB Driver 3.8.0，集成开发环境是 Eclipse 或 IDEA。它们的下载地址分别是：

1. JDK 1.8 版本

下载地址：

http://www.oracle.com/technetwork/java/javase/downloads/jdk8-downloads-2133151.html

2. MongoDB Driver 3.8.0 版本

下载地址：

https://oss.sonatype.org/content/repositories/releases/org/mongodb/mongo-java-driver/3.8.0/

3. 集成开发环境

Eclipse 的下载地址：https://www.eclipse.org/downloads

IntelliJ IDEA 的下载地址：https://www.jetbrains.com/idea/download/#section=windows

Eclipse 是开源的、基于 Java 的可扩展开发平台，是目前很流行的 Java 集成开发环境。

IntelliJ IDEA 是 JetBrains 公司推出的 Java 集成开发环境，但是有些高级功能需要收费，是目前被认为最好的 Java 开发工具之一。

本章范例代码使用 IntelliJ IDEA 工具编写。当然，如果你熟悉 Eclipse 工具，本章范例也一样适用。

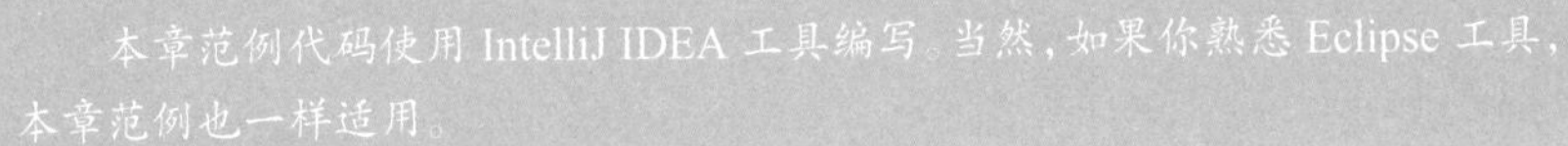

12.1.2　配置 MongoDB 的 Java 驱动程序

配置 MongoDB 的 Java 驱动程序分为两种情况，下面分别介绍。

1. 普通的 Java 项目

如果是普通的 Java 项目，则加入 mongo-java-driver-3.8.0.jar 的方法不止一种，这里只介绍其中的一种方法，步骤如下：

（1）复制 mongo-java-driver-3.8.0.jar。

（2）将 mongo-java-driver-3.8.0.jar 放入工程文件目录中：用鼠标右键单击项目名称，在弹出的菜单中选择“Paste”命令，如图 12-1 所示。

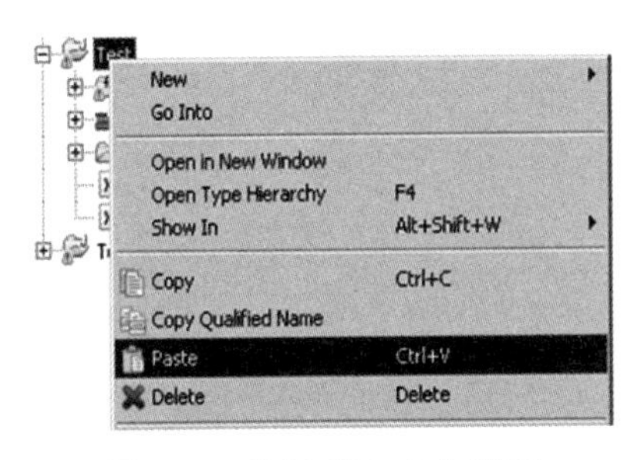

图 12-1　选择“Paste”选项

（3）放入工程目录后，还需要把驱动程序文件加入编译路径下。用鼠标右键单击 mongo-java-driver-3.8.0.jar，在弹出的菜单中选择“Build Path” → “Add to Build Path”命令，如图 12-2 所示。

（4）配置完成后，在“Referenced Libraries”目录下会出现“mongo-java-driver-3.8.0.jar”文件，这表示配置成功，如图 12-3 所示。

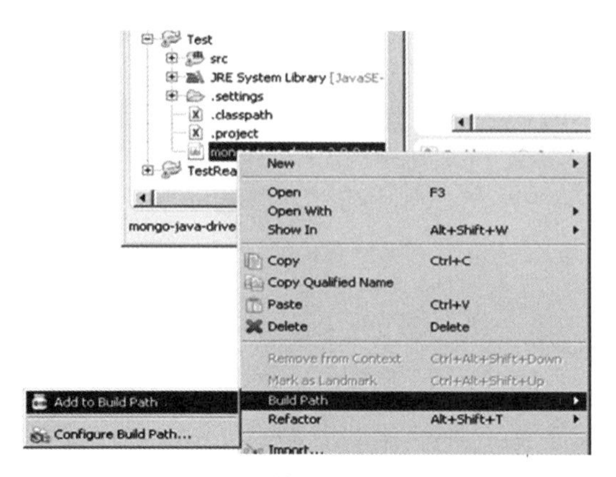

图 12-2　增加建构路径

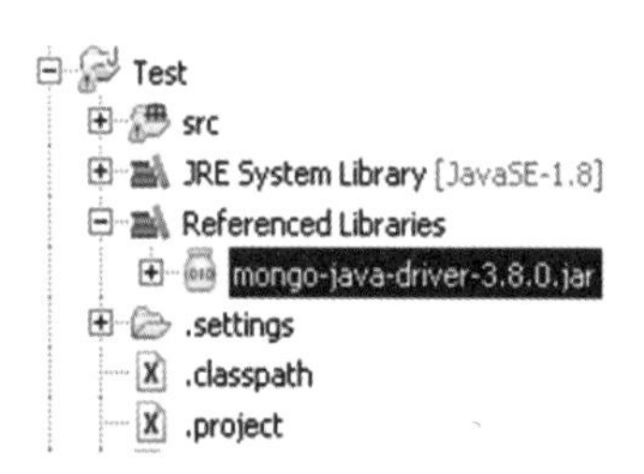

图 12-3　出现 mongo-java-driver-3.8.0.jar 文件

2. Maven 项目

如果 Java 项目是 Maven 项目，请在 pom.xml 文件中输入配置代码并保存，则 Maven 工具会自动帮你构建驱动程序。在这个过程中，请确保本机的网络是可用的，Maven 工具会根据 pom.xml 配置代码从“https://mvnrepository.com”下载相关的驱动程序文件。

pom.xml 中的配置代码如下所示：

```
<dependency>
        <groupId>org.mongodb</groupId>
        <artifactId>mongodb-driver</artifactId>
        <version>3.8.0</version>
</dependency>
```

配置成功后，在“External Libraies”目录下会出现 3 个组件，如图 12-4 所示。

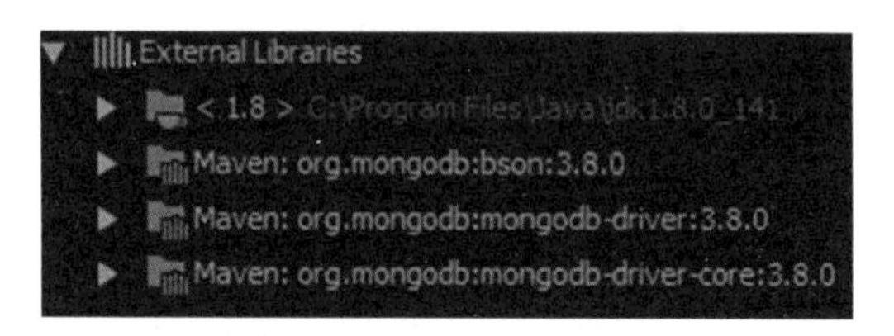

图 12-4　驱动程序组件

12.2　建立连接与断开连接

我们建议使用连接字符串（Connection String URI）配置多个节点来连接 MongoDB。若其中某一个节点无法使用，程序仍然可以通过其他节点连接。所有官方的驱动程序都支持以连接字符串的方式来连接。

1. 标准的 URL 语法

标准的 URL 语法如下：

mongodb://[username:password@]host1[:port1][,host2[:port2],… [,hostN[:portN]]][/[database][?options]]

2. 参数说明

- “mongodb://”：这是固定的格式，必须指定。
- “username:password@ ”：可选项，用来指定用户名和密码。
- host：必须指定至少一个 host 地址。如果连接的是集群，则可指定多个 mongos；如果连接的是副本集，则可指定多个副本集节点。
- port：可选的指定端口号。如果不填，则默认为 27017。
- /database：如果指定了“username:password@”，则“/database”必须为此账号验证的数据库。
- ?options：连接选项。

关于 Connection String URI 的更多说明，请参考官网文档：
https://docs.mongodb.com/manual/reference/connection-string/

3. 案例分析

（1）在项目的“resources”目录下新建一个“mongodb.properties”文件，如图 12-5 所示。

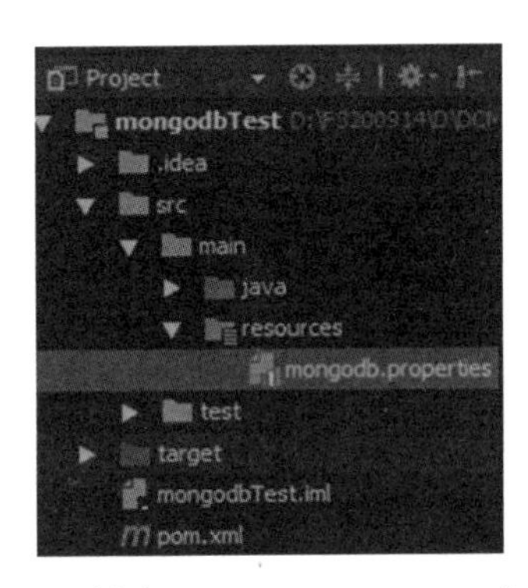

图 12-5　新建“mongodb.properties”文件

（2）在“mongodb.properties”文件中写入以下代码（请根据你的环境修改对应的属性值）：

```
mongodb.url=mongodb://user1:pwd1@host1:27017,host2:27017,host3:27017/?replicaSet=myRepSet
```

（3）这里新建一个 MongoDBClient 类，用于开启和关闭 MongoDB 连接。代码如下：

```
public class MongoDBClient {
```

```
private MongoDBClient() {
}
//定义 MongoClient，初始为空值
private static MongoClient mongoClient =null;
//定义数据库名，初始为空值
private static String dbname = null;
static {
    if ( mongoClient == null) {
        synchronized (MongoClient.class) {
            try {
                ResourceBundle resourceBundle =
                        ResourceBundle.getBundle("mongodb");
                //取得 MongoDB 的连接字符串
                String mongodbURL = resourceBundle.getString("mongodb.url");


                if (mongodbURL == null || mongodbURL.trim().equals("")) {
                    //默认为本地数据库
                    mongoClient = new MongoClient();
                } else {
                    //取得 MongoClientURL 对象
                    MongoClientURI clientURI = new MongoClientURI(mongodbURL);
                    //给 mongoClient 赋值
                    mongoClient = new MongoClient(clientURI);
                   //给 dbname 赋值
                    dbname=clientURI.getDatabase();
                }
            } catch (Exception e) {
                e.printStackTrace();
            }
        }
    }
}
public static   MongoClient getMongoClient() {
   //返回 mongoClient
   return mongoClient;
}
public static String getDbname() {
   //返回 dbname
    return dbname;
}
public static void close() {
    //关闭连接
    mongoClient.close();
```

```
    }
}
```

（4）新建一个名为“PrintDB”的类，调用 MongoDBClient 方法。

```
public class PrintDB {
    public static void main(String[] args) {
      //打印出服务器的所有数据库
      for (String databaseName :
                    MongoDBClient.getMongoClient().listDatabaseNames())
      {
          System.out.println("Database: " + databaseName);
      }
      //关闭连接
      MongoDBClient.close();
  }
}
```

（5）运行代码，结果如下：

```
Database: admin
Database: config
Database: E-commerce
```

从程序的运行结果可以看出，打印出了三个数据库——admin、config、E-commerce。

开发环境的配置是程序开发的前提。只有正确地配置，才能顺利进行后续的开发、调试、迁移等。所以，请不要忽视本节的重要性。

12.3 应用与操作

12.3.1 新增文档

在 Java 与 MongoDB 进行交互时，一项重要的任务就是往集合中插入文档。本节将介绍两种不同的方式：一种是插入单个文档，另一种是插入多个文档。

1. 插入单个文档

先来了解一下调用 12.2 节的 MongoDBClient 类取得一个集合的语法，具体如下：

```
MongoDBClient.getMongoClient()
    .getDatabase(MongoDBClient.getDbname()).getCollection("Members");
```

下面是插入单个文档的具体步骤。

（1）创建一个文档的 Document 对象，接着调用 MongoCollection<Document>类的 insertOne

方法新增单个文档。如果“Members”集合不存在，则 MongoDB 会自动新建一个名为“Members”的集合。完整代码范例如下：

```
//取得 mongo 客户端
MongoClient mongoClient = MongoDBClient.getMongoClient();
//取得 Members 集合
MongoCollection<Document>   mongoCollection =
mongoClient.getDatabase(MongoDBClient.getDbname()).getCollection("Members");
//创建一个文档
Document doc = new Document("Name", "Deng")
        .append("Gender","Male")
        .append("Tel","18310001000")
        .append("CustomerSysNo", 11753090)
        .append("Location",
                new Document("Province", "GuangXi").append("City", "NanNing")
                );
//插入文档
mongoCollection.insertOne(doc);
```

（2）上述代码执行完成后，在“Members”集合中可以查看到如下结果。可以发现，新增文档里多了一个“_id”字段，它是由驱动程序自动生成的。

```
{
   "_id" : ObjectId("5ad7eb30247b0412d87b5cae"),
   "Name" : "Deng",
   "Gender" : "Male",
   "Tel" : "18310001000",
   "CustomerSysNo" : 11753090,
   "Location" : {
       "Province" : "GuangXi",
       "City" : "NanNing"
   }
}
```

_id 是由驱动程序自动生成的

2. 插入多个文档

（1）用 insertMany 方法在集合中同时插入多个文档。具体代码如下：

```
//定义文档列表
List<Document> docs = new ArrayList<Document>();
//创建文档 doc1
Document doc1 = new Document("Name", "Yun")
        .append("Gender","Male")
        .append("Tel","18319991999")
        .append("CustomerSysNo", 11735490)
        .append("Location",
                new Document("Province", "BeiJing").append("City", "BeiJing")
```

```
        );
//创建文档 doc2
Document doc2 = new Document("Name", "Qiang")
        .append("Gender","Male")
        .append("Tel","18318881888")
        .append("CustomerSysNo", 11704571)
        .append("Location",
                new Document("Province", "GuangDong").append("City", "DongGuan")
        );
//将文档 doc1 添加至列表中
docs.add(doc1);

//将文档 doc2 添加至列表中
docs.add(doc2);

//将列表中的文档全部写入 MongoDB
mongoCollection.insertMany(docs);
```

（2）执行上述代码后，在集合“Members”中可以查看到刚刚插入的两个文档：

```
{   "_id" : ObjectId("5ad800a2247b0415501c1c7f"),
    "Name" : "Yun",
    "Gender" : "Male",
    "Tel" : "18319991999",
    "CustomerSysNo" : 11735490,
    "Location" : {
        "Province" : "BeiJing",
        "City" : "BeiJing"
    }
}
{
    "_id" : ObjectId("5ad800a2247b0415501c1c80"),
    "Name" : "Qiang",
    "Gender" : "Male",
    "Tel" : "18318881888",
    "CustomerSysNo" : 11704571,
    "Location" : {
        "Province" : "GuangDong",
        "City" : "DongGuan"
    }
}
```

12.3.2　删除文档

假设集合中有几个文档的电话号码相同，具体情况如下：

```
{
```

```
    "_id" : ObjectId("5ad83321247b04185c079a65"),
    "Name" : "Deng",
    "Gender" : "Male",
    "Tel" : "18319991999",
    "CustomerSysNo" : 11753090,
    "Location" : {
        "Province" : "GuangXi",
        "City" : "NanNing"
    }
}
{
    "_id" : ObjectId("5ad83322247b04185c079a66"),
    "Name" : "Yun",
    "Gender" : "Male",
    "Tel" : "18319991999",
    "CustomerSysNo" : 11735490,
    "Location" : {
        "Province" : "BeiJing",
        "City" : "BeiJing"
    }
}
{
    "_id" : ObjectId("5ad83322247b04185c079a67"),
    "Name" : "Qiang",
    "Gender" : "Male",
    "Tel" : "18319991999",
    "CustomerSysNo" : 11704571,
    "Location" : {
        "Province" : "GuangDong",
        "City" : "DongGuan"
    }
}
```

1. 删除符合条件的第 1 个文档

如果要删除“Tel”为“18319991999”的第 1 个文档，则使用 deleteOne 语句。具体代码如下：

```
Document docDel = new Document("Tel", "18319991999");
//删除文档
mongoCollection.deleteOne(docDel);
```

2. 删除符合条件的全部文档

如果要删除“Tel”为“18319991999”的全部文档，则使用 deleteMany 语句。具体代码如下：

```
Document docDel = new Document("Tel", "18319991999");
```

```
//删除多个文档
mongoCollection.deleteMany(docDel);
```

3. 删除全部数据和集合

如果要删除所有数据及集合，则使用 drop()。具体代码如下：

```
mongoCollection.drop();
```

12.3.3 修改文档

假设在数据库里有如下的文档：

```
{
    "_id" : ObjectId("5ad844e7247b041efc37f4f4"),
    "Name" : "Deng",
    "Gender" : "Male",
    "Tel" : "18310001000",
    "CustomerSysNo" : 11753090,
    "Location" : {
        "Province" : "GuangXi",
        "City" : "NanNing"
    }
}
{
    "_id" : ObjectId("5ad844e8247b041efc37f4f6"),
    "Name" : "Qiang",
    "Gender" : "Male",
    "Tel" : "18318881888",
    "CustomerSysNo" : 11704571,
    "Location" : {
        "Province" : "GuangDong",
        "City" : "DongGuan"
    }
}
{
    "_id" : ObjectId("5ad844e8247b041efc37f4f5"),
    "Name" : "Yun",
    "Gender" : "Male",
    "Tel" : "18319991999",
    "CustomerSysNo" : 11735490,
    "Location" : {
        "Province" : "BeiJing",
        "City" : "BeiJing"
    }
}
```

1. 修改第 1 个符合条件的文档

如果要将“CustomerSysNo”为“11704571”的“Tel”修改成“18323332333”，则使 updateOne 方法，表示修改第 1 个匹配条件的文档。具体代码如下：

```
Document docUpd =new Document("$set",new Document("Tel","18323332333"));
//修改第 1 个匹配条件的文档
mongoCollection.updateOne(Filters.eq("CustomerSysNo", 11704571), docUpd);
```

执行的结果如下：

```
{
    "_id" : ObjectId("5ad844e7247b041efc37f4f4"),
    "Name" : "Deng",
    "Gender" : "Male",
    "Tel" : "18310001000",
    "CustomerSysNo" : 11753090,
    "Location" : {
        "Province" : "GuangXi",
        "City" : "NanNing"
    }
}
{
    "_id" : ObjectId("5ad844e8247b041efc37f4f6"),
    "Name" : "Qiang",
    "Gender" : "Male",
    "Tel" : "18323332333",      已被修改为“18323332333”
    "CustomerSysNo" : 11704571,
    "Location" : {
        "Province" : "GuangDong",
        "City" : "DongGuan"
    }
}
{
    "_id" : ObjectId("5ad844e8247b041efc37f4f5"),
    "Name" : "Yun",
    "Gender" : "Male",
    "Tel" : "18319991999",
    "CustomerSysNo" : 11735490,
    "Location" : {
        "Province" : "BeiJing",
        "City" : "BeiJing"
    }
}
```

2. 批量修改文档

如果需要批量修改文档，则使用 updateMany 方法。

例如，我们发现“CustomerSysNo”大于“11700000”的会员都在同一集团公司，这批会员要求把电话号码都修改成统一的号码，即，将“CustomerSysNo”大于“11700000”的“Tel”都变更为“18323332333”。

可以编写如下代码：

```
Document docUpd =new Document("$set",new Document("Tel","18323332333"));
//批量修改
mongoCollection.updateMany(Filters.gt("CustomerSysNo", 11700000), docUpd);
```

大于 gt 表示（great than）

执行的结果如下：

```
{
    "_id" : ObjectId("5ad844e7247b041efc37f4f4"),
    "Name" : "Deng",
    "Gender" : "Male",
    "Tel" : "18323332333",
    "CustomerSysNo" : 11753090,
    "Location" : {
        "Province" : "GuangXi",
        "City" : "NanNing"
    }
}
{
    "_id" : ObjectId("5ad844e8247b041efc37f4f6"),
    "Name" : "Qiang",
    "Gender" : "Male",
    "Tel" : "18323332333",
    "CustomerSysNo" : 11704571,
    "Location" : {
        "Province" : "GuangDong",
        "City" : "DongGuan"
    }
}
{
    "_id" : ObjectId("5ad844e8247b041efc37f4f5"),
    "Name" : "Yun",
    "Gender" : "Male",
    "Tel" : "18323332333",
    "CustomerSysNo" : 11735490,
    "Location" : {
```

所有“Tel”都被修改为“18323332333”

```
        "Province" : "BeiJing",
        "City" : "BeiJing"
    }
}
```

12.4 查询文档数据

12.4.1 限制查询结果集的大小

1. 查询全部文档

如果想要查询所有的文档，则使用以下代码：

```
//循环输出
for (Document cur : mongoCollection.find()) {
    System.out.println(cur.toJson());
}
```

执行结果如下：

{ "_id" : { "$oid" : "5ad958f0247b041da0ec704e" }, "Name" : "Deng", "Gender" : "Male", "Tel" : "18310001000", "CustomerSysNo" : 11753090, "Location" : { "Province" : "GuangXi", "City" : "NanNing" } }
{ "_id" : { "$oid" : "5ad958f1247b041da0ec704f" }, "Name" : "Yun", "Gender" : "Male", "Tel" : "18319991999", "CustomerSysNo" : 11735490, "Location" : { "Province" : "BeiJing", "City" : "BeiJing" } }
{ "_id" : { "$oid" : "5ad958f1247b041da0ec7050" }, "Name" : "Qiang", "Gender" : "Male", "Tel" : "18318881888", "CustomerSysNo" : 11704571, "Location" : { "Province" : "GuangDong", "City" : "DongGuan" } }

2. 限制查询结果集的大小

如果要限制查询结果集的大小（例如，要求只返回两个文档），则使用 limit(NUMBER)方法：

```
for (Document cur : mongoCollection.find().limit(2)) {
    System.out.println(cur.toJson());
}
```

执行的结果如下。可以看到，只返回了两个文档。

{ "_id" : { "$oid" : "5ad958f0247b041da0ec704e" }, "Name" : "Deng", "Gender" : "Male", "Tel" : "18310001000", "CustomerSysNo" : 11753090, "Location" : { "Province" : "GuangXi", "City" : "NanNing" } }
{ "_id" : { "$oid" : "5ad958f1247b041da0ec704f" }, "Name" : "Yun", "Gender" : "Male", "Tel" : "18319991999", "CustomerSysNo" : 11735490, "Location" : { "Province" : "BeiJing", "City" : "BeiJing" } }

如果 Limit(NUMBER)方法中的 NUMBER 值大于集合中的文档数，则返回集合中的所有文档。

12.4.2　限制查询返回的字段

1. 返回特定的字段

如果只想返回某些字段，则过滤掉不想要的字段。

例如，只想返回“Name”与“Tel”两个字段，则具体代码如下：

```
FindIterable<Document>   findIterable = mongoCollection
        .find()
        //指定只显示 Name、Tel 字段
        .projection(fields(include("Name", "Tel")));

for (Document cur : findIterable) {
      System.out.println(cur.toJson());
}
```

执行结果如下：

```
{ "_id" : { "$oid" : "5ad958f0247b041da0ec704e" }, "Name" : "Deng", "Tel" : "18310001000" }
{ "_id" : { "$oid" : "5ad958f1247b041da0ec704f" }, "Name" : "Yun", "Tel" : "18319991999" }
{ "_id" : { "$oid" : "5ad958f1247b041da0ec7050" }, "Name" : "Qiang", "Tel" : "18318881888" }
```

2. 返回除_id 以外的特定字段

如果想返回的结果中不包含_id 字段，则添加上 excludeId()方法。具体代码如下：

```
FindIterable<Document>   findIterable = mongoCollection
        .find()
        //指定只显示 Name、Tel 字段，并排除 excludeId
        .projection(fields(include("Name", "Tel"),excludeId()));

for (Document cur : findIterable) {
      System.out.println(cur.toJson());
}
```

执行结果如下：

```
{ "Name" : "Deng", "Tel" : "18323332333" }
{ "Name" : "Yun", "Tel" : "18319991999" }
{ "Name" : "Qiang", "Tel" : "18318881888" }
```

12.4.3　按条件进行查询

1. 单条件查询

如果想要查询“CustomerSysNo=11735490”的文档，则具体代码如下：

```
FindIterable<Document>   findIterable =
                        mongoCollection.find(Filters.eq("CustomerSysNo",11735490));
System.out.println(cur.toJson());
```

判断条件为“等于”

执行的结果如下：

{ "_id" : { "$oid" : "5ad958f1247b041da0ec704f" }, "Name" : "Yun", "Gender" : "Male", "Tel" : "18319991999", "CustomerSysNo" : 11735490, "Location" : { "Province" : "BeiJing", "City" : "BeiJing" } }

2. 多条件查询

如果要添加多个查询条件，例如查询“CustomerSysNo > 11700000”且“CustomerSysNo < 11760000”的文档，则具体代码如下：

```
//定义文档块
Block<Document> printBlock = new Block<Document>() {
    @Override
    public void apply(final Document document) {
        System.out.println(document.toJson());
    }
};
mongoCollection
        .find(Filters.and(
                //大于 11700000
                Filters.gt("CustomerSysNo",11700000),
                //小于 11760000
                Filters.lt("CustomerSysNo",11760000)
        ))
         //迭代打印文档块
        .forEach(printBlock);
```

执行的结果如下：

{ "_id" : { "$oid" : "5ad958f0247b041da0ec704e" }, "Name" : "Deng", "Gender" : "Male", "Tel" : "18310001000", "CustomerSysNo" : 11753090, "Location" : { "Province" : "GuangXi", "City" : "NanNing" } }
{ "_id" : { "$oid" : "5ad958f1247b041da0ec704f" }, "Name" : "Yun", "Gender" : "Male", "Tel" : "18319991999", "CustomerSysNo" : 11735490, "Location" : { "Province" : "BeiJing", "City" : "BeiJing" } }
{ "_id" : { "$oid" : "5ad958f1247b041da0ec7050" }, "Name" : "Qiang", "Gender" : "Male", "Tel" : "18318881888", "CustomerSysNo" : 11704571, "Location" : { "Province" : "GuangDong", "City" : "DongGuan" } }

forEach 方法，应用了 Block<Document> 接口并复写了 apply 方法。

12.4.4 对查询结果分页

1. 分页公式介绍

对查询结果集进行分页显示是一项常见的需求。

进行分页显示的方法如下：

（1）确定每页显示的文档数，用 limit(pageSize)方法来实现。

（2）确定每页需要跳过多少个已经显示过的文档，用 skip(numbers)方法来实现。

现要求每页显示 10 个文档（即 pageSize 为 10），则分页的示意图如图 12-6 所示。

- 第 1 页表示需跳过 0 个文档，显示 10 个文档。
- 第 2 页表示需跳过前一页的 10 个文档[计算公式是：（2−1）×10]，显示 10 个文档。
- 第 3 页表示需跳过前两页的 20 个文档[计算公式是：（3−1）×10]，显示 10 个文档。

以此类推。

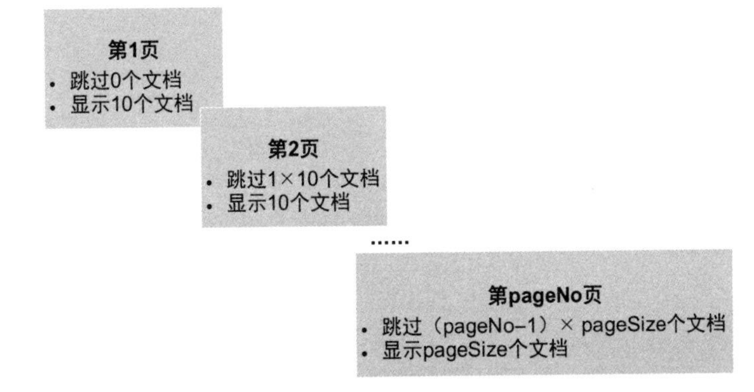

图 12-6　分页显示示意图

（1）获取第 1 页文档。

获取第 1 页的文档需要跳过 0 个文档，显示 pageSize 个文档，即 limit(pageSize)。

为了推导出公式，可以假定第 1 页跳过了 0 页文档，即跳过了“skip((1−1)×pageSize)”页，完整代码如下：

（2）获取第 2 页文档。

获取第 2 页的文档跳过了第 1 页，即 skip((2−1) * pageSize)，同样再取 pageSize 个文档，即 limit(pageSize)，那么完整代码如下：

```
mongoCollection.skip((2 - 1) * pageSize).limit(pageSize)
```

（3）获取第 pageNo 页文档。

可以推导出，获取第 pageNo 页文档的代码如下：

```
mongoCollection.skip((pageNo - 1) * pageSize).limit(pageSize)
```

2. 编写分页函数

把上述“分页公式介绍”得出的结论写成一个函数。在进行分页查询时，请确保每次查找的文档都采用了同样的排序方式。

具体代码如下：

```
public static FindIterable<Document> findByPage(
        MongoCollection<Document>   mongoCollection,
        Bson filter,Bson orderBy,int pageNo, int pageSize) {
            return mongoCollection
              .find(filter)
              //排序
             .sort(orderBy)
             //跳转至第 pageNo 页的取 pageSize 个文档
             .skip((pageNo - 1) * pageSize).limit(pageSize);
}
```

3. 测试分页函数

下面来测试一下上面介绍的“分页函数”。假设现在要进行查询，按照“CustmerSysNo”字段倒序排列，每一页显示两个文档，则取得第 1 页文档的代码如下：

```
Block<Document> printBlock = new Block<Document>() {
    @Override
    public void apply(final Document document) {
        System.out.println(document.toJson());
    }
};
//调用分页函数
findByPage(mongoCollection,
        //查询过滤条件
        Filters.and(
                Filters.gt("CustomerSysNo",1170123),
                Filters.lt("CustomerSysNo",11760000)
        ),
        descending("CustomerSysNo"),
        1,
        2).forEach(printBlock);
```

执行的结果如下：

{ "_id" : { "$oid" : "5ad958f0247b041da0ec704e" }, "Name" : "Deng", "Gender" : "Male", "Tel" : "18310001000", "CustomerSysNo" : 11753090, "Location" : { "Province" : "GuangXi", "City" : "NanNing" } }
{ "_id" : { "$oid" : "5ad958f1247b041da0ec704f" }, "Name" : "Yun", "Gender" : "Male", "Tel" : "18319991999", "CustomerSysNo" : 11735490, "Location" : { "Province" : "BeiJing", "City" : "BeiJing" } }

4. 取得第 *n* 分页的文档

如要取得第 2 页文档的代码，只需把 pageNo 属性值变为 2。具体代码如下：

```
findByPage(mongoCollection,
  Filters.and(
                Filters.gt("CustomerSysNo",1170123),
                Filters.lt("CustomerSysNo",11760000)
    ),
   descending("CustomerSysNo"),
   2,
   2).forEach(printBlock);
```

执行结果如下：

```
{ "_id" : { "$oid" : "5ad958f1247b041da0ec7050" }, "Name" : "Qiang", "Gender" : "Male",  "Tel" : "18318881888", "CustomerSysNo" : 11704571, "Location" : { "Province" : "GuangDong", "City" : "DongGuan" } }
{ "_id" : { "$oid" : "5ada85be247b041e50dde1de" }, "Name" : "Oughl Luo", "Gender" : "Male", "Tel" : "18032223222", "CustomerSysNo" : 8807042, "Location" : { "Province" : "GuangXi", "City" : "NanNing" } }
```

如将 pageNo 属性值变为 3，则取得第 3 页的内容，执行结果如下：

```
{ "_id" : { "$oid" : "5ada85bf247b041e50dde1df" }, "Name" : "Yun Deng", "Gender" : "Male", "Tel" : "18318881888", "CustomerSysNo" : 4777983, "Location" : { "Province" : "BeiJing", "City" : "BeiJing" } }
```

这时会发现，第 3 页只有 1 个文档。因为集合里一共有 5 个文档，如果每页显示两个文档，则第 1 页有两个文档，第 2 页有两个文档，第 3 页只有 1 个文档。

12.4.5　用聚合方法查询文档

现有“购物车”（Carts）集合，其文档内容如下：

```
{
     "_id" : ObjectId("5ad95647e53e9340cd199c55"),
     "Quantity" : 8,
     "CustomerSysNo" : 7405952,
     "CreateDate" : ISODate("2016-09-28T01:37:39.018Z"),
     "product" : {
          "SysNo" : 9346,
          "ProductName" : "Note2 2GB Memory + 16GB Mobile 4G Phone",
               "Weight" : 400,
          "ProductMode" : "" }
 }
 {
    "_id" : ObjectId("5ad95647e53e9340cd199c49"),
    "Quantity" : 6,
    "CustomerSysNo" : 93434581,
    "CreateDate" : ISODate("2016-09-27T23:03:36.426Z"),
```

```
    "product" : {
        "SysNo" : 7362,
        "ProductName" : "8GB DT100 G3 USB3.0 U Disk",
        "Weight" : 19,
        "ProductMode" : ""
    }
}
(略)
```

如果要计算所有文档“Quantity”字段的和、平均值、最大值、最小值，则具体代码如下：

```
AggregateIterable<Document> DocAgg = mongoCollection.aggregate(Arrays.asList(
            //分组汇总 Quantity
            group("Total",sum("totalQuantity", "$Quantity"),
            //求平均值
            avg("avgQuantity", "$Quantity"),
            //求最大值
            max("maxQuantity", "$Quantity"),
            //求最小值
           min("minQuantity", "$Quantity"))
));

for (Document cur : DocAgg)
{
    System.out.println(cur.toJson());
}
```

执行的结果如下：

```
{ "_id" : "Total", "totalQuantity" : 91, "avgQuantity" : 2.275, "maxQuantity" : 12,  "minQuantity" : 1 }
```

由以上结果可以看出，“Quantity”的和是 91，平均值为 2.275，最大值为 12，最小值为 1。

在 Java 语言里使用聚合查询，基本上与 mongodB Shell 环境下使聚合查询用大体一致相关语法请查看：https://docs.mongodb.com/manual/reference/operator/aggregation-pipeline。

12.4.6 应用索引查询

_id 字段是 MongoDB 默认自动建立的唯一索引。但通常情况下，需要在文档的其他字段上设置索引，以便于我们对文档查询进行优化。

现有集合“会员”(Members)，其文档内容如下：

```
…
{
    "_id" : ObjectId("5ad958f0247b041da0ec704e"),
    "Name" : "Deng",
```

```
    "Gender" : "Male",
    "Tel" : "18310001000",
    "CustomerSysNo" : 11753090,
    "Location" : {
        "Province" : "GuangXi",
        "City" : "NanNing"
    }
}
{
    "_id" : ObjectId("5ad958f1247b041da0ec7050"),
    "Name" : "Qiang",
    "Gender" : "Male",
    "Tel" : "18318881888",
    "CustomerSysNo" : 11704571,
    "Location" : {
        "Province" : "GuangDong",
        "City" : "DongGuan"
    }
}
{
    "_id" : ObjectId("5ad958f1247b041da0ec704f"),
    "Name" : "Yun",
    "Gender" : "Male",
    "Tel" : "18319991999",
    "CustomerSysNo" : 11735490,
    "Location" : {
        "Province" : "BeiJing",
        "City" : "BeiJing"
    }
}
...
```

（1）对“Name”字段设置升序的索引。具体代码如下：

```
mongoCollection.createIndex(Indexes.ascending("Name"));
```

（2）对“Name”字段设置降序的索引。具体代码如下：

```
mongoCollection.createIndex(Indexes.descending("Name"));
```

（3）对“Name”“CustomerSysNo”这两字段设置复合降序的索引，字段之间用“,”隔开。具体代码如下：

```
mongoCollection.createIndex(Indexes.descending("Name","CustomerSysNo"));
```

（4）对“Name”字段设置降序索引，对“CustomerSysNo”字段设置升序索引。具体代码如下：

```
mongoCollection.createIndex(Indexes.compoundIndex(Indexes.descending("Name"),
Indexes.ascending("CustomerSysNo")));
```

（5）建立 Hash 索引。例如在_id 字段上创建 Hash 索引，具体代码如下：

```
mongoCollection.createIndex(Indexes.hashed("_id"));
```

（6）文本索引。

MongoDB 还提供文本索引以支持字符串内容的文本搜索。文本索引可以包含其值为字符串或元素数组的任何字段。

以下是部分文档：

```
{
    "_id" : ObjectId("5adae9ea462afdf55e2fe631"),
    "SysNo" : 2971.0,
    "ProductName" : "DE -1300 Earbuds",
    "Weight" : 465.0,
    "ProductMode" : "Set"
}
{
    "_id" : ObjectId("5adaea16462afdf55e2fe632"),
    "SysNo" : 8622.0,
    "ProductName" : "( Rose Gold) 16GB",
    "Weight" : 143.0,
    "ProductMode" : ""
}
{
    "_id" : ObjectId("5adaea2d462afdf55e2fe633"),
    "SysNo" : 87.0,
    "ProductName" : "( Gold) 16GB",
    "Weight" : 400.0,
    "ProductMode" : "Parts"
}
...
```

如果要查询“ProductName”字段中所有包含“Gold”关键词的文档，则先写如下代码：

```
//文本查询
Bson textSearch = Filters.text("Gold");
for (Document cur : mongoCollection.find(textSearch)) {
    System.out.println(cur.toJson());
}
```

执行代码，出现以下错误：

```
Exception in thread "main" com.mongodb.MongoQueryException: Query failed with error code 27 and
error message 'text index required for $text query' on server 10.134.98.228:35017
```

```
    at com.mongodb.operation.FindOperation$1.call(FindOperation.java:722)
    at com.mongodb.operation.FindOperation$1.call(FindOperation.java:711)
at com.mongodb.operation.OperationHelper.withConnectionSource(OperationHelper
.java:471)
...
```

这是因为没有建立索引。这样的代码，程序不知道查询文档的哪个字段。所以，应该先创建一个文本索引（Text Indexes）。具体代码如下：

```
//创建文本索引
mongoCollection.createIndex(Indexes.text("ProductName"));
Bson textSearch = Filters.text("Gold");
for (Document cur : mongoCollection.find(textSearch)) {
    System.out.println(cur.toJson());
}
```

执行代码，结果如下：

```
{ "_id" : { "$oid" : "5adaea83462afdf55e2fe636" }, "SysNo" : 8619.0, "ProductName" :  "( Gold) 64GB",
"Weight" : 143.0, "ProductMode" : "" }
{ "_id" : { "$oid" : "5adaea42462afdf55e2fe634" }, "SysNo" : 8619.0, "ProductName" : "( Gold) 32GB",
"Weight" : 143.0, "ProductMode" : "" }
{ "_id" : { "$oid" : "5adaea2d462afdf55e2fe633" }, "SysNo" : 87.0, "ProductName" : "( Gold) 16GB",
"Weight" : 400.0, "ProductMode" : "Parts" }
{ "_id" : { "$oid" : "5adaea16462afdf55e2fe632" }, "SysNo" : 8622.0, "ProductName" : "( Rose Gold) 16GB",
"Weight" : 143.0, "ProductMode" : "" }
```

可以看出，所有“ProductName”字段包含“Gold”关键词的都被查出来了

所以，应创建立文本索引，再进行文本查询，这样才可以将“ProductName”字段中所有包含“Gold”关键词的文档查询出来。

12.5 使用正则表达式

使用正则表达式能够灵活有效地匹配字符串。例如，不区分大小写，想要查找所有名为“Yun”或“yun”的用户，则可以使用正式表达式，具体代码如下：

```
//定义正则式，不区分大小写
Pattern regex = Pattern.compile("yun", Pattern.CASE_INSENSITIVE);
Bson filter = Filters.eq("Name", regex);
for (Document cur : mongoCollection.find(filter)) {
    System.out.println(cur.toJson());
}
```

其中，“Pattern.CASE_INSENSITIVE”表示不区分大小写。

执行的结果如下：

```
{ "_id" : { "$oid" : "5ad958f1247b041da0ec704f" }, "Name" : "Yun", "Gender" : "Male",  "Tel" : "18319991999", "CustomerSysNo" : 11735490, "Location" : { "Province" : "BeiJing", "City" : "BeiJing" } }
{ "_id" : { "$oid" : "5ada85bf247b041e50dde1df" }, "Name" : "Yun Deng", "Gender" : "Male", "Tel" : "18318881888", "CustomerSysNo" : 4777983, "Location" : { "Province" : "BeiJing", "City" : "BeiJing" } }
```

12.6 批量处理数据

批量处理数据有以下几种方法。

1. BulkWrite()

如果要向集合中批量插入、更新、删除、替换多个文档，则可以把插入、更新、删除、替换等多种操作一起提交。这样的执行速度会相对快许多，同时也会减轻网络负载。

这样的操作可使用 BulkWrite()方法来实现，范例代码如下：

```
//批量操作
mongoCollection.bulkWrite(
    Arrays.asList(
        //新增
        new InsertOneModel<>(new Document("Name", "Deng")),
        new InsertOneModel<>(new Document("Name", "Yun")),
        new InsertOneModel<>(new Document("Name", "Qiang")),
        new InsertOneModel<>(new Document("Name", "WuGe")),
        //修改
        new UpdateOneModel<>(new Document("Name", "Deng"),
                new Document("$set", new Document("Gender", "Male"))),
        //删除
        new DeleteOneModel<>(new Document("Name", "WuGe")),
        //替换
        new ReplaceOneModel<>(new Document("Name", "Qiang"),
        new Document("Name", "Qiang").append("Gender", "Male")))
);
```

执行代码，在 mongo shell 里查询，可以查到如下文档：

```
{
  "_id" : ObjectId("5ae2cd3e247b041864f67048"),
  "Name" : "Deng",
  "Gender" : "Male"
}
{
  "_id" : ObjectId("5ae2cd3e247b041864f6704a"),
  "Name" : "Qiang",
```

```
    "Gender" : "Male"
}
{
    "_id" : ObjectId("5ae2cd3e247b041864f67049"),
    "Name" : "Yun"
}
```

2. ordered(false)

mongoCollection.bulkWrite()方法默认情况下是有序地进行批量操作。

如果不考虑操作顺序，则可以使用 new BulkWriteOptions().ordered(false)。范列代码如下：

```
mongoCollection.bulkWrite(
    Arrays.asList(new InsertOneModel<>(new Document("Name", "Deng")),
            new InsertOneModel<>(new Document("Name", "Yun")),
            new InsertOneModel<>(new Document("Name", "Qiang")),
            new InsertOneModel<>(new Document("Name", "WuGe")),
            new UpdateOneModel<>(new Document("Name", "Deng"),
            new Document("$set", new Document("Gender", "Male"))),
            new DeleteOneModel<>(new Document("Name", "WuGe")),
            new ReplaceOneModel<>(new Document("Name", "Qiang"),
            new Document("Name", "Qiang").append("Gender", "Male"))),
            //忽略操作顺序
            new BulkWriteOptions().ordered(false)
);
```

12.7　创建文档关联查询

关联查询，相当于结构化数据库的连接查询，直接使用 MongoDB 驱动程序提供的 lookup 方法来实现。

例如，要查找名称为“Yun Deng”的会员所购买的商品。

“会员”（Members）的数据及格式如下：

```
{
    "_id" : ObjectId("5ad96582e53e9340cd19a354"),
    "Name" : "Yun Deng",
    "Gender" : "Male",
    "Tel" : "18323332333",
    "CustomerSysNo" : 4777983,
    "Location" : {
        "Province" : "ShangHai",
        "City" : "ShangHai"
    }
```

```
}
{
    "_id" : ObjectId("5ad96582e53e9340cd19a355"),
    "Name" : "Amber Cai",
    "Gender" : "Female",
    "Tel" : "18323332333",
    "CustomerSysNo" : 7405952,
    "Location" : {
        "Province" : "ShangHai",
        "City" : "ShangHai"
    }
}
...
```

"购物车"集合（Carts）的结构及数据如下：

```
{
    "_id" : ObjectId("5ad95647e53e9340cd199c53"),
    "Quantity" : 1,
    "CustomerSysNo" : 4777983,
    "CreateDate" : ISODate("2016-09-28T01:31:10.449Z"),
    "product" : {
        "SysNo" : 8033,
        "ProductName" : "A05 Desktop Host GX3450 8G 500G Black",
        "Weight" : 9500,
        "ProductMode" : "Set"
    }
}
{
    "_id" : ObjectId("5ad95647e53e9340cd199c55"),
    "Quantity" : 8,
    "CustomerSysNo" : 7405952,
    "CreateDate" : ISODate("2016-09-28T01:37:39.018Z"),
    "product" : {
        "SysNo" : 9346,
        "ProductName" : "Note2 2GB Memory + 16GB Mobile 4G Phone",
        "Weight" : 400,
        "ProductMode" : ""
    }
}
...
```

对查的查询代码如下：

```
AggregateIterable<Document> DocLK = mongoCollection.aggregate(
        Arrays.asList(
                project(fields(include("Name","Tel","CustomerSysNo",
```

```
                "Quantity","product"), excludeId())),
            //Name 为 Yun Deng
            match(Filters.eq("Name","Yun Deng")),
            /*
        连接购物车(Carts)，连接字段为 CustomerSysNo
        lookup 属性值格式如：lookup (from,LocalField,foreignField,as)
            */
            lookup("Carts","CustomerSysNo","CustomerSysNo","MyCarts")
                                    两个集合的关联字段
        )
);
for (Document cur : DocLK)
{
    System.out.println(cur.toJson());
}
```

只需要显示一部分字段，所以使用 project 获取需要显示的字段。执行的结果如下：

```
{ "Name" : "Yun Deng", "Tel" : "18323332333", "CustomerSysNo" : 4777983, "MyCarts" :  [{ "_id" : { "$oid" :
"5ad95647e53e9340cd199c53" }, "Quantity" : 1, "CustomerSysNo" : 4777983, "CreateDate" : { "$date" :
1475026270449 }, "product" : { "SysNo" : 8033, "ProductName" : "A05 Desktop Host GX3450 8G 500G
Black", "Weight" : 9500, "ProductMode" : "Set" } }] }
```

12.8　操作 MongoDB GridFS

在 MongoDB 中，大型的二进制文件（图片、视频、文档等）一般使用 GridFS 来存储。下面来展示一下用 Java 操作 GridFS。

1. 上传文件

（1）uploadFromStream()方法。

上传一个 MP4 文件至 GridFS。这里使用 GridFSBucket 的 uploadFromStream()方法来实现，具体代码如下：

```
GridFSBucket gridFSBucket = GridFSBuckets.create(mongoDatabase, "fsmp4");
try {
    //取得本地的 MP4 文件
    String filePath=System.getProperty("user.dir")+"/upload/mongoDB.mp4";
    //读入文件流
    InputStream inputStream = new FileInputStream(new File(filePath));
    //设置块大小及文件类型
    GridFSUploadOptions options = new GridFSUploadOptions()
            .chunkSizeBytes(358400)
            .metadata(new Document("type", "mp4"));
```

```
    //上传，并取得文件 fileId
    ObjectId fileId = gridFSBucket
            .uploadFromStream("mongodb-mp4", inputStream, options);
```

调用 uploadFromStream()方法执行上传

```
    System.out.println("The fileId of the uploaded file is: "
                                            +  fileId.toHexString());
} catch (FileNotFoundException e){
    e.printStackTrace();
}
```

执行代码，结果如下：

```
The fileId of the uploaded file is: 5ade84f8247b041748b981ba
```

（2）openUploadStream()方法。

使用 GridFSBucket.openUploadStream 方法，代码如下：

```
GridFSBucket gridFSBucket = GridFSBuckets.create(mongoDatabase, "fsmp4");
try {
    String filePath=System.getProperty("user.dir")+"/upload/mongoDB.mp4";
    GridFSUploadOptions options = new GridFSUploadOptions()
            .chunkSizeBytes(358400)
            .metadata(new Document("type", "mp4"));
    //打开上传流
    GridFSUploadStream uploadStream = gridFSBucket
            .openUploadStream("mongodb_02-mp4", options);
```

调用 openUploadStream ()方法获取 GridFS 上传流

```
    //读取文件二进制
    byte[] data = Files.readAllBytes(new File(filePath).toPath());
    //将上传文件写入 MongoDB
    uploadStream.write(data);
    uploadStream.close();
    System.out.println("The fileId of the uploaded file is: "
            + uploadStream.getObjectId().toHexString());
} catch(IOException e){
    e.printStackTrace();
}
```

在 mongo shell 中，使用 db.getCollection('fsmp4.files').find({}) 查看结果：

```
{
    "_id" : ObjectId("5ade84f8247b041748b981ba"),
    "filename" : "mongodb-mp4",
    "length" : NumberLong(8980539),
    "chunkSize" : 358400,
    "uploadDate" : ISODate("2018-04-24T01:14:36.984Z"),
```

文件大小

数据块大小

```
    "md5" : "c02e730ac6fdad8138b754d91380bac8",
    "metadata" : {
        "type" : "mp4"   文件类型描述
    }
}
{
    "_id" : ObjectId("5ade8910247b0418283a472f"),
    "filename" : "mongodb_02-mp4",
    "length" : NumberLong(8980539),
    "chunkSize" : 358400,
    "uploadDate" : ISODate("2018-04-24T01:32:04.942Z"),
    "md5" : "c02e730ac6fdad8138b754d91380bac8",
    "metadata" : {
        "type" : "mp4"
    }
}
```

2. 下载文件

从 GridFS 下载文件，可以 ObjectId 为条件来下载，也可以文件名为条件来下载

（1）以 ObjectId 为条件下载文件。

具体代码如下：

```
try {
    String filePath=System.getProperty("user.dir")+"/download/mongoDB.mp4";
    //取得输出流
    FileOutputStream streamToDownloadTo = new FileOutputStream(filePath);
    ObjectId fileId =new ObjectId("5ade84f8247b041748b981ba");
    //根据 OjbectId 下载
    gridFSBucket.downloadToStream(fileId, streamToDownloadTo);
    streamToDownloadTo.close();
    System.out.println(streamToDownloadTo.toString());
  } catch (IOException e) {
}
```

（2）以文件名为条件下载。

将 ObjectId 传给 downloadStream 进行下载这种方式，得需要预先知道 ObjectId，否则无法下载。但是很多时候我们只知道文件名，并不知道 ObjecId，这时仍然可以使用 downloadToStream 方法，只是传的属性值不再是 ObjectId，而是文件名。

在使用文件名下载的方式中，默认情况下会下载最新版本。如果要下载自己想要的版本，请使用 GridFSDownloadOptions 来匹配，代码如下：

```
try {                                          指定下载保存的路径与文件名
    String filePath=System.getProperty("user.dir")+"/download/mongoDB.mp4";
    FileOutputStream streamToDownloadTo = new FileOutputStream(filePath);
    //取得下载版本
    GridFSDownloadOptions downloadOptions = new GridFSDownloadOptions().revision(0);
    //下载文件名为"mongodb-mp4"的文件
    gridFSBucket.downloadToStream("mongodb-mp4",
            streamToDownloadTo, downloadOptions);
    streamToDownloadTo.close();
} catch (IOException e) {
}
```

在成功执行代码后，在对应的目录下会存在一个 mongoDB.mp4 文件。查找 GridFS 的文档很简单。查询所有 mp4 的文件的具体代码如下：

```
gridFSBucket.find(Filters.eq("metadata.type", "mp4"))
        .forEach(
        new Block<GridFSFile>() {
            public void apply(final GridFSFile gridFSFile) {
                System.out.println(gridFSFile.getFilename());
            }
});
```

执行代码，结果如下：

```
mongodb-mp4
mongodb_02-mp4
```

可根据 ObjecId 来删除 GridFS 文件，代码范例如下：

```
ObjectId fileId =new ObjectId("5ade8910247b0418283a472f");
gridFSBucket.delete(fileId);
```

12.9 小结

在本章中，我们学习了 Java 对 MongoDB 的常用操作。因为本章的具体实操代码比较多，所以，建议读者在阅读本章时一步一步照着本章的步骤进行操作，把所有的代码都编写一遍，这对学习本章内容会有很大的帮助。

第 13 章 用 C#操作 MongoDB

C#是运行在.NET Framework 上的高级程序设计语言，由微软公司发布。本章将从介绍搭建 C#操作 MongoDB 的开发环境开始，一步一步介绍 C#对 MongoDB 数据库的各种操作。

通过本章，读者将学到以下内容：

- MongoDB C#驱动程序的配置方法；
- 通过 C#对 MongoDB 文档执行新增、删除、修改、查询操作；
- C#如何使用聚合方法操作 MongoDB；
- C#如何创建 MongoDB 索引；
- C#使用正则表达式查询 MongoDB 文档；
- C#如何批量处理 MongoDB 数据；
- C#操作 MongoDB GridFS。

13.1 环境准备

13.1.1 环境说明

Microsoft .NET Framework 4.5 的下载地址是：https://www.microsoft.com/en-us/download/details.aspx?id=30653。

MongoDB Driver 2.7 的下载地址是：https://github.com/mongodb/mongo-csharp-driver。

各版本驱动程序支持的 MongoDB 版本见表 13-1。

表 13-1　C#的 MongoDB 驱动程序

C#/.NET Driver Version	MongoDB 3.4	MongoDB 3.6	MongoDB 4.0
Version 2.7	✓	✓	✓
Version 2.6	✓	✓	
Version 2.5	✓	✓	

集成开发环境（VisualStudio 2013 及以上版本）的下载地址是：https://www.visualstudio.com。

13.1.2　配置 MongoDB 驱动程序

在 C#里配置 MongoDB 驱动程序，推荐使用 Nuget。利用 Nuget 获取驱动是最简单的方法。

（1）在 VisualStudio 的项目中用鼠标右击“References”,在弹出的菜单中选择“Manage NuGet Packages”命令，如图 13-1 所示。

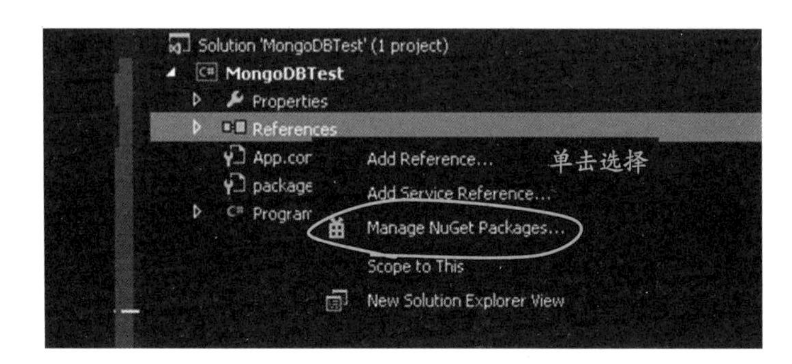

图 13-1　在 C#里配置 MongoDB 驱动

（2）弹出 Manage NuGet Packages 的对话框。在左边栏里有 3 个选项，分别为“Installed packages”“Online”和“Updates”。单击“Online”选项后，在右上角对话框中输入“MongoDB”并按 Enter 键（如图 13-2 所示），然后在线搜索 MongoDB 的相关驱动程序，搜索结果将在中间区域出现。在搜索过程中，需要保证开发环境能够连上因特网。

（3）用鼠标单击“MongoDB.Driver”，则右边栏会显示驱动程序的详细信息，如版本信息。单击“Install”按钮，开始在线安装。

（4）安装完成后，在 References 的下方会出现 4 个 MongoDB 驱动程序，表示此时驱动程序配置成功，如图 13-3 所示。

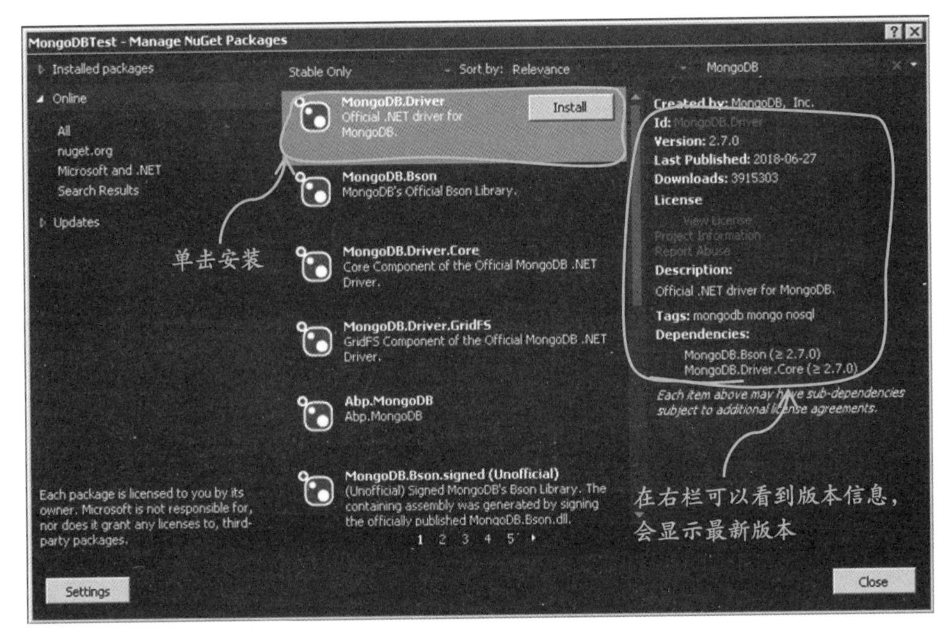

图 13-2　在线搜索 MongoDB 的相关驱动

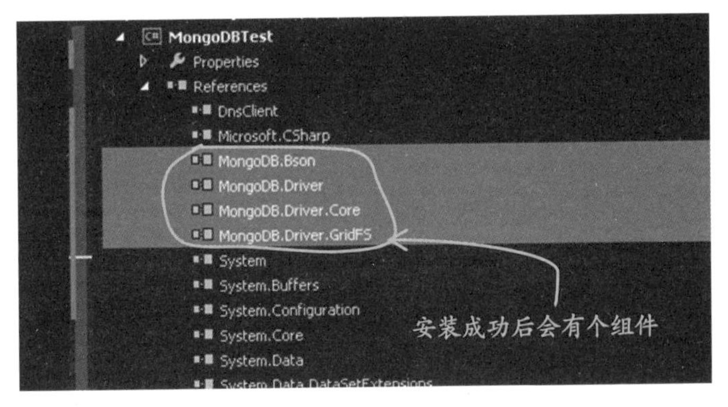

图 13-3　驱动配置成功

13.2　建立连接

建议用连接串方式连接 MongoDB（所有官方的驱动都支持以连接串的方式连接 MongoDB），标准的连接串格式如下：

mongodb://[username:password@]host1[:port1][,host2[:port2],...[,hostN[:portN]]][/[database][?options]]

- “mongodb://”：这是固定的格式，必须要指定。
- “username:password@”：可选项，指定用户名和密码。

- Host：必须指定至少一个 host 地址。如果连接的是集群，则可指定多个 mongos；若连接的是副本集，则可指定多个副本集节点。
- Port：可选的指定端口号。如果不填写，则默认为 27017。
- /database：如果已经指定了“username:password@”，则“/database”必须为此账号验证的数据库。
- ?options：连接选项。

在 config 文件里写入如下连接配置（请根据你的环境修改对应的配置）：

```
<connectionStrings>
    <add name="strCon"connectionString="
mongodb://<mongodb_user>:<mongodb_pwd>@<host1>:<port>,<host2>:<port>,<host3>:<port>/?replicaSet=myRepSet"/>
</connectionStrings>
```

下面编写一段遍历打印数据库的程序，具体代码如下：

```
//获取连接字符串
string connStr =ConfigurationManager.ConnectionStrings["strCon"].ToString();

//获取 MongoUrl 对象
var mongourl = new MongoUrl(connStr);
//获取 MongoClient 对象
MongoClient client = new MongoClient(mongourl);
using (IAsyncCursor<BsonDocument> cursor = client.ListDatabases())
{
     while (cursor.MoveNext())
     {
         foreach (var doc in cursor.Current)
         {
                // 打印数据库名
             Console.WriteLine(doc["name"]);
         }
      }
}
```

执行代码，结果如下：

```
admin
config
E-commerce
```

从程序的运行结果可以看出，打印出了 3 个数据库，分别是：admin、config、E-commerce。

13.3　应用与操作

13.3.1　新增文档

在 C#与 MongoDB 交互时，一项重要的任务就是在集合中插入文档。本节将介绍两种不同的方式：一种是插入单个文档，另一种是插入多个文档。

1. 插入单个文档

首先，取得一个集合“Members”，语法如下：

```
var mongourl = new MongoUrl(connStr);
MongoClient client = new MongoClient(mongourl);
// 获取数据库名
var mongoDatabase = client.GetDatabase(mongourl.DatabaseName);
// 获取集合 Members
var collection = mongoDatabase.GetCollection<BsonDocument>("Members");
// 新建一个文档对象
var doc1 = new BsonDocument
{
    { "Name", "Deng" },
    { "Gender", "Male" },
    { "Tel", "18310001000" },
    {"CustomerSysNo",11753090},
    { "Location", new BsonDocument
      {
          { "Province", "GuangXi" },
          { "City", "NanNing" }
      }
    }
};
// 插入单个文档
collection.InsertOne(doc1);
```

如果 Members 集合不存在，则 MongoDB 会先自动新建一个集合，再创建一个表示该文档的 Document 对象

接着调用 insertOne 方法

上述代码执行完成后，在“Members”集合中可以查看到如下结果。从结果中可以发现，新增文档里多了一个“_id”字段，这个“_id”字段实际上是由驱动自动生成的。

```
{
    "_id" : ObjectId("5adedf4119a65c0f90a27a2e"),
    "Name" : "Deng",
    "Gender" : "Male",
    "Tel" : "18310001000",
    "CustomerSysNo" : 11753090,
    "Province" : {
```

由驱动程序自动生成的“_id ”字段

```
        "Province" : " GuangXi ",
        "City" : " NanNing "
    }
}
```

2. 插入多个文档

可用 insertMany 方法插入多个文档。代码如下：

```
// 定义文档列表
List<BsonDocument> Docs = new List<BsonDocument>();
var doc2 = new BsonDocument
{
    { "Name", "Yun" },
    { "Gender", "Male" },
    { "Tel", "18319991999" },
    {"CustomerSysNo",11735490},
    { "Location", new BsonDocument
        {
            { "Province", "BeiJing" },
            { "City", "BeiJing" }
        }
}
};
var doc3 = new BsonDocument
{
    { "Name", "Qiang" },
    { "Gender", "Male" },
    { "Tel", "18318881888" },
    {"CustomerSysNo",11704571},
    { "Location", new BsonDocument
    {
        { "Province", "GuangDong" },
        { "City", "DongGuan" }
        }
}
};
// 将文档写入程序列表中
Docs.Add(doc2);

Docs.Add(doc3);
// 将多个文档写入 MongoDB
collection.InsertMany(Docs);
```

执行上述代码后，在“Members”集合中可以看到插入的两个文档，如下所示：

```
{
```

```
    "_id" : ObjectId("5adee7fb19a65c198036fe61"),
    "Name" : "Yun",
    "Gender" : "Male",
    "Tel" : "18319991999",
    "CustomerSysNo" : 11735490,
    "Location" : {
        "Province" : "BeiJing",
        "City" : "BeiJing"
    }
}
{
    "_id" : ObjectId("5adee7fb19a65c198036fe62"),
    "Name" : "Qiang",
    "Gender" : "Male",
    "Tel" : "18318881888",
    "CustomerSysNo" : 11704571,
    "Location" : {
        "Province" : "GuangDong",
        "City" : "DongGuan"
    }
}
```

13.3.2 删除文档

假设在集合中有几个文档中的电话号码是一样的，如下所示：

```
{
  "_id" : ObjectId("5adedf4119a65c0f90a27a2e"),
  "Name" : "Deng",
  "Gender" : "Male",
  "Tel" : "18319991999",
  "CustomerSysNo" : 11753090,
  "Location" : {
      "Province" : "GuangXi",
      "City" : "NanNing"
  }
}
{
    "_id" : ObjectId("5adee7fb19a65c198036fe61"),
    "Name" : "Yun",
    "Gender" : "Male",
    "Tel" : "18319991999",
    "CustomerSysNo" : 11735490,
    "Location" : {
        "Province" : "BeiJing",
```

```
        "City" : "BeiJing"
    }
}
{
    "_id" : ObjectId("5adee7fb19a65c198036fe62"),
    "Name" : "Qiang",
    "Gender" : "Male",
    "Tel" : "18319991999",
    "CustomerSysNo" : 11704571,
    "Location" : {
        "Province" : "GuangDong",
        "City" : "DongGuan"
    }
}
```

1. 删除第 1 个文档

如果想要删除“Tel”为“18319991999”的第 1 个文档，则使用 DeleteOne 语句。具体代码如下：

```
// 条件是“Tel=18319991999 ”的过滤器
var filter = Builders<BsonDocument>.Filter.Eq("Tel", "18319991999");
// 删除单个文档
collection.DeleteOne(filter);
```

2. 删除多个文档

如果要删除“Tel”为“18319991999”的全部文档，则使用 DeleteMany 语句。具体代码如下：

```
var filter = Builders<BsonDocument>.Filter.Eq("Tel", "18319991999");
// 删除多个文档
collection.DeleteMany(filter);
```

13.3.3 修改文档

假设在数据库里有如下的文档，其中记录了“会员编号”“个人信息”和“所在地”。

```
{
   "_id" : ObjectId("5adef4f419a65c0fd8fe85d5"),
   "Name" : "Qiang",
   "Gender" : "Male",
   "Tel" : "18318881888",
   "CustomerSysNo" : 11704571,
   "Location" : {
        "Province" : "GuangDong",
        "City" : "DongGuan"
    }
}
{
```

```
    "_id" : ObjectId("5adef4f419a65c0fd8fe85d3"),
    "Name" : "Deng",
    "Gender" : "Male",
    "Tel" : "18310001000",
    "CustomerSysNo" : 11753090,
    "Location" : {
        "Province" : "GuangXi",
        "City" : "NanNing"
    }
}
{
    "_id" : ObjectId("5adef4f419a65c0fd8fe85d4"),
    "Name" : "Yun",
    "Gender" : "Male",
    "Tel" : "18319991999",
    "CustomerSysNo" : 11735490,
    "Location" : {
          "Province" : "BeiJing",
          "City" : "BeiJing"
      }
}
```

现在将“CustomerSysNO”为“11704571”的“Tel”修改成“18323332333”，代码如下：

```
var filter = Builders<BsonDocument>.Filter.Eq("CustomerSysNo", 11704571);
//把“Tel”修改为“18323332333”
var update = Builders<BsonDocument>.Update.Set("Tel", "18323332333");
//修改单个文档
collection.UpdateOne(filter, update);
```

从结果中可以看到，“CustomerSysNO”为“11704571”的“Tel”已被修改成“18323332333”，如下显示：

```
{
    "_id" : ObjectId("5adef4f419a65c0fd8fe85d5"),
    "Name" : "Qiang",
    "Gender" : "Male",
    "Tel" : "18323332333",      已被修改成“18323332333”
    "CustomerSysNo" : 11704571,
    "Location" : {
        "Province" : "GuangDong ",
        "City" : "DongGuan"
    }
}
{
    "_id" : ObjectId("5adef4f419a65c0fd8fe85d3"),
```

```
    "Name" : "Deng",
    "Gender" : "Male",
    "Tel" : "18310001000",
    "CustomerSysNo" : 11753090,
    "Location" : {
        "Province" : "GuangXi",
        "City" : "NanNing"
    }
}
{
    "_id" : ObjectId("5adef4f419a65c0fd8fe85d4"),
    "Name" : "Yun",
    "Gender" : "Male",
    "Tel" : "18319991999",
    "CustomerSysNo" : 11735490,
    "Location" : {
        "Province" : "BeiJing",
        "City" : "BeiJing"
    }
}
```

这里要注意的是，UpdateOne 只修改符合条件的第 1 个文档。如果需要批量修改文档，则使用 UpdateMany。

例如：数据库中“CustomerSysNo”大于“11700000”的会员都在同一集团公司，要求将这批会员的电话号码都修改成公司统一的总机号码，即把“CustomerSysNo”大于“11700000”的“Tel”都变更为“18323332333”，具体代码如下：

```
var filter = Builders<BsonDocument>.Filter.Gt("CustomerSysNo",11700000);
```

大于（great than）

```
var update = Builders<BsonDocument>.Update.Set("Tel", "18323332333");
//修改多个文档
collection.UpdateMany(filter, update);
```

执行结果如下：

```
{
    "_id" : ObjectId("5adef4f419a65c0fd8fe85d5"),
    "Name" : "Qiang",
    "Gender" : "Male",
    "Tel" : "18323332333",
    "CustomerSysNo" : 11704571,
    "Location" : {
        "Province" : "GuangDong",
        "City" : "DongGuan"
    }
```

“Tel”都被修改成“18323332333”

```
}
{
    "_id" : ObjectId("5adef4f419a65c0fd8fe85d3"),
    "Name" : "Deng",
    "Gender" : "Male",
    "Tel" : "18323332333",
    "CustomerSysNo" : 11753090,
    "Location" : {
        "Province" : "GuangXi",
        "City" : "NanNing"
    }
}
{
    "_id" : ObjectId("5adef4f419a65c0fd8fe85d4"),
    "Name" : "Yun",
    "Gender" : "Male",
    "Tel" : "18323332333",
    "CustomerSysNo" : 11735490,
    "Location" : {
        "Province" : "BeiJing",
        "City" : "BeiJing"
    }
}
```

13.4 查询文档数据

13.4.1 限制查询结果集大小

1. 查询所有文档的两种方法

如果预期返回的文档数量比较少，则可直接使用 ToList()方法。代码如下：

```
//返回所有文档
var documents = collection.Find(new BsonDocument()).ToList();
Console.WriteLine(documents.ToJson());
```

如果预期返回的文档数量比较多，则可使用 ToEnumerable()方法来迭代每个文档。代码如下：

```
//取得查询文档的游标
var cursor = collection.Find(new BsonDocument()).ToCursor();
foreach (var document in cursor.ToEnumerable())
{
    Console.WriteLine(document);
}
```

返回文档数量的多少，不能仅仅以返回的文档数量来判断，还需要结合 MongoDB 服务器、应用程序服务器的配置、用户访问量等因素来判断。

执行结果如下：

```
{ "_id" : ObjectId("5adef4f419a65c0fd8fe85d3"), "Name" : "Deng", "Gender" : "Mal
e", "Tel" : "18310001000", "CustomerSysNo" : 11753090, "Location" : { "Province" : " GuangXi", "City" :
"NanNing" } }
{ "_id" : ObjectId("5adef4f419a65c0fd8fe85d4"), "Name" : "Yun", "Gender" : "Male
", "Tel" : "18319991999", "CustomerSysNo" : 11735490, "Location" : { "Province" : " BeiJing", "City" :
"BeiJing" } }
{ "_id" : ObjectId("5adef4f419a65c0fd8fe85d5"), "Name" : "Qiang", "Gender" : "Ma
le", "Tel" : "18318881888", "CustomerSysNo" : 11704571, "Location" : { "Province" : "GuangDong", "City" :
"DongGuan" } }
```

2. 限制查询结果集的大小

如果要限制查询结果集的大小（例如，要求查询返回最多两个文档），则可以使用 Limit(NUMBER) 方法。代码如下：

```
//取得两个文档
var cursor = collection.Find(new BsonDocument()).Limit(2).ToCursor();

foreach (var document in cursor.ToEnumerable())
{
    Console.WriteLine(document);
}
```

执行结果如下，最多只会返回两个文档：

```
{ "_id" : ObjectId("5adef4f419a65c0fd8fe85d3"), "Name" : "Deng", "Gender" : "Mal e", "Tel" : "18310001000",
"CustomerSysNo" : 11753090, "Location" : { "Province" : "GuangXi", "City" : "NanNing" } }
{ "_id" : ObjectId("5adef4f419a65c0fd8fe85d4"), "Name" : "Yun", "Gender" : "Male", "Tel" : "18319991999",
"CustomerSysNo" : 11735490, "Location" : { "Province" : " BeiJing", "City" : "BeiJing" } }
```

在 Limit(NUMBER)方法中，“NUMBER”表示：如果大于集合的文档数，则返回集合下的所有文档。

13.4.2 限制查询返回的字段

如果只想返回集合中的部分字段，过滤掉不想要的，例如只想返回“Name”与“Tel”字段，则具体代码如下：

```
//指定只显示“Name”和“Tel”字段，排除“_id”字段
var projection = Builders<BsonDocument>.Projection
        .Include("Name")
        .Include("Tel")
```

```
        .Exclude("_id");

var cursor = collection.Find(new BsonDocument()).Project(projection).ToCursor();

foreach (var document in cursor.ToEnumerable())
{
    Console.WriteLine(document);
}
```

执行上面代码，结果如下。如加上了 Exclude("_id")，则返回时会排除"_id"字段。

```
{ "Name" : "Deng", "Tel" : "18323332333" }
{ "Name" : "Yun", "Tel" : "18319991999" }
{ "Name" : "Qiang", "Tel" : "18318881888" }
```

13.4.3 按条件进行查询

1. 单个条件查询

查询文档时也可使用过滤方法。如要查询"CustomerSysNo"为"11735490"的文档，则具体代码如下：

```
var filter = Builders<BsonDocument>.Filter.Eq("CustomerSysNo", 11735490);
                                                判断条件为：等于 11735490
var cursor = collection.Find(filter).ToCursor();
foreach (var document in cursor.ToEnumerable())
{
    Console.WriteLine(document);
}
```

执行的结果如下：

```
{ "_id" : ObjectId("5adef4f419a65c0fd8fe85d4"), "Name" : "Yun", "Gender" : "Male",
"Tel" : "18319991999", "CustomerSysNo" : 11735490, "Location" : { "Province" : " BeiJing ", "City" :
"BeiJing" } }
```

2. 多个条件查询

如果存在多个条件查询，例如查询"CustomerSysNo"大于"11700000"且"CustomerSysNo"小于等于"11760000"的文档，则具体代码如下：

```
var filterBuilder = Builders<BsonDocument>.Filter;
var filter = filterBuilder
            //大于 11700000
            .Gt("CustomerSysNo",11700000)
            //小于等于 11760000
            & filterBuilder.Lte("CustomerSysNo",11760000);
var cursor = collection.Find(filter).ToCursor();
foreach (var document in cursor.ToEnumerable())
```

```
{
        Console.WriteLine(document);
}
```

打印相关文档，结果如下：

```
{ "_id" : ObjectId("5adef4f419a65c0fd8fe85d3"), "Name" : "Deng", "Gender" : "Male",
"Tel" : "18310001000", "CustomerSysNo" : 11753090, "Location" : { "Province" : "GuangXi", "City" :
"NanNing" } }
{ "_id" : ObjectId("5adef4f419a65c0fd8fe85d4"), "Name" : "Yun", "Gender" : "Male",
"Tel" : "18319991999", "CustomerSysNo" : 11735490, "Location" : { "Province" : " BeiJing", "City" :
"BeiJing" } }
{ "_id" : ObjectId("5adef4f419a65c0fd8fe85d5"), "Name" : "Qiang", "Gender" : "Male",
"Tel" : "18318881888", "CustomerSysNo" : 11704571, "Location" : { "Province" : "GuangDong", "City" :
"DongGuan" } }
```

13.4.4 将查询结果分页显示

分页公式详见 12.4.4 节。

1. 编写分页函数

把“分页公式”得出的结论写成一个函数。在进行分页查询时，请确保每次查找的文档都采用同样的排序方式。

可以用 mongoCollection.sort()方法来固定查询的排序，具体代码如下：

```
public static IAsyncCursor<BsonDocument> findByPage(
            IMongoCollection<BsonDocument> mongoCollection,FilterDefinition<BsonDocument> filter,
SortDefinition<BsonDocument> orderBy, int pageNo, int pageSize)
{
            return mongoCollection
                    //查找
                    .Find(filter)
                    //排序
                    .Sort(orderBy)
                    //取得第 pageNo 页的数据
                    .Skip((pageNo - 1) * pageSize).Limit(pageSize).ToCursor();
}
```

2. 测试分页函数

上面介绍了“分页函数”，其中，“filter”为查询条件，“orderBy”为排序。下面来调用这个方法，按照 CustmerSysNo 倒序排列。假设集合里共有 3 个文档，每一页显示两个文档，则取得第 1 页文档的代码如下：

```
var filterBuilder = Builders<BsonDocument>.Filter;
// CustomerSysNo 大于 1170123 且小于等于 11760000
var filter = filterBuilder.Gt("CustomerSysNo", 1170123)
```

```
                    & filterBuilder.Lte("CustomerSysNo", 11760000);

//按照 CustomerSysNo 降序排列
var sort = Builders<BsonDocument>.Sort.Descending("CustomerSysNo");
var cursor = findByPage(collection, filter,sort,1,2);
                调用自定义的分页函数
foreach (var document in cursor.ToEnumerable())
{
    Console.WriteLine(document);
}
```

执行的结果如下：

```
{ "_id" : ObjectId("5adef4f419a65c0fd8fe85d3"), "Name" : "Deng", "Gender" : "Male",
"Tel" : "18310001000", "CustomerSysNo" : 11753090, "Location" : { "Province" : " GuangXi", "City" :
"NanNing" } }
{ "_id" : ObjectId("5adef4f419a65c0fd8fe85d4"), "Name" : "Yun", "Gender" : "Male",
"Tel" : "18319991999", "CustomerSysNo" : 11735490, "Location" : { "Province" : " BeiJing ", "City" :
"BeiJing" } }
```

3. 取得第 *n* 分页的文档

取得第 2 页文档的代码，只需要把“pageNo”参数变为 2，具体代码如下：

```
var filterBuilder = Builders<BsonDocument>.Filter;
var filter = filterBuilder.Gt("CustomerSysNo", 1170123)
                    & filterBuilder.Lte("CustomerSysNo", 11760000);
var sort = Builders<BsonDocument>.Sort.Descending("CustomerSysNo");
var cursor = findByPage(collection, filter, sort, 2, 2);
foreach (var document in cursor.ToEnumerable())
{                                                   第 2 页
    Console.WriteLine(document);
}
```

执行的结果如下：

```
{ "_id" : ObjectId("5adef4f419a65c0fd8fe85d5"), "Name" : "Qiang", "Gender" : "Male",
"Tel" : "18318881888", "CustomerSysNo" : 11704571, "Location" : { "Province" : "GuangDong", "City" :
"DongGuan" } }
```

这个时候会发现，第 2 页只有 1 个文档。这是怎么回事呢？因为集合里一共有 3 个文档，如果每页显示两个文档，则第 1 页有两个文档，第 2 页有 1 个文档。

13.4.5 使用聚合方法查询文档

假设有一个“Carts”集合，其文档如下。现需要计算所有文档 Quantity 的和、平均值、最大值、最小值：

```
{
   "_id" : ObjectId("5ad95647e53e9340cd199c55"),
   "Quantity" : 8,
   "CustomerSysNo" : 7405952,
   "CreateDate" : ISODate("2016-09-28T01:37:39.018Z"),
   "product" : {
            "SysNo" : 9346,
            "ProductName" : "Note2 2GB Memory + 16GB Mobile 4G Phone",
            "Weight" : 400,
            "ProductMode" : ""
      }
}
{
    "_id" : ObjectId("5ad95647e53e9340cd199c49"),
    "Quantity" : 6,
    "CustomerSysNo" : 93434581,
    "CreateDate" : ISODate("2016-09-27T23:03:36.426Z"),
    "product" : {
            "SysNo" : 7362,
            "ProductName" : "8GB DT100 G3 USB3.0 U Disk",
            "Weight" : 19,
            "ProductMode" : ""
    }
}
...
```

执行的统计代码如下：

```
// 定义 Group 的字符串格式
string strGroup = "{ '_id':'Total', 'total':{ $sum:'$Quantity'}, 'avgQuantity': { $avg: '$Quantity' },
'maxQuantity':{ $max:'$Quantity' } , 'minQuantity':{ $min:'$Quantity'}}";

// 聚合      自定义的结果集字段名
var aggregate = collection.Aggregate()
            .Group(BsonDocument.Parse(strGroup))
            .ToCursor();
                    用 MongoDB 提供的 Aggregate 操作的 Group 方法实现
foreach (var document in aggregate.ToEnumerable())
{
      Console.WriteLine(document);
}
```

执行代码，结果如下：

```
{ "_id" : "Total", "totalQuantity" : 91, "avgQuantity" : 2.275, "maxQuantity" : 12, "minQuantity" : 1 }
```

可以得出，Quantity 的和是 91，平均值是 2.275，最大值是 12，最小值是 1。

在使用 Group()时，建议先将指令拼成字符串（与 mongo shell 环境下一致的指令串），再转换成 BsonDocument 放在 Group()里执行。

13.4.6 应用索引查询

“_id”字段是 MongoDB 默认自动建立的唯一索引。但通常考虑到实际应用，需要在文档的其他字段上也设置索引，以便对查询进行优化。

1. 一般索引

现有如下数据：

```
{
    "_id" : ObjectId("5ad958f0247b041da0ec704e"),
    "Name" : "Deng",
    "Gender" : "Male",
    "Tel" : "18310001000",
    "CustomerSysNo" : 11753090,
    "Location" : {
        "Province" : "GuangXi",
        "City" : "NanNing"
    }
}
    {
    "_id" : ObjectId("5ad958f1247b041da0ec7050"),
    "Name" : "Qiang",
    "Gender" : "Male",
    "Tel" : "18318881888",
    "CustomerSysNo" : 11704571,
    "Location" : {
        "Province" : "GuangDong",
        "City" : "DongGuan"
    }
}
{
    "_id" : ObjectId("5ad958f1247b041da0ec704f"),
    "Name" : "Yun",
    "Gender" : "Male",
    "Tel" : "18319991999",
    "CustomerSysNo" : 11735490,
    "Location" : {
```

```
            "Province" : "BeiJing",
            "City" : "BeiJing"
    }
}
...
```

对“Name”字段设置升序的索引，1 表示升序，具体代码如下：

```
collection.Indexes.CreateOne(new BsonDocument("Name", 1));
```

对“Name”字段设置降序的索引，−1 表示降序，具体代码如下：

```
collection.Indexes.CreateOne(new BsonDocument("Name", -1));
```

对“Name”字段设置升序索引，对“CustomerSysNo”字段设置降序索引，具体代码如下：

```
var keys = Builders<BsonDocument>.IndexKeys
                        .Ascending("Name").Descending("CustomerSysNo");
collection.Indexes.CreateOne(keys);
```

2. 文本索引

MongoDB 还提供文本索引，以支持字符串内容的文本搜索。文本索引包括其值为字符串或字符串数组的任何字段。

现有以下数据（下面是部分文档）：

```
{
    "_id" : ObjectId("5adae9ea462afdf55e2fe631"),
    "SysNo" : 2971.0,
    "ProductName" : "DE -1300 Earbuds",
    "Weight" : 465.0,
    "ProductMode" : "Set"
}
{
    "_id" : ObjectId("5adaea16462afdf55e2fe632"),
    "SysNo" : 8622.0,
    "ProductName" : "( Rose Gold) 16GB",
    "Weight" : 143.0,
    "ProductMode" : ""
}
{
    "_id" : ObjectId("5adaea2d462afdf55e2fe633"),
    "SysNo" : 87.0,
    "ProductName" : "( Gold) 16GB",
    "Weight" : 400.0,
    "ProductMode" : "Parts"
}
...
```

创建文本索引，具体代码如下：

```
collection.Indexes.CreateOne(BsonDocument.Parse("{'ProductName':'text'}"));
```

按文本索引查询，查询“ProductName”字段包含关键词“Gold”的所有文档，代码如下：

```
var filter = Builders<BsonDocument>.Filter.Text("Gold");
var cursor = collection.Find(filter).ToCursor();
foreach (var document in cursor.ToEnumerable())
{
        Console.WriteLine(document);
}
```

执行代码，结果如下：

```
{ "_id" : { "$oid" : "5adaea83462afdf55e2fe636" }, "SysNo" : 8619.0, "ProductName" : "( Gold) 64GB",
"Weight" : 143.0, "ProductMode" : "" }
{ "_id" : { "$oid" : "5adaea42462afdf55e2fe634" }, "SysNo" : 8619.0, "ProductName" : "( Gold) 32GB",
"Weight" : 143.0, "ProductMode" : "" }
{ "_id" : { "$oid" : "5adaea2d462afdf55e2fe633" }, "SysNo" : 87.0, "ProductName" : "( Gold) 16GB", "Weight" :
400.0, "ProductMode" : "Parts" }
{ "_id" : { "$oid" : "5adaea16462afdf55e2fe632" }, "SysNo" : 8622.0, "ProductName" : "( Rose Gold) 16GB",
"Weight" : 143.0, "ProductMode" : "" }
```

所有“ProductName”字段包含“Gold”关键词的文档都被查出来

13.5　使用正则表达式

使用正则表达式能够灵活而有效地匹配字符串。例如，不区分大小写，想要查找所有名为“Yun”或“yun”不区分大小写的用户，则可以用正则表达式来实现，代码如下：

```
var filter = Builders<BsonDocument>
    .Filter.Regex("Name", new BsonRegularExpression("Yun","i"));
var cursor = collection.Find(filter).ToCursor();
foreach (var document in cursor.ToEnumerable())
{
        Console.WriteLine(document);
}
```

其中，在 new BsonRegularExpression("Yun","i")里加上了“i”，表示不区分大小写。

执行代码，结果如下：

```
{ "_id" : ObjectId("5adef4f419a65c0fd8fe85d4"), "Name" : "Yun", "Gender" : "Male
", "Tel" : "18319991999", "CustomerSysNo" : 11735490, "Location" : { "Province" : " BeiJing ", "City" :
"BeiJing" } }
{ "_id" : ObjectId("5ae1736d19a65c1550c008fd"), "Name" : "Yun Deng", "Gend
er" : "Male", "Tel" : "18310001000", "CustomerSysNo" : 4777983, "Location" : { "Province": "GuangXi",
"City" : "NanNing" } }
```

13.6 批量处理数据

如果要向集合批量插入、更新、删除、替换多个文档，则可以把插入、更新、删除、替换等多种操作一起提交。这样的执行速度会相对快许多，同时也会减轻网络负载。可使用 BulkWrite 方法来实现，范例代码如下：

```
//批量操作
var models = new WriteModel<BsonDocument>[]
{
    // 插入
    new InsertOneModel<BsonDocument>(new BsonDocument("Name", "Deng")),
    new InsertOneModel<BsonDocument>(new BsonDocument("Name", "Yun")),
    new InsertOneModel<BsonDocument>(new BsonDocument("Name", "Qiang")),
    new InsertOneModel<BsonDocument>(new BsonDocument("Name", "WuGe")),
    // 修改
    new UpdateOneModel<BsonDocument>(
        new BsonDocument("Name", "Deng"),
        new BsonDocument("$set", new BsonDocument("Gender", "Male"))),
    // 删除
    new DeleteOneModel<BsonDocument>(new BsonDocument("Name", "WuGe")),
    // 替换
    new ReplaceOneModel<BsonDocument>(
        new BsonDocument("Name", "Qiang"),
        new BsonDocument("Name", "Qiang").Add("Gender", "Male"))
};
collection.BulkWrite(models);
```

执行代码后可查到如下文档：

```
{ "_id" : ObjectId("5ae17b5119a65c20d058182a"), "Name" : "Deng", "Gender" : "Male" }
{ "_id" : ObjectId("5ae17b5119a65c20d058182b"), "Name" : "Yun" }
{ "_id" : ObjectId("5ae17b5119a65c20d058182c"), "Name" : "Qiang", "Gender" : "Male" }
```

BulkWrite 默认是有序的批量操作，如果不考虑操作顺序，则使用以下代码：

```
collection.BulkWrite(models, new BulkWriteOptions { IsOrdered = false });
```

13.7 创建文档关联查询

关联查询，相当于关系型数据库中的连接查询，在 MongoDB 里用聚合查询的 Lookup 来实现。

假设有一个集合，集合名是“Members”，文档结构如下：

```
{
    "_id" : ObjectId("5ad96582e53e9340cd19a354"),
```

```
    "Name" : "Yun Deng",
    "Gender" : "Male",
    "Tel" : "18310001000",
    "CustomerSysNo" : 4777983,
    "Location" : {
        "Province" : "DongGuan",
        "City" : "NanNing"
    }
}
{
    "_id" : ObjectId("5ad96582e53e9340cd19a355"),
    "Name" : "Amber Cai",
    "Gender" : "Female",
    "Tel" : "18310001000",
    "CustomerSysNo" : 7405952,
    "Location" : {
        "Province" : " ShangHai ",
        "City" : " ShangHai "
    }
}
...
```

还有一张集合，集合名是“Carts”，文档结构如下：

```
{
    "_id" : ObjectId("5ad95647e53e9340cd199c53"),
    "Quantity" : 1,
    "CustomerSysNo" : 4777983,
    "CreateDate" : ISODate("2016-09-28T01:31:10.449Z"),
    "product" : {
        "SysNo" : 8033,
        "ProductName" : "A05 Desktop Host GX3450 8G 500G Black",
        "Weight" : 9500,
        "ProductMode" : "Set"
    }
}
{
    "_id" : ObjectId("5ad95647e53e9340cd199c55"),
    "Quantity" : 8,
    "CustomerSysNo" : 7405952,
    "CreateDate" : ISODate("2016-09-28T01:37:39.018Z"),
    "product" : {
        "SysNo" : 9346,
        "ProductName" : "Note2 2GB Memory + 16GB Mobile 4G Phone",
        "Weight" : 400,
        "ProductMode" : ""
```

```
    }
}
...
```

例如，要查找会员“Yun Deng”购买的商品资料，代码如下：

```
// 显示字段：Name、Tel、CustomerSysNo、Quantity、product
var projection = Builders<BsonDocument>.Projection
        .Include("Name")
        .Include("Tel")
        .Include("CustomerSysNo")
        .Include("Quantity")
        .Include("product");
 //Name 为 Yun Deng
 var filter = Builders<BsonDocument>.Filter.Eq("Name", "Yun Deng");
 var aggregate = collection.Aggregate()
        .Project(projection)
        .Match(filter)
   /*
     连接购物车(Carts)，连接字段为 CustomerSysNo
     lookup 属性值格式如：lookup (from,LocalField,foreignField,as)
        */
        .Lookup("Carts", "CustomerSysNo", "CustomerSysNo", "MyCarts").ToCursor();

 foreach (var document in aggregate.ToEnumerable())
 {
        Console.WriteLine(document);
 }
```

这里不需要显示那么多字段，所以用 Project 获取需要显示的字段，执行的结果如下：

{ "Name" : "Yun Deng", "Tel" : "18310001000", "CustomerSysNo" : 4777983, "MyCarts" : [{ "_id" : { "$oid" : "5ad95647e53e9340cd199c53" }, "Quantity" : 1, "CustomerSysNo" : 4777983, "CreateDate" : { "$date" : 1475026270449 }, "product" : { "SysNo" : 8033, "ProductName" : "A05 Desktop Host GX3450 8G 500G Black", "Weight" : 9500, "ProductMode" : "Set" } }] }

13.8 操作 MongoDB GridFS

GridFS 在前面章已经介绍过。下面来看一下用 C#如何操作 GridFS。

首先，上传一个 PDF 文件至 GridFS。这里使用的是 GridFSBucket 的 uploadFromStream 方法，具体代码如下：

```
//文件路径
string filePath = "D:\\MongoDB.pdf";
//读取文件流
```

```
FileStream fileStream = new FileStream(filePath, FileMode.Open);
var bucket = new GridFSBucket(mongoDatabase, new GridFSBucketOptions
{
        //设置 Bucket 名称，此名称将作为集合的前缀名
        BucketName = "fspdf",
        //设置 ChunkSize
        ChunkSizeBytes = 358400,
        //设置写安全等级，需要确认数据成功写入到大多数节点才算成功
        WriteConcern = WriteConcern.WMajority,
        //只从 secondary 节点读数据
        ReadPreference = ReadPreference. Secondary
});
var options = new GridFSUploadOptions
{
         ChunkSizeBytes = 358400,
         Metadata = new BsonDocument
         {
                { "type", "pdf" },
                { "copyrighted", true }
          }
};

//上传
ObjectId fileid = bucket.UploadFromStream("filename", fileStream, options);
```

调用 uploadFromStream()方法执行上传

```
fileStream.Close();
Console.WriteLine("The fileId of the uploaded file is: " + fileid.ToString());
```

执行代码后打印 fileId，结果如下：

```
The fileId of the uploaded file is: 5ae2845f19a65c1258f280b9
```

在 mongo shell 中，可以使用 db.getCollection('fspdf.files').find({})查看结果：

```
{
"_id" : ObjectId("5ae2845f19a65c1258f280b9"),
"length" : NumberLong(8980539),        ← 文件大小
"chunkSize" : 358400,        ← 数据块大小
"uploadDate" : ISODate("2018-04-27T02:01:06.760Z"),
"md5" : "c02e730ac6fdad8138b754d91380bac8",
"filename" : "MongoDB",
      "metadata" : {
            "type" : "pdf",        ← 文件类型描述
            "copyrighted" : true
      }
}
```

从 GridFS 中下载文件，可以用 ObjectId 为条件来下载，也可以用文件名为条件来下载。

1. 用 ObjecId 为条件来下载

具体代码如下：

```
string filePath = @"D:\\download\MongoDB.pdf";
FileStream fileStream = new FileStream(filePath, FileMode.Append);
var bucket = new GridFSBucket(mongoDatabase, new GridFSBucketOptions
{
        BucketName = "fspdf",
        ChunkSizeBytes = 358400,
        WriteConcern = WriteConcern.WMajority,
        ReadPreference = ReadPreference. Secondary
});
ObjectId fileId = new ObjectId("5ae2845f19a65c1258f280b9");
//下载
bucket.DownloadToStream(fileId, fileStream);
fileStream.Close();
```

2. 用文件名为条件来下载

将 ObjectId 传给 DownloadToStream 进行下载这种方式，需要预先知道 ObjectId，否则无法下载。但很多时候我们只知道文件名，并不知道 ObjectId。这时可以用 DownloadToStream 方法，只是在调用方法时传的参数不再是 ObjectId，而是文件名。

以文件名为条件来下载，默认会下载最新的版本，也可设置自己想要的版本，请使用 GridFSDownloadByNameOptions 来匹配，具体代码如下：

```
string filePath = @"D:\\download\MongoDB_pdf.pdf";
```

指定保存的路径与文件名

```
FileStream fileStream = new FileStream(filePath, FileMode.Append);
var bucket = new GridFSBucket(mongoDatabase, new GridFSBucketOptions
{
        BucketName = "fspdf",
        ChunkSizeBytes = 358400,
        WriteConcern = WriteConcern.WMajority,
        ReadPreference = ReadPreference. Secondary
});
var options = new GridFSDownloadByNameOptions
{
        //设置下载版本
        Revision = 0
};

//下载
```

```
bucket.DownloadToStreamByName("filename", fileStream, options);
Console.WriteLine("Download success ");
fileStream.Close();
```

成功执行代码后，在对应的目录下会出现 mongoDB_pdf.pdf 文件。

3. 查找 GridFS 中的文档

以下代码能查询 GridFS 中的所有的 PDF 文件：

```
var bucket = new GridFSBucket(mongoDatabase, new GridFSBucketOptions
{
        BucketName = "fspdf",
        ChunkSizeBytes = 358400,
        WriteConcern = WriteConcern.WMajority,
        ReadPreference = ReadPreference. Secondary
});
var filter = Builders<GridFSFileInfo>.Filter.Eq("metadata.type", "pdf");
var gridfsList = bucket.Find(filter).ToList();
Console.WriteLine(gridfsList.ToJson());
```

执行代码，得到以下结果：

```
[{ "_id" : ObjectId("5ae2845f19a65c1258f280b9"), "length" : NumberLong(8980539), "chunkSize" : 358400,
"uploadDate" : ISODate("2018-04-27T02:01:06.76Z"), "md5": "c02e730ac6fdad8138b754d91380bac8",
"filename" : "MongoDB", "metadata" : { "type" : "pdf", "copyrighted" : true } }]
```

通过 GridFS 删除文档，可根据 ObjecId 来指定文档，具体代码如下：

```
ObjectId fileId = new ObjectId("5ae2845f19a65c1258f280b9");
bucket.Delete(fileId);
```

13.9 小结

在本章中，我们学习了用 C# 对 MongoDB 的常用操作。因为本章的具体实操代码比较多，在阅读本章时，建议一步一步照着本章内容动手实际操作，把所有的代码照着写一遍，这对学习本章会有较大的帮助。

第 14 章 用 Python 操作 MongoDB

Python 是一门非常棒的编程语言，代码可读性好，开发速度快，且开发者可以很快掌握。如果读者对 Python 不太熟悉，可以参见电子工业出版社出版的《Python 带我起飞——入门、进阶、商业实战》一书。

本章中的 Python 代码是基于 Python 3.6 的 MongoDB 驱动程序 pymongo 3.6.1 编写的，代码简单、清晰。本章将先学习 Python 开发环境的搭建，再从 MongoDB 的连接开始一步一步学习对 MongoDB 数据库的各种操作。

本文采用 PyCharm 工具编写代码，执行输出也采用该工具。

通过本章，读者将学到：

- Python 开发环境配置；
- 用 Python 对 MongoDB 文档进行新增、删除、修改、查询操作；
- Python 如何使用聚合方法操作 MongoDB；
- 用 Python 创建及管理 MongoDB 索引；
- Python 使用正则表达式查询 MongoDB 文档；
- 用 Python 批量处理多个 MongoDB 操作指令；
- 用 Python 操作 MongoDB GridFS。

14.1 环境准备

14.1.1 安装 Python

（1）打开 Python 官网（https://www.python.org/downloads），找到需要下载的 Python 产品，如图 14-1 所示。

Release version	Release date		Click for more
Python 3.6.5	2018-03-28	Download	Release Notes
Python 3.4.8	2018-02-05	Download	Release Notes
Python 3.5.5	2018-02-05	Download	Release Notes
Python 3.6.4	2017-12-19	Download	Release Notes
Python 3.6.3	2017-10-03	Download	Release Notes
Python 3.3.7	2017-09-19	Download	Release Notes
Python 2.7.14	2017-09-16	Download	Release Notes

View older releases

图 14-1 Python 产品

（2）选择要安装的版本，如图 14-2 所示。本书使用的是 Python 3.6.5，读者可根据自己电脑的操作系统选择对应的文件下载安装。

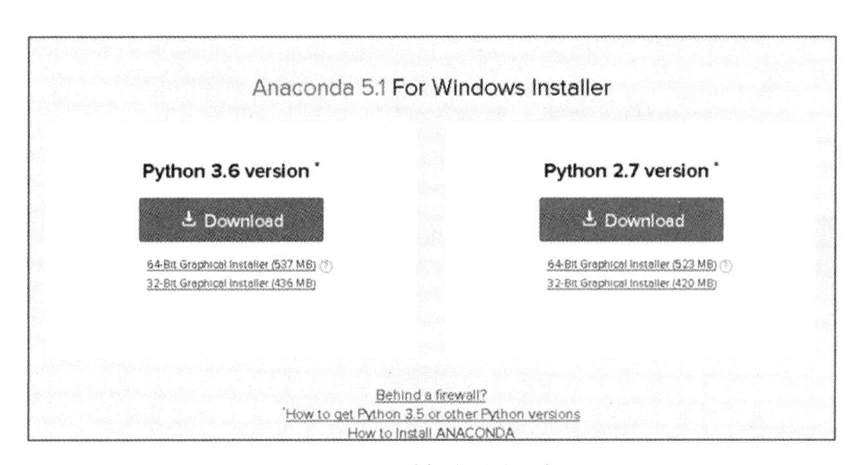

图 14-2 选择合适的版本

（3）安装完毕后，要把 Python 程序目录添加到系统变量“path”中。

也可以通过安装集成环境 Anaconda 来安装 Python：访问 Anaconda 官网（https://www.anaconda.com/download），下载对应版本的 Python 安装文件。

开发者可以自行选择某种 Python 开发工具，如 PyCharm，Jupyter Notebook 等。

另外，为了方便安装 Python 应用包，可以事先下载和安装 pip 程序，下载地址为：https://pypi.org/project/pip/#files。

14.1.2 安装 pymongo

Python 安装完毕后，就可以安装 pymongo 程序包了。该程序包提供了在 Python 应用程序中访问 MongoDB 数据库服务器所需的对象和功能。

安装命令如下：

```
C:\Users\Administrator>pip install pymongo
Collecting pymongo
  Downloading
https://files.pythonhosted.org/packages/a0/6f/a5545522c167ffb0c8bd9718cc6724e07913a6e02856fb18f9
d7f26a7a/pymongo-3.6.1-cp35-cp35m-win_amd64.whl(291kB)
  100% |################################| 296kB 728kB/s
Installing collected packages: pymongo
Successfully installed pymongo-3.6.1
```

执行此命令需要电脑能连接到 Internet

pymongo 程序安装完成

安装完 pymongo 后，可以执行“import pymongo”命令进行验证。如果没有出现报错，则说明安装成功，可以正常使用了。

```
C:\>Python
Python 3.6.5 (v3.6.5:f59c0932b4, Mar 28 2018, 17:00:18) [MSC v.1900 64 bit (AMD64)] on win32
Type "help", "copyright", "credits" or "license" for more information.
>>> import pymongo
>>>
```

如果没有报错，则说明 pymongo 安装成功

14.2 建立连接与断开连接

1. 建立连接

下面用 pymongo 连接 MongoDB 服务器。首先确定已经启动了 MongoDB 服务，并设置了允许使用 IP 地址连接。连接串的格式如下。

```
mongodb://<mongodb_user>:<mongodb_pwd>@<db server IP 地址>:<port>
```

如果要实现连接高可用，则可以使用多个 mongos 服务实例，此时，连接串可以这样写：

```
mongodb://<mongodb_user>:<mongodb_pwd>@<host1>:<port>,<host2>:<port>,<host3>:<port>
```

完整的 Python 代码如下：

```
#导入 pymongo 包
import pymongo
```

```
#连接 MongoDB 字符串
mongodb_server_uri="mongodb://<mongodb_user>:<mongodb_pwd>@127.0.0.1:27017"

#建立与 MongoDB 的连接，并将此连接赋值给自定义的“mongo”变量
mongo=pymongo.MongoClient(mongodb_server_uri)

#定位到 E-commerce 数据库
db=mongo["E-commerce"]

#定位到 Members 集合
collection=db.get_collection("Members")

#读取 Members 集合中的记录数并打印
print("Number of Documents: "+str(collection.find().count()))

#关闭 MongoDB 连接
mongo.close()
```

得到的结果如下：

```
Number of Documents: 10
```

读取到 Members 集合中的文档数为 10

此时，我们用 pymongo 的 MongoClient 模块成功地建立 Python 与 MongoDB 的连接，接下来就可以操作 MongoDB 了。

2. 断开连接

如需断开连接，使用 pymongo.MongoClient.close()方法即可。

14.3　应用与操作

14.3.1　新增文档

1. 用 collection.insert()方法新增文档

在 Python 中使用 collection.insert()方法即可轻松新增 MongoDB 文档，具体方法如下。

```
import pymongo

mongodb_server_uri="mongodb://<mongodb_user>:<mongodb_pwd>@127.0.0.1:27017"
mongo=pymongo.MongoClient(mongodb_server_uri)

db=mongo["E-commerce"]
collection=db["Members"]
```

```
#建立文档内容
new_doc={"Name" : "Nina",
          "Gender" : "Female",
          "Tel" : "18800000001",
          "CustomerSysNo" : 11339491,
          "Location" : { "Province" : "ShangHai", "City" : "ShangHai" }
          }

#将文档插入 MongoDB
collection.insert(new_doc)
print("Number of Documents: "+str(collection.find().count()))
```

打印的结果如下：

Number of Documents: 11

2. 用字典方式新增文档

用字典方式新增文档，具体代码如下。

```
import pymongo

mongodb_server_uri="mongodb://<mongodb_user>:<mongodb_pwd>@127.0.0.1:27017"
mongo=pymongo.MongoClient(mongodb_server_uri)

db=mongo["E-commerce"]
collection=db["Members"]

#建立字典格式文档
new_doc={}

#指定该文档字典的内容
new_doc["Name"]="Lucy"
new_doc["Gender"]="Female"
new_doc["Tel"]="18800000002"
new_doc["CustomerSysNo"]="33442233"
new_doc["Location"]={"Province" : "GuangDong", "City" : "ShenZhen"}
collection.insert(new_ doc)

doc=collection.find_one({"Name":"Lucy"})
print(doc)
print("Number of Documents: "+str(collection.find().count()))
```

代码中：

- collection.insert()返回的对象是新增文档的“_id”字段内容。
- find_one()与find()类似，都是查询文档，但find_one()只返回第 1 个符合条件的文档。

打印的结果如下：

{u'Tel': u'18800000002', u'Name': u'Lucy', u'Gender': u'Female', u'Location': {u'City': u' GuangDong', u'Province': u' ShenZhen '}, u'_id': ObjectId('5ad964c7507354883d8e2de3'), u'CustomerSysNo': u'33442233'} Number of Documents: 12

3. 批量新增文档

还可以用 collection.insert_many()方法批量新增文档，具体代码如下所示。

```
import pymongo

mongodb_server_uri="mongodb://<mongodb_user>:<mongodb_pwd>@127.0.0.1:27017"
mongo=pymongo.MongoClient(mongodb_server_uri)
db=mongo["E-commerce"]
collection=db["Members"]

#创建第 1 个文档
new_doc1={"Name" : "Tony",
          "Gender" : "Male",
          "Tel" : "18800000003",
          "CustomerSysNo" : 11339491,
          "Location" : { "Province" : "GuangXi", "City" : "NanNing" }
          }

#创建第 2 个文档
new_doc2={}
new_doc2["Name"]="Cindy"
new_doc2["Gender"]="Female"
new_doc2["Tel"]="18800000004"
new_doc2["CustomerSysNo"]="32245233"
new_doc2["Location"]={"Province" : "ShangHai", "City" : "ShangHai"}

#同时插入两个文档
result=collection.insert_many([new_doc1,new_doc2])
print(result.inserted_ids)
new_doc_count=collection.find({"Name":{"$in":["Tony","Cindy"]}}).count()
print("Number of Inserted Documents: "+str(new_doc_count))
print("Number of Total Documents: "+str(collection.find().count()))
```

执行打印，结果显示文档批量插入成功，并打印出新插入文档的“_id”字段的值：

[ObjectId('5ad959be507354753d8b30ad'), ObjectId('5ad959be507354753d8b30ae')]
Number of Inserted Documents: 2
Number of Total Documents: 14

两个 ObjectId 就是刚才新插入两个文档的_id

4. 用 collection.save()方法新增文档

另外，用 collection.save()方法也能新增文档，且当该文档已经在集合中时，collection.save()方法还可以起到修改文档的作用。

collection.save()方法的调用方法如下：

```
result=collection.save(doc)
print result
```

详细代码如下：

```
import pymongo
from bson.objectid import ObjectId
from pprint import pprint

mongodb_server_uri=" mongodb://<mongodb_user>:<mongodb_pwd>@127.0.0.1:27017"
mongo=pymongo.MongoClient(mongodb_server_uri)
db=mongo["E-commerce"]
collection=db["Members"]

#新增文档
new_doc2={}
new_doc2["Name"]="Anna"
new_doc2["Gender"]="Female"
new_doc2["Tel"]="18800000005"
new_doc2["CustomerSysNo"]="00001111"
new_doc2["Location"]={"Province" : "ShangHai", "City" : "ShangHai"}
rst=collection.save(new_doc2)        这里的rst就是新增文档后生成的文档_id值

doc=collection.find_one({"Name":"Anna"})

#打印该文档
print("Doc before modify:")
pprint(doc)

#修改文档中“Tel”字段的值，并用save()进行保存
new_doc2["_id"]=rst
new_doc2["Tel"]="18800000006"
rst=collection.save(new_doc2)

doc=collection.find_one({"Name":"Anna"})
print("Doc after modify:")
pprint(doc)
```

打印的结果如下。可以看到，在 MongoDB 数据库里已经新增了一个“Name”为“Anna”的文档，并且接着对该文档的“Tel”字段做了修改。

```
Doc before modify:
{u'CustomerSysNo': u'00001111',
```

```
 u'Gender': u'Female',
 u'Location': {u'Province': u' ShangHai', u'City': u'ShangHai'},
 u'Name': u'Anna',
 u'Tel': u'18800000005',
 u'_id': ObjectId('5ad95e1d5073549ca15bb0e3')}
Doc after modify:
{u'CustomerSysNo': u'00001111',
 u'Gender': u'Female',
 u'Location': {u'Province': u'ShangHai', u'City': u'ShangHai'},
 u'Name': u'Anna',
 u'Tel': u'18800000006',
 u'_id': ObjectId('5ad95e1d5073549ca15bb0e3')}
```

第 2 次执行 save()时只修改了"Tel"字段的值

14.3.2　删除文档

1. 删除单个文档

用 collection.delete_many(<query>)或 collection.delete_one(<query>)语句可删除文档。两者之差在于：

- collection.delete_many()方法会删除集合中所有符合条件的文档。
- collection.delete_one()方法会删除集合中符合条件的第 1 个文档。

语句中的 query 是一个字典对象，用来指定要删除的文档。如果没有指定 query 的值，则 collection.delete_many()方法会删除集合中的所有文档。

以下代码将删除指定的文档。

```
import pymongo

mongodb_server_uri="mongodb://<mongodb_user>:<mongodb_pwd>@127.0.0.1:27017"
mongo=pymongo.MongoClient(mongodb_server_uri)

db=mongo["E-commerce"]
collection=db["Members"]

#设置查询文档的条件
query={"Name":" Cindy "}
doc=collection.find_one(query)
print("The Document of 'Cindy':")
print(doc)

#执行删除文档
collection.delete_many(query)
doc=collection.find_one(query)
print("The Document of 'Cindy' after deleted:")
print(doc)
```

打印的结果如下：

```
The Document of 'Cindy':
{u'Tel': u'18800000004', u'Name': u'Cindy', u'Gender': u'Female', u'Location': {u'City': u'ShangHai',
u'Province': u'ShangHai'}, u'_id': ObjectId('5ad966b65073549d31a3344d'), u'CustomerSysNo':
u'32245233'}
The Document of 'Cindy' after deleted:
None
```

从以上结果中可以看出，“Name”为“Cindy”的文档已经全部被删除。

2. 删除所有文档

如要删除所有文档，则使用如下代码：

```
db=mongo["E-commerce"]
collection=db["Members"]
result = collection.delete_many{}
```

该命令会删除所有文档，执行前务必确认清楚，以免造成误删

14.3.3 修改文档

collection.save() 方法用来新增和修改文档。而本节介绍的 collection.update_one() 和 collection.replace_one()方法，分别用来更新一个文档和替换一个文档。它们的主要参数如下。

- filter：指定要修改的过滤条件，是一个字典对象。
- update：需要更新的操作。
- upsert：默认为 false。如果设为 true，且集合里没有与 filter 匹配的文档，则该操作会新增一个文档。

1. 用 collection.update_one()方法更新文档

用 collection.update_one()方法将“Name”为“Anna”的“Tel”改为“18800000002”，具体代码如下：

```
import pymongo
from pprint import pprint

mongodb_server_uri="mongodb://<mongodb_user>:<mongodb_pwd>@127.0.0.1:27017"
mongo=pymongo.MongoClient(mongodb_server_uri)
db=mongo["E-commerce"]
collection=db["Members"]

#将“Name”为“Anna”的“Tel”改为“18800000002”
rst=collection.update_one({"Name":"Anna"},{"$set":{"Tel":"18800000002"}})

#打印出符合条件的文档数及被修改的文档数
print("matched_count: "+str(rst.matched_count))
print("modified_count: "+str(rst.modified_count))
```

```
doc=collection.find_one({"Name":"Anna"})
print("Doc after modify:")
pprint(doc)
```

打印的结果如下，该文档的“Tel”字段值已经被修改。

```
matched_count: 1
modified_count: 1
Doc after modify:
{'CustomerSysNo': '00001111',
 'Gender': 'Female',
 'Location': {u'Province': u'ShangHai', u'City': u'ShangHai'},
 'Name': 'Anna',
 'Tel': '18800000002',
 '_id': ObjectId('5ad95e1d5073549ca15bb0e3')}
```

> 在 14.3.1 节中，通过 save()方法把 Anna 的“Tel”改为“18800000006”，现在使用 update_one()方法又将其改成了“18800000002”

2. 用 collection.replace_one()方法更新文档

还可以用 collection.replace_one()方法更新文档。此方法可以查找出匹配的第 1 个文档，然后用新的文档替换查找出的文档。

```
import pymongo
from pprint import pprint

mongodb_server_uri="mongodb://<mongodb_user>:<mongodb_pwd>@127.0.0.1:27017"
mongo=pymongo.MongoClient(mongodb_server_uri)
db=mongo["E-commerce"]
collection=db["Members"]

#直接找到对应文档进行替换修改
rst=collection.replace_one({"Name":"Anna"},{"Tel":"18800000002"})
print("matched_count: "+str(rst.matched_count))
print("modified_count: "+str(rst.modified_count))

doc=collection.find_one({"Name":"Anna"})
print("Doc after modify:")
pprint(doc)
```

打印的结果如下：

```
matched_count: 1
modified_count: 1
Doc before modify:
None
```

> 整个文档都被{"Tel":"18688880002"}替换了，所以没有{"Name":"Anna"}的记录了。因此，使用 replace 时要特别小心

可以看到，“Name”为“Anna”整个文档都被{"Tel":"18800000002"}替换了，这个文档现在只剩下{"Tel":"18800000002"}字段，所以就找不到{"Name":"Anna"}的文档了。

查询{"Tel":"18800000002"}的文档，具体指令如下。

```
MongoDB Enterprise mongos> db.Members.find({Tel:"18800000002"}
```

执行的结果如下：

```
{ "_id" : ObjectId("5ad95e1d5073549ca15bb0e3"), "Tel" : "18800000002" }
```

replace_one()方法也要谨慎使用。如果只是修改某些字段，则应该使用 update_one()或 updata_many()方法。

14.4 查询文档数据

14.4.1 限制查询结果集大小

通过 14.3 节的介绍可以看出，在代码中查询文档的方法主要有 collection.find()和 collection.find_one()。两者的区别如下。

- collection.find_one()：查询集合中符合条件的单个文档。
- collection.find()：查询集合中符合条件的多个文档，返回的是一个 cursor 对象。如果不指定查询条件，则 find()会返回集合中所有的文档。

1. MongoDB 与关系型数据库查询方法的对比

下面介绍 MongoDB 与关系型数据库的查询方法。

（1）搜索所有记录。

查询“Members”集合中所有的文档，具体代码如下：

```
cursor = db["Members"].find({})
```

该语句相当于关系型数据库中的以下查询语句：

```
Select * from Members
```

（2）加上查询条件。

在查询集合“Members”中的记录时，添加一定的查询条件，具体代码如下：

```
cursor = db["Members"].find({"Name":"Anna"})
```

该语句相当于关系型数据库中的以下查询语句：

```
Select * from Members where Name='Anna'
```

（3）查询的值位于某个列表范围内。

如果查询条件中查询的值位于某个列表范围内，则查询语句如下：

```
cursor = db["Members"].find({"Name": {"$in": ["Anna", "Lucy"]}})
```

该语句相当于关系型数据库中的以下查询语句：

```
Select * from Members where Name in （'Anna'， 'Lucy'）
```

（4）设定多个查询条件。

如果需要设定多个查询条件，则查询条件之间使用逗号隔开，具体代码如下：

```
cursor = db["Members"].find({"Name":"Lucy","Tel":"18800000007"})
```

或者用 $and 操作符将多个查询条件串联，具体代码如下：

```
cursor = db["Members"].find({$and:[{"Name":"Lucy"},{"Tel":"18800000007"}]})
```

该语句相当于关系型数据库中的以下查询语句：

```
Select * from Members where Name='Lucy' and Tel='18800000007'
```

（5）用“or”串联查询条件。

用“or”来串联查询条件的具体代码如下：

```
cursor = db["Members"].find({$or:[{"Name":"Lucy"},{"Tel":"18800000007"}]})
```

该语句相当于关系型数据库中的以下查询语句：

```
Select * from Members where Name='Lucy' or Tel='18800000007'
```

（6）查询某个范围的文档。

查询某个范围内的文档的具体代码如下：

```
cursor = db["Members"].find({"Age":{$gte:"20"}})
```

该语句相当于关系型数据库中的以下查询语句：

```
Select * from Members where Age>=20
```

2. 用完整代码来限制查询的 MongoDB 数据

（1）只查出“Gender”字段为“Male”的文档。

具体代码如下：

```
import pymongo
from pprint import pprint

mongodb_server_uri="mongodb://<mongodb_user>:<mongodb_pwd>@127.0.0.1:27017"
mongo=pymongo.MongoClient(mongodb_server_uri)
db=mongo["E-commerce"]
collection=db["Members"]
#查找所有“Gender”字段为“Male”的文档
cursor=collection.find({"Gender" : "Male"})
for doc in cursor:
    pprint("Name:"+doc["Name"]+" Gender:"+doc["Gender"]+" Tel:"+doc["Tel"])
```

打印的结果如下：

```
'Name:Jason Chang Gender:Male Tel:18800000000'
'Name:Champion Lu Gender:Male Tel:18800000000'
'Name:Oughl Luo Gender:Male Tel:18800000000'
'Name:ST Lin Gender:Male Tel:18800000000'
'Name:Yun Deng Gender:Male Tel:18800000000'
'Name:Mike Li Gender:Male Tel:18800000000'
'Name:Kevin Wu Gender:Male Tel:18800000000'
'Name:David Tasi Gender:Male Tel:18800000000'
```

只查出“Gender”字段为“Male”的文档

（2）查询文档数量并将文档按照特定字段排序。

可以用 cursor.count()方法来统计查找到的文档数量，并使用 cursor.sort(*field, direction*)方法对结果进行排序，具体代码如下。

```
import pymongo
from pprint import pprint

mongodb_server_uri="mongodb://<mongodb_user>:<mongodb_pwd>@127.0.0.1:27017"
mongo=pymongo.MongoClient(mongodb_server_uri)
db=mongo["E-commerce"]
collection=db["Members"]
#查找所有“Gender”字段为“Male”的文档
cursor=collection.find({"Gender" : "Male"})
#将查找结果按首字母正序排列
cursor.sort("Name", pymongo.ASCENDING)
print(cursor.count())

for doc in cursor:
    pprint("Name:"+doc["Name"]+" Gender:"+doc["Gender"]+" Tel:"+doc["Tel"])
```

打印的结果如下：

```
8
'Name:Champion Lu Gender:Male Tel:18800000000'
'Name:David Tasi Gender:Male Tel:18800000000'
'Name:Jason Chang Gender:Male Tel:18800000000'
'Name:Kevin Wu Gender:Male Tel:18800000000'
'Name:Mike Li Gender:Male Tel:18800000000'
'Name:Oughl Luo Gender:Male Tel:18800000000'
'Name:ST Lin Gender:Male Tel:18800000000'
'Name:Yun Deng Gender:Male Tel:18800000000'
```

按照“Name”字段的值排序

可以看到，查找出来的文档数量为“8”，且结果按照“Name”字段值的字母顺序排序。

14.4.2 限制查询返回的字段

用 collection.find()方法查询文档，默认返回该集合中的所有字段。如果只想返回其中的几个字段，则可以用 find()方法中的 fields 参数来限制。

执行如下代码：

```
import pymongo
from pprint import pprint

mongodb_server_uri="mongodb://<mongodb_user>:<mongodb_pwd>@127.0.0.1:27017"
mongo=pymongo.MongoClient(mongodb_server_uri)
db=mongo["E-commerce"]
collection=db["Members"]

#指定要输出的字段
fields={"Name":True,"Gender":True,"Tel":True}

#将欲输出的字段应用到查询语句中
cursor=collection.find({"Gender" : "Male"},fields)
cursor.sort("Name", pymongo.ASCENDING)
print(cursor.count())

for doc in cursor:
        print(doc)
```

打印的结果如下：

```
8
{' Gender' : ' Male' , ' _id' :
ObjectId('5ad96582e53e9340cd19a351'), ' Tel' : ' 18800000000' , ' Name' : ' Champion Lu' }
{u' Gender': u'Male', u'_id': ObjectId('5ad96582e53e9340cd19a359'), u'Tel': u' 18800000000', u'Name':
u'David Tasi'}
{u' Gender': u'Male', u'_id': ObjectId('5ad96582e53e9340cd19a350'), u'Tel': u' 18800000000', u'Name':
u'Jason Chang'}
{' Gender' : ' Male' , ' _id' :
ObjectId('5ad96582e53e9340cd19a358'), ' Tel' :' 18800000000' , ' Name' : ' Kevin Wu' }
{' Gender' : ' Male' , ' _id' : ObjectId('5ad96582e53e9340cd19a357'), ' Tel' :' 18800000000' ,
u' Name' : ' Mike Li' }
{' Gender' : ' Male' , ' _id' :
ObjectId('5ad96582e53e9340cd19a352'), ' Tel' : ' 18800000000' , ' Name' : ' Oughl Luo' }
{' Gender' : ' Male' , ' _id' :
ObjectId('5ad96582e53e9340cd19a353'), ' Tel' : ' 18800000000' , ' Name' : ' ST Lin' }
{' Gender' : ' Male' , ' _id' :
ObjectId('5ad96582e53e9340cd19a354'), ' Tel' : ' 18800000000' , ' Name' : ' Yun Deng' }
```

"_id" 字段默认会显示，除非指定了"_id":False

可以看到，虽然是打印了整个文档，但显示出来的字段除“_id”外，就只有我们设置了的“Name”“Gender”和“Tel”了。

同样，“_id”字段在没有特殊设置时，默认是显示的，我们也可以设置让“_id”字段不显示。通过如下方式修改 fields 参数即可：

```
fields={"Name":True,"Gender": True,"Tel": True,"_id":False}
```

14.4.3 用复杂条件进行查询

14.2.2 节我们讲述了文档的查询，也设定了一个简单的查询条件，即“Gender”为“Male”。本节尝试使用一些复杂的查询条件，并针对子文档字段进行特定查询。

假设想查找“Gender”为“Male”，且“Location”子文档中的“City”字段为“ShangHai”的文档，那么该如何设置查询条件呢?

“Members”集合的内容如下：

```
> db.Members.find({},{_id:false,Name:true, Location :true})
{ "Name" : "Jason Chang", "Location" : {"Province":"GuangDong", "City" : "DongGuang" } }
{ "Name" : "Champion Lu", "Location" : {"Province":"GuangDong", "City" : "GuangZhou" } }
{ "Name" : "Oughl Luo", "Location" : { "Province" : "GuangDong", "City" : "ShenZhen" } }
{ "Name" : "ST Lin", "Location" : { "Province" : "BeiJing", "City" : "BeiJing" } }
{ "Name" : "Chun Deng", "Location" : { "Province" : "GuangDong", "City" : "ShenZhen" } }
{ "Name" : "Amber Cai", "Location" : { "Province" : "ShangHai", "City" : "ShangHai" } }
{ "Name" : "Penny Hung", "Location" : { "Province" : "ShangHai", "City" : "ShangHai" } }
{ "Name" : "Mike Li", "Location" : { "Province" : "GuangDong", "City" : "ShenZhen" } }
{ "Name" : "Kevin Wu", "Location" : { "Province" : "GuangXi", "City" : "NanNing" } }
{ "Name" : "David Tasi", "Location" : { "Province" : "GuangXi", "City" : "GuiLin" } }
{ "Name" : "Cindy", "Location" : { "Province" : "GuangDong", "City" : "ShenZhen" } }
```

“Location”内容是一个子文档，其中有“Location.Province”和“Location.City”两个子字段。MongoDB 允许针对子文档的字段进行查询，见如下代码:

```
Collection.find({"Location.City":"ShangHai"})
```

完整代码如下：

```
import pymongo
from pprint import pprint

mongodb_server_uri="mongodb://<mongodb_user>:<mongodb_pwd>@127.0.0.1:27017"
mongo=pymongo.MongoClient(mongodb_server_uri)
db=mongo["E-commerce"]
collection=db["Members"]
fields={"_id":False,"Name":True,"Gender":True,"Tel":True,"Location":True}

#设定组合条件
query={"Gender":"Female","$or":[{"Location.Province":"ShangHai"},{"Location.City":"ShangHai"}]}
cursor=collection.find(query,fields)
cursor.sort("Name", pymongo.ASCENDING)
print(cursor.count())
```

针对 Location 子文档的查询条件，可以用“or”将“Location.Province”和“Location.City”字段组合起来

```
for doc in cursor:
        print(doc)
```

打印的结果如下：

```
2
{'Gender': 'Female', 'Tel': '18800000000', 'Name': 'Amber Cai', 'Location': {'City': 'ShangHai', 'Province':
'ShangHai '}}
{'Gender': 'Female', 'Tel': '18800000000', 'Name': ' Penny Hung', 'Location': {'City': 'ShangHai ', 'Province':
'ShangHai '}}
```

可以看到，有两个文档符合查询条件，而且，我们限制了只返回“Gender”“Tel”“Name”和“Location”这四个字段。

14.4.4　将查询结果分页显示

要进行分页，首先需要确定每页文档数量，用 cursor.limit(page_size)方法限定输出文档的数量，然后用 cursor.skip(numbers)方法跳过指定数量的文档。

1. 分页查询语句

利用以下语句查询第 4~6 个文档：

```
cursor=collection.find()
cursor.limit(3)
cursor.skip(3)
```

2. 分页查询的完整代码

在进行分页查询时，请确保每次查询的文档都采用相同的排序方式。可以用 cursor.sort()方法来固定查询的排序。

下面是完整的分页查询代码：

```
import pymongo

def get_documents(page_size,current_page):
    mongodb_server_uri="mongodb://<mongodb_user>:<mongodb_pwd>@127.0.0.1:27017"
    mongo = pymongo.MongoClient(mongodb_server_uri)
    db = mongo["E-commerce"]
    collection = db["Members"]
    fields = {"_id": False, "Name": True, "Gender": True, "Tel": True}
    query = {}

#用 find()方法，并带上 query 和 fields 参数
    cursor = collection.find(query, fields)

#将 find()读取的结果按照“Name”字段的值顺序排列
    cursor.sort("Name", pymongo.ASCENDING)
```

```
    #限制读取文档的数量
    cursor.limit(page_size)

    #设置读取文档时跳过的文档数量
    sub_cursor=cursor.skip((current_page-1) * page_size)
    return sub_cursor

#创建一个方法，用来获取 Members 集合中的记录数
def get_count():
    mongodb_server_uri="mongodb://user:pwd@127.0.0.1:27017"
    mongo = pymongo.MongoClient(mongodb_server_uri)
    db = mongo["E-commerce"]
    collection = db["Members"]
    query = {}
    return collection.find(query).count()

#设定每页显示的文档数
page_size=3

#获取 Members 集合中的总记录数
doc_numbers=get_count()

#计算出总页数
total_page = (doc_numbers + page_size - 1) / page_size

#循环读取每页对应的文档，并打印结果
for current_page in range(1,total_page+1):
    print("Page "+str(current_page)+" :")
    sub_cursor=get_documents(page_size,current_page)
    for doc in sub_cursor:
        print(doc)
```

skip()可以跳过指定文档数量再读取后面的文档

打印的结果如下：

```
Page 1 :
{u'Gender': u'Female', u'Tel': u'18800000000', u'Name': u'Amber Cai'}
{u'Gender': u'Male', u'Tel': u'18800000000', u'Name': u'Champion Lu'}
{u'Gender': u'Female', u'Tel': u'18800000008', u'Name': u'Cindy'}
Page 2 :
{u'Gender': u'Male', u'Tel': u'18800000000', u'Name': u'David Tasi'}
{u'Gender': u'Male', u'Tel': u'18800000000', u'Name': u'Jason Chang'}
{u'Gender': u'Male', u'Tel': u'18800000000', u'Name': u'Kevin Wu'}
Page 3 :
{u'Gender': u'Male', u'Tel': u'18800000000', u'Name': u'Mike Li'}
{u'Gender': u'Male', u'Tel': u'18800000000', u'Name': u'Oughl Luo'}
```

```
{u'Gender': u'Female', u'Tel': u'18800000000', u'Name': u'Penny Hung'}
Page 4 :
{u'Gender': u'Male', u'Tel': u'18800000000', u'Name': u'ST Lin'}
{u'Gender': u'Male', u'Tel': u'18800000000', u'Name': u'Yun Deng'}
```

以上按照每页 3 个文档的分页方式打印出相应的文档。大家可以尝试使用不同的“page_size”来执行该代码，如设置“page_size=5”，则打印结果如下：

```
Page 1 :
{u'Gender': u'Female', u'Tel': u'18800000000', u'Name': u'Amber Cai'}
{u'Gender': u'Male', u'Tel': u'18800000000', u'Name': u'Champion Lu'}
{u'Gender': u'Female', u'Tel': u'18800000008', u'Name': u'Cindy'}
{u'Gender': u'Male', u'Tel': u'18800000000', u'Name': u'David Tasi'}
{u'Gender': u'Male', u'Tel': u'18800000000', u'Name': u'Jason Chang'}
Page 2 :
{u'Gender': u'Male', u'Tel': u'18800000000', u'Name': u'Kevin Wu'}
{u'Gender': u'Male', u'Tel': u'18800000000', u'Name': u'Mike Li'}
{u'Gender': u'Male', u'Tel': u'18800000000', u'Name': u'Oughl Luo'}
{u'Gender': u'Female', u'Tel': u'18800000000', u'Name': u'Penny Hung'}
{u'Gender': u'Male', u'Tel': u'18800000000', u'Name': u'ST Lin'}
Page 3 :
{u'Gender': u'Male', u'Tel': u'18800000000', u'Name': u'Yun Deng'}
```

在实际应用时，可根据系统需要来设定每页显示的文档数量，然后再分页读取对应的文档。当数据量非常大时，比如执行 skip(10000)，则效率会比较慢，因为需要把前 10 000 页的数据都遍历一遍。此时，可以考虑其他的解决方案，如在跳页时提供上一页的基于某个 sort 条件的最后值，再依据此值筛选即可快速找到下一页的数据。

14.4.5 用聚合方法查询文档

MongoDB 提供了一个非常强大的数据处理工具—— aggregation pipeline （聚合管道），它是数据流管道处理框架。文档通过聚合指令进入多阶段转换任务的管道，最终输出想要的结果。

聚合框架包含丰富的数据处理功能，可以完成大多数工作，比 MapReduce 性能更好。

下面讲解一个案例。通过 14.4.3 节的例子我们知道，“Members”集合里有一个“Location”字段，其中记录了每个成员所在的省份、直辖市和城市。现在需要按照“省份/直辖市”来分组，查看每个“省份/直辖市”有多少用户，并打印出用户数量最多的前 3 个“省份/直辖市”的人员。那么如何实现呢？通过之前介绍的 collection.find()方法似乎不能解决此类问题，这时就需要用 collection.aggregate()方法了。思考一下，如何写这段 aggregate 聚合查询语句呢？

先来看看以下代码：

```
import pymongo

def get_group():
```

```
    mongodb_server_uri="mongodb://<mongodb_user>:<mongodb_pwd>@127.0.0.1:27017"
    mongo = pymongo.MongoClient(mongodb_server_uri)
    db = mongo["E-commerce"]
    collection = db["Members"]

    #设定 aggregate 的聚合管道
    pipeline=[
      {"$project":{"_id":0,"Name":1,"Province":"$Location.Province"}},
      {"$group":{"_id":"$Province","Members":{"$addToSet":"$Name"},"Num":{"$sum":1}}},
      {"$project":{"_id":0,"Province":"$_id","Members":1,"Num":1}},
      {"$sort":{"Num":-1}},
      {"$limit":3}
    ]

    #执行聚合管道计算
    cursor=collection.aggregate(pipeline)
    return cursor

#打印计算结果
for doc in get_group():
    print(doc)
```

打印的结果如下：

```
{u'Province': u'GuangDong', u'Num': 4, u'Members': [u'Mike Li', u'Penny Hung', u'Champion Lu', u'Jason Chang']}
{u'Province': u'ShangHai', u'Num': 3, u'Members': [u'Amber Cai', u'Oughl Luo', u'Cindy']}
{u'Province': u'BeiJing', u'Num': 2, u'Members': [u'Yun Deng', u'ST Lin']}
```

从打印结果来看，用户数量最多的三个省份/直辖市是“GuangDong”“ShangHai”和“BeiJing”，分别有 4 名、3 名和 2 名用户。

从代码上看，主要工作在聚合管道中进行。首先用 MongoDB 的 $project 指令取出“Name”和“Location.Province”字段，然后用 $group 指令将上一步输出结果按“Province”字段进行汇总，用 $sum 计算每个城市的总人数，而用 $addToSet 指令则可以把人员姓名串联起来，最后，通过用$sort 指令对用户数量进行倒序排列，并使用$limit 指令限制输出前 3 名。

详细的聚合功能可参见萌阔论坛或是 MongoDB 官方文档：

http://forum.foxera.com/mongodb/search?term=aggregation&in=titleposts

https://docs.mongodb.com/manual/aggregation/

14.4.6 用索引查询

MongoDB 默认自动会在“_id”字段上建立唯一的索引，但通常我们需要在文档的其他字段上设置索引，以便对查询进行优化。

Python 提供的创建索引方法为 pymongo.Collection.create_index()。

（1）普通索引。

若要对“Members”集合的“Name”字段设置按升序排序的索引，可使用如下代码：

```
db["Members"].create_index([("Name", pymongo.ASCENDING)])
```

（2）复合索引。

若要同时建立两个以上字段的复合索引，则需要使用逗号隔开，如以下代码：

```
db["Members"].create_index([("Age",pymongo.DESCENDING),
                            ("Name", pymongo.ASCENDING)])
```

在创建复合索引时，需要注意字段建立索引的顺序，这会影响到索引的使用，详细请参照 MongoDB 官方文档：https://docs.mongodb.com/manual/core/index-compound。

如已建立了“Age+Name”的复合索引，则不需要再单独建立“Age”字段的索引，MongoDB 在查询复合索引的前缀字段时（Age 就是这个复合索引的前缀字段），会自动用索引进行查询。

（3）后台作业。

如果集合中已经存在大量的文档，此时建立索引则会花费较多的时间。这时可以设置后台作业，这样在创建索引时不会影响该集合的正常访问。在创建索引时加上“background=True”参数，即可实现后台作业，如以下代码：

```
db["Members"].create_index([("Name", pymongo.ASCENDING)], background=True)
```

（4）唯一索引。

若要建立唯一索引，则需加上“unique=True”参数，如：

```
db["Members"].create_index([("Name", pymongo.ASCENDING)], unique=True)
```

（5）查看索引。

来看一段查看“Members”表中有哪些索引的代码，如下所示：

```
import pymongo

def get_Indexes():
    mongodb_server_uri="mongodb://<mongodb_user>:<mongodb_pwd>@127.0.0.1:27017"
    mongo = pymongo.MongoClient(mongodb_server_uri)
    db = mongo["E-commerce"]
    collection = db["Members"]
    #读取 Members 表中已有的索引
    cursor=collection.index_information()
    mongo.close()
    return cursor

for doc in get_Indexes():
    print(doc)
```

打印的结果如下，只有“_id”字段的索引。

_id_

（6）添加索引。

下面添加一个索引，具体代码如下：

```
import pymongo

def get_Indexes():
    mongodb_server_uri="mongodb://<mongodb_user>:<mongodb_pwd>@127.0.0.1:27017"
    mongo = pymongo.MongoClient(mongodb_server_uri)
    db = mongo["E-commerce"]
    collection = db["Members"]
    #创建“Name”字段按顺序排列的索引，并且在后台执行
    collection.create_index([("Name",pymongo.ASCENDING)],background=True)
    cursor=collection.index_information()
    mongo.close()
    return cursor

for doc in get_Indexes():
    print(doc)
```

打印的结果如下，可以看到新增的“Name”字段的索引。

_id_
Name_1

（7）删除索引。

如果想要删除索引，则使用 collection.drop_index()或 collection.drop_indexes()方法，具体代码如下。

```
import pymongo

def get_Indexes():
    mongodb_server_uri="mongodb://<mongodb_user>:<mongodb_pwd>@127.0.0.1:27017"
    mongo = pymongo.MongoClient(mongodb_server_uri)
    db = mongo["E-commerce"]
    collection = db["Members"]
    #删除“Name”字段的索引
    collection.drop_index([("Name",pymongo.ASCENDING)])
    cursor=collection.index_information()
    mongo.close()
    return cursor

for doc in get_Indexes():
    print(doc)
```

打印的结果如下，又只有“_id”字段的索引。

```
_id_
```

用 collection.drop_indexes()会删除除“_id”字段外的所有索引。

（8）文本索引。

接下来学习 MongoDB 的文本索引（Text Index）。MongoDB 允许对所有字符串或是字符串数组字段建立文本索引，以实现高效的全文检索。

在“E-commerce”数据库中，“Members”集合里有一个“Location”字段，其中记录了每个用户的居住地，文档结构如下：

```
> db.Members.findOne()
{
    "_id" : ObjectId("5ad96582e53e9340cd19a353"),
    "Name" : "ST Lin",
    "Gender" : "Male",
    "Tel" : "18800000000",
    "CustomerSysNo" : 11734734,
    "Location" : {
        "Province" : "BeiJing",
        "City" : "BeiJing"
    }
}
```

用户所在省份及城市

如果想查询出所有省份是“GuangXi”（广西），或城市为“ShenZhen”（深圳），或城市为“GuangZhou”(广州)的用户，此时若使用 14.4.3 节所讲述的联合查询，则该查询条件会显得很冗长，而使用文本索引可以轻松地解决这个问题。

我们先来创建文本索引，将“Location.Province”和“Location.City”都设为文本索引，具体代码如下：

```
collection.create_index([("Location.Province",pymongo.TEXT),("Location.City",pymongo.TEXT)])
```

然后可以直接应用文本查询，完整代码如下：

```
import pymongo
from bson.objectid import ObjectId
from pprint import pprint

def set_Indexes():
    mongodb_server_uri = "mongodb://<mongodb_user>:<mongodb_pwd>@127.0.0.1:27017"
    mongo = pymongo.MongoClient(mongodb_server_uri)
    db = mongo["E-commerce"]
    collection = db["Members"]
    #建立文本索引
    collection.create_index([("Location.Province",pymongo.TEXT),("Location.City",pymongo.TEXT)])
```

```
    cursor=collection.index_information()
    mongo.close()
    return cursor

def text_searching(str):
    mongodb_server_uri = "mongodb://mongodb_user:mongodb_pwd@10.134.98.228:35017"
    mongo = pymongo.MongoClient(mongodb_server_uri)
    db = mongo["E-commerce"]
    collection = db["Members"]
    fields={"Name":1,"Location":1,"_id":0}

#用文本索引查询
    query = { "$text": { "$search": str }}
    cursor = collection.find(query,fields)
    print(cursor.count())
    mongo.close()
    return cursor

for doc in set_Indexes():
    print(doc)

#设置要查询的文本，多个查询文本可以用空格隔开
query_str="GuangXi ShenZhen GuangZhou"
for doc in text_searching(query_str):
    print(doc)
```

执行的结果如下：

```
Location.Province_text_Location.City_text   <-- 建好的文本索引名称
_id_
6
{u'Name': u'Mary Huang', u'Location': {u'Province': u'GuangXi', u'City': u'GuiLin'}}
{u'Name': u'David Tasi', u'Location': {u'Province': u'GuangXi', u'City': u'GuiLin'}}
{u'Name': u'Kevin Wu', u'Location': {u'Province': u'GuangXi', u'City': u'NanNing'}}
{u'Name': u'Champion Lu', u'Location': {u'Province': u'GuangDong', u'City': u'GuangZhou'}}
{u'Name': u'Penny Hung', u'Location': {u'Province': u'GuangDong', u'City': u'ShenZhen'}}
{u'Name': u'Mike Li', u'Location': {u'Province': u'GuangDong', u'City': u'ShenZhen'}}
```

从结果中可以看出，总共有 6 个用户，其中 3 个人的省份为“GuangXi”，其他 3 个人的省份是“GuangZhou”或“ShenZhen”。

MongoDB 还能创建 Hash 索引、2d 索引等，详细请参考 6.3 节“创建索引”，或盟阔论坛和 MongoDB 官方文档：

- http://forum.foxera.com/mongodb/search?term=index&in=titleposts。
- https://docs.mongodb.com/manual/core/index-text/。
- https://docs.mongodb.com/manual/core/index-hashed/。

14.5　使用正则表达式

1. 使用正则表达式的两种方式

MongoDB 支持用正则表达式设置条件进行查询，这让查询变得非常灵活。Python 提供两种方式来使用正则表达式。

第一种方式很简单，类似 mongo shell 操作指令一样，直接在查询条件里使用$regex 指令。如要查找以字母“C”开头的字符串，则可以使用以下语句：

```
query = {"Name":{"$regex":r"^C","$options":"i"}}
cursor =collection.find(query)
```

第二种方式，在 Python 里引用 re 程序包，用 re.compile()方法生成正则表达式，如下所示：

```
regx=re.compile('^C',re.IGNORECASE)
```

2. 比较正则表达式两种使用方式

（1）案例一。

接下来进行一个案例。假如查找“Members”集合里 “Name” 字段的内容是以字母“c”开头的文档，请看以下代码：

```
import pymongo
#导入 re 包
import re

#创建一个方法，以返回基于某查询条件的“Members”文档
def get_docs(query):
    mongodb_server_uri="mongodb://<mongodb_user>:<mongodb_pwd>@127.0.0.1:27017"
    mongo = pymongo.MongoClient(mongodb_server_uri)
    db = mongo["E-commerce"]
    collection = db["Members"]
    fields={"Name":1,"Tel":1,"Gender":1,"_id":0}
    cursor =collection.find(query,fields)
    mongo.close()
    return cursor

#设定一个正则表达式，指定以字母“c”开头，IGNORECASE 表示不区分大小写
regx=re.compile('^c',re.IGNORECASE)
query1 = {"Name":regx}

#另一种方式设置正则表达式，同样指定以字母“c”开头，且不区分大小写
query2 = {"Name":{"$regex":r"^c","$options":"i"}}

for doc in get_docs(query1):
```

```
    print(doc)

print("---------------------------------------------------")
for doc in get_docs(query2):
    print(doc)
```

打印的结果如下：

```
{'Tel': '18800000000', 'Name': 'Champion Lu', 'Gender': 'Male'}
---------------------------------------------------
{'Tel': '18800000000', 'Name': 'Champion Lu', 'Gender': 'Male'}
```

可以看到，两种使用正则表达式方式得出结果是一致的。

其中，re.IGNORECASE 和"$options":"i"表示忽略大小写。

（2）案例二。

假设想找到“Name”字段包含“lu”的文档，以及“Name”字段以“lu”结束的文档，那么该如何设置正则表达式呢？请看以下代码：

```
import pymongo
import re

def get_docs(query):
    mongodb_server_uri="mongodb://<mongodb_user>:<mongodb_pwd>@127.0.0.1:27017"
    mongo = pymongo.MongoClient(mongodb_server_uri)
    db = mongo["E-commerce"]
    collection = db["Members"]
    fields={"Name":1,"Tel":1,"Gender":1,"_id":0}
    cursor =collection.find(query,fields)
    mongo.close()
    return cursor

#设定一个正则表达式，指定包含字母“lu”，且不区分大小写
regx=re.compile('lu',re.IGNORECASE)
query1 = {"Name":regx}

#用另一种方式设定正则表达式，指定以字母“lu”结尾，且不区分大小写
query2 = {"Name":{"$regex":r"lu$","$options":"i"}}

for doc in get_docs(query1):
    print(doc)

print("---------------------------------------------------")
for doc in get_docs(query2):
    print(doc)
```

打印的结果如下：

```
{'Tel': '18800000000', 'Name': 'Champion Lu', 'Gender': 'Male'}
{'Tel': '18800000000', 'Name': 'Oughl Luo', 'Gender': 'Male'}
--------------------------------------------------------------
{'Tel': '18800000000', 'Name': ' Champion Lu', 'Gender': 'Male'}
```

可以看到“Name”字段包含“lu”的文档有两个，而以“lu”结尾的文档只有一个。

14.6 批量处理数据

1. MongoDB 的 bulkWrite()方法

MongoDB 支持批量数据处理，14.3.1 节里提到了 insert_many()方法可以一次批量插入多个文档。下面要介绍的是批量处理多种文档操作，使用的是 MongoDB 的 bulkWrite()方法，具体格式如下：

```
db.collection.bulkWrite(
   [
      { insertOne : <document> },
      { updateOne : <document> },
      { updateMany : <document> },
      { replaceOne : <document> },
      { deleteOne : <document> },
      { deleteMany : <document> }
   ]
)
```

2. Python 的 collection.bulk_write()方法

在 Python 中，提供了 collection.bulk_write()方法与 MongoDB 的 bulkWrite()方法对应，使用起来也很简便。下面通过 collection.bulk_write()方法新增多个文档，并对这些文档进行修改、替换等操作。具体代码如下：

```
import pymongo
from pymongo import InsertOne, DeleteMany, ReplaceOne, UpdateOne,UpdateMany

#定义一个批量操作的类
class mongodb_bulk(object):
#定义初始化执行方法，包含建立 MongoDB 的连接、读取 Members 数据库
    def __init__(self):
        mongodb_server_uri="mongodb://<mongodb_user>:<mongodb_pwd>@127.0.0.1:27017"
        mongo = pymongo.MongoClient(mongodb_server_uri)
        db = mongo["E-commerce"]
        self.collection = db["Members"]

    #定义批量执行某请求的方法
    def bulk_process(self,request):
```

```
        result =self.collection.bulk_write(request)
        #result =self.collection.bulk_write(request,ordered=False)
        return result

    #定义基于条件获取文档的方法
    def get_docs(self,query):
        cursor =self.collection.find(query)
        return cursor

if __name__ == '__main__':

#创建若干个文档
    new_doc1={"Name" : "Tony",
              "Gender" : "Male",
              "Tel" : "18800000003",
              "CustomerSysNo" : 11339491,
              "Location" : { "Province" : "GuangXi", "City" : "NanNing" },
               "Type":"bulk"
              }

    new_doc2={}
    new_doc2["Name"]="Cindy"
    new_doc2["Gender"]="Female"
    new_doc2["Tel"]="18800000004"
    new_doc2["CustomerSysNo"]="32245233"
    new_doc2["Location"]={ "Province" : "ShangHai", "City" : "ShangHai"}
    new_doc2["Type"]="bulk"

    new_doc3={"Name" : "Lucy",
              "Gender" : "Female",
              "Tel" : "18800000001",
              "CustomerSysNo" : 11339491,
              "Location" : { "Province" : "ShangHai", "City" : "ShangHai" },
              "Type":"bulk"
              }

    new_doc4={"Name" : "Elsa",
              "Gender" : "Female",
              "Tel" : "18800000009",
              "CustomerSysNo" : 23456789,
              "Location" : { "Province" : "GuangDong", "City" : "ShenZhen" },
              "Type":"bulk",
              "Age":20
              }
```

如果指定了"ordered=False"，则系统不会按照批量操作请求顺序执行，而是并行执行各个操作。这样可以提高执行效率，但是在某个操作失败时其他操作还会继续执行，最终可能得到非预期的操作结果

```
    #定义批量操作请求，先插入 3 个文档，再进行更新和替换
    request=[
        InsertOne(new_doc1),
        InsertOne(new_doc2),
        InsertOne(new_doc3),
        UpdateOne({'Name': "Lucy"}, {'$set': {'Tel': '18800000010'}}),
        UpdateOne({'Name': "Anna"}, {'$inc': {'Age': 1}}, upsert=True),
        UpdateOne({'Name': "Anna"}, {'$set': {'Type': 'bulk'}}),
        UpdateMany({'Type': "bulk"}, {'$inc': {'Age': 10}}),
        ReplaceOne({"Name":"Tony"},new_doc4),
            ]
    #获取 mongodb_bulk 类的对象
    bulk=mongodb_bulk()
#执行批量操作
    result=bulk.bulk_process(request)

#打印批量操作结果
    print(result.bulk_api_result)
    #打印 Type 为 bulk 的文档
    print("--------------------------------------------------------")
    for doc in bulk.get_docs({"Type":"bulk"}):
        print(doc)
```

默认会按照请求顺序依次执行，如果希望不按此排序执行，则可以加上参数：collection.bulk_write(requests, ordered=False)

打印的结果如下：

```
{'nModified': 7, 'nUpserted': 1, 'nMatched': 7, 'writeErrors': [], 'upserted': [{u'index': 4, u'_id': ObjectId('5ae01e085b4a960a72415381')}], 'writeConcernErrors': [], 'nRemoved': 0, 'nInserted': 3}
--------------------------------------------------------
{'Tel': '18800000009', 'Name': 'Elsa', 'Gender': 'Female', 'Age': 20, 'Location': {'City': 'ShenZhen', 'Province': 'GuangDong'}, '_id': ObjectId('5ae01e08507354f2ad951bbf'), 'Type': u'bulk', 'CustomerSysNo': 23456789}
{'Tel': u'18800000004', 'Name': 'Cindy', 'Gender': 'Female', 'Age': 10, 'Location': {'City': 'ShangHai', 'Province': 'ShangHai'}, '_id': ObjectId('5ae01e08507354f2ad951bc0'), 'Type': 'bulk', 'CustomerSysNo': '32245233'}
{'Tel': '18800000010', 'Name': 'Lucy', 'Gender': 'Female', 'Age': 10, 'Location': {'City': 'ShangHai', 'Province': 'ShangHai'}, '_id': ObjectId('5ae01e08507354f2ad951bc1'), 'Type': u'bulk', 'CustomerSysNo': 11339491}
{'Age': 11, u'_id': ObjectId('5ae01e085b4a960a72415381'), 'Type': 'bulk', 'Name': 'Anna'}
```

姓名为“Tony”的文档被姓名为“Elsa”的文档所取代

Anna 的资料是在 UpdateOne ()操作时添加的，其 Age 值在创建时是 1，后来在更新时增加了 10，结果变成 11

可以看到，新增了 3 个文档，更新了 1 个文档（nInserted:3,upserted:1），并修改 7 次文档（nModified: 7）。

14.7 创建文档关联查询

在设计 MongoDB 数据库时，应尽量避免集合之间的关联操作，可用适度冗余的设计来换取对集合存取的便利。如果无法避免需要对集合进行关联操作，也存在多种解决方式。比如在应用程序里将不同集合的数据读取出来再进行关联操作。本节主要讲述的是 MongoDB 提供的解决方案，即使用 Collection aggregate()方法中的$lookup 指令。

1. 购物车集合

我们之前一直在操作“Members”集合，也已经熟悉里面字段。现在来认识一个新的集合——购物车（Carts）：

```
> db.Carts.findOne()
{
	"_id" : ObjectId("5ad95647e53e9340cd199c47"),
	"Quantity" : 1,
	"CustomerSysNo" : 93432581,
	"CreateDate" : ISODate("2016-09-27T22:56:10.624Z"),
	"product" : {
		"Price" : 3203,
		"ProductName" : "M235 City Generation 2.4G Wireless Optical Mouse",
		"Weight" : 140,
		"ProductMode" : "Set"
	}
}
> db.Members.findOne()
{
	"_id" : ObjectId("5ad96582e53e9340cd19a350"),
	"Name" : "Jason Chang",
	"Gender" : "Male",
	"Tel" : "18800000000",
	"CustomerSysNo" : 11574695,
	"Location" : {
		"Province" : " GuangDong",
		"City" : " DongGuan"
	}
}
```

“Carts”里记录了每个用户的购物车产品信息。其中“CustomerSysNo”字段与“Members”集合中的“CustomerSysNo”字段有对应关系。

2. 查询购物车相关信息

现在想查看每个用户购物车上有哪些产品，以及产品数量和金额，类似于如下结果，最后还要可以选出订购金额最多的 3 位用户。

```
{
"Name" : "Champion Lu",
"Product" : [ [ "micro USB data line", 2 ], [ "( Gold) 32GB", 1 ] ],
"Quantity" : 3,
"Amount" : 11681
}
```

解决方案：

（1）对“Carts”集合进行 aggregate 操作。

（2）使用$lookup 将“Carts”集合与“Members”集合串联起来，这样“Product”“Name”“Quantity”“Price”等字段就关联到一起了。

（3）以“Name”字段来进行$group 分组合计操作，计算总数量及总金额。

（4）把金额最大的前 3 位显示出来。

具体代码如下：

```
import pymongo

def get_cart():
    mongodb_server_uri="mongodb://<mongodb_user>:<mongodb_pwd>@127.0.0.1:27017"
    mongo = pymongo.MongoClient(mongodb_server_uri)
    db = mongo["E-commerce"]
    collection = db["Carts"]
#建立 aggregate 管道计算
    pipeline=[

{"$project":{"_id":0,"CustomerSysNo":1,"Quantity":1,"Price":"$product.Price","Product":"$product.ProductN
ame"}}
          ,{
           "$lookup": {
              "from": "Members",
              "localField": "CustomerSysNo",
              "foreignField": "CustomerSysNo",
              "as": "Members"
           }
          },{
           "$replaceRoot": { "newRoot": { "$mergeObjects": [ { "$arrayElemAt": [ "$Members", 0 ] },
"$$ROOT" ] } }
          }
         ,{"$project": {"_id": 0, "Name": 1, "Quantity": 1, "Amount": {"$multiply": ["$Price",
"$Quantity"]},"Product": 1, "Price": 1}}
         ,{"$project": {"Name": 1, "Quantity": 1, "Amount": 1, "Product": ["$Product", "$Quantity", "$Price",
"$Amount"]}}
```

用$lookup 将“Carts”集合与“Members”集合关联，关联字段为“CustomerSysNo”

```
        ,{"$group":{"_id":"$Name","Product":{"$addToSet":"$Product"},"Quantity":{"$sum":"$Quantity"},"Amount":{"$sum":"$Amount"}}}
        ,{"$project":{"Name":"$_id","_id":0,"Product":1,"Quantity":1,"Amount":1}}
        ,{"$sort": {"Amount": -1}}
        ,{"$limit": 3}
    ]

    cursor=collection.aggregate(pipeline)
    mongo.close()
    return cursor

for doc in get_cart():
    print("")
    print("Name : "+doc["Name"]+"          Amount : "+str(doc["Amount"])+"
Quantity :"+str(doc["Quantity"]))
    print("--------------------------------------------------------------------")
    for product in doc["Product"]:
        print(product[0]+" ( "+str(product[1])+" * "+str(product[2])+"   =   "+str(product[3])+" )")

    print("--------------------------------------------------------------------")
    print("")
```

打印的结果如下：

可以清楚地查看每个用户购买的产品数量以及花费的金额

```
Name : Champion Lu          Amount : 146558.0       Quantity :23.0
--------------------------------------------------------------------------------
note 16GB Mobile Unicom 4G Mobile Phones ( 2.0 * 469   =   938.0 )
16GB Class10 MicroSD(TF) Mobile Phone Memory Card Class10 Ultra High Speed Memory Card ( 2.0 *
5668   =   11336.0 )
( 833tt)16GB ( 2.0 * 7723   =   15446.0 )
Move Power/Charge  ( 2.0 * 3436   =   6872.0 )
T100M -G ultra-thin polymer 10000mA universal portable charging treasure ( 2.0 * 7474   =   14948.0 )
 G3450 4G 500G Black ( 2.0 * 9798   =   19596.0 )
5 Inch tablet quad-core 1.3GHz 1GB RAM 16GB storage ( 2.0 * 7276   =   14552.0 )
8GB DT100 G3 USB3.0 U Disk ( 7.0 * 7362   =   51534.0 )
16GB Class10 microSD(TF) mobile phone memory card Class10 Ultra High Speed Memory Card ( 2.0 *
5668   =   11336.0 )
--------------------------------------------------------------------------------

Name : Amber Cai          Amount : 124977       Quantity :17
--------------------------------------------------------------------------------
K2 Bluetooth Smart Sunglasses ( 1 * 7210   =   7210 )
( Silver) 16GB ( 1 * 8620   =   8620 )
Enhanced Version 2GB Memory + 16GB Mobile 4G Phone ( 1 * 9343   =   9343 )
```

```
Wentech S2010 ( 1 * 3059   =   3059 )
 Note3 16GB ( 1 * 7329   =   7329 )
Note2 2GB Memory + 16GB Mobile 4G Phone ( 8 * 9346   =   74768 )
USB2 .0 seven-port HUB hub ( 4 * 3662   =   14648 )
--------------------------------------------------------------------------------

Name : Yun Deng        Amount : 118664       Quantity :14
--------------------------------------------------------------------------------
( Gold) 64GB ( 12 * 8619   =   103428 )
Move Unicom dual 2G mobile phone ( 1 * 7203   =   7203 )
A05 Desktop Host GX3450 8G 500G Black ( 1 * 8033   =   8033 )
--------------------------------------------------------------------------------
```

以上列出了购物车产品金额最高的 3 个用户，并且列出了每个用户订购的具体产品、数量、单价等信息。在此我们也再次见证了 aggregate 聚合方法的强大。

aggregate()的详细说明可以参考 6.4 节“常用聚合操作”，或盟阔论坛和 MongoDB 官网：

- http://forum.foxera.com/mongodb/search?term=lookup&in=titleposts。
- https://docs.mongodb.com/manual/reference/operator/aggregation/lookup/index.html。

14.8　操作 MongoDB GridFS

1. GridFS 介绍

在 Python 中引入 GridFS 使用的数据库，用来处理 GridFS 相关操作。具体步骤如下：

（1）建立 GridFS 对象，代码如下：

```
fs = gridfs.GridFS(db)
```

（2）判断文件是否存在，代码如下：

```
fs.exists(file_id)
fs.exists({"filename": "test.mp4"})
```

（3）查找文档，读取数据，代码如下：

```
for grid_out in fs.find({"filename": "test.mp4"},no_cursor_timeout=True):
    data = grid_out.read()
```

（4）写入文件，获取文件，代码如下：

```
video = open(r"test.mp4","r")
gf = fs.put(video, filename="test.mp4", format="mp4")
im = fs.get(gf).read()
```

2. 实际操作

下面代码实现的功能是：GridFS 从磁盘读取一个视频文件并存入 MongoDB，MongoDB 读取该文件重新保存到磁盘：

```
import pymongo
from bson.objectid import ObjectId
from pprint import pprint
import gridfs
import os

def test_gridfs():
    mongodb_server_uri="mongodb://<mongodb_user>:<mongodb_pwd>@127.0.0.1:27017"
    mongo = pymongo.MongoClient(mongodb_server_uri)
    db = mongo["E-commerce"]
    fs = gridfs.GridFS(db,"images")

    #打开一个视频文件
    video = open(r"test.mp4","r")
    #将文件存入数据库后，数据库会自动生成一个 id
    gf_id = fs.put(video, filename="test.mp4", format="mp4")
    print("ID:"+gf_id)
    #读取 images.chunks 集合，该集合为存储 GridFS 文件的默认集合
    cursor=db["images.chunks"].find()
    #以 id 为条件来查询文件
    gf = fs.get(gf_id)
    #读取 GridFS 文件
    im = gf.read()
    doc = {}
    doc ["chunk_size"] = gf.chunk_size
    doc ["metadata"] = gf.metadata
    doc ["length"] = gf.length
    doc ["upload_date"] = gf.upload_date
    doc ["name"] = gf.name
    doc ["content_type"] = gf.content_type

    pprint(doc)
    #将 GridFS 文件存储到本地磁盘
    output = open("test_bak.mp4", 'wb')
    output.write(im)
    output.close()

    mongo.close()
    return cursor

test_gridfs()
```

打印的结果如下：

```
ID:5ae024f550735426e2201879
{'chunk_size': 261120,
 'content_type': None,
 'length': 37120800,
 'metadata': None,
 'name': u'test.mp4',
 'upload_date': datetime.datetime(2018, 4, 25, 6, 49, 31, 176000)}
```

chunk 的默认大小为 255 kB，255×1024=261120B

结果显示，上传了一个 37MB 的 MP4 文件到 MongoDB GridFS，该文件被分成了 143（37120800 除以 261120）个 chunk 来保存。

14.9　小结

本章学习了 Python 基于 pymongo 操作 MongoDB 数据库的基础知识，包括查询、保存、更新和删除数据。另外也学习了用 aggregate 聚合操作实现复杂需求，感受到聚合计算的强大，还学习了正则表达式的应用，以及 GridFS 的文件存储等功能。

按照本章步骤依次练习其中的案例代码，将会得到很好的实操经验。

第 15 章 用 Node.js 操作 MongoDB

Node.js 就是运行在服务器端的 JavaScript，所以学习 Node.js 不需要学习一门新语言。一般而言。前端使用 JavaScript，后端使用 Node.js。Node.js 执行速度快、性能好，非常适合用来构建运行在分布式设备 I/O 密集型的实时应用程序。

通过本章，读者将学到以下内容：

- Node.js 的开发环境配置。
- 用 Node.js 对 MongoDB 进行文档的新增、删除、修改、查询操作。
- 用 Node.js 的聚合方法操作 MongoDB。
- 用 Node.js 创建及管理 MongoDB 索引。
- 用 Node.js 的正则表达式查询 MongoDB 文档。
- 用 Node.js 批量处理多个 MongoDB 操作指令。
- 用 Node.js 操作 MongoDB GridFS。

15.1 准备环境

15.1.1 安装 Node.js

1. 配置 Node.js 开发环境

在用 Node.js 开发应用程序之前，首先需要配置好 Node.js 开发环境。

（1）打开 Node.js 官网（https://nodejs.org），选择对应的安装文件下载并安装。这里选择 Windows Installer（.msi）64-bit 版本。

（2）测试安装是否成功，打开 DOS 窗口，输入命令“node –v”。如果正确安装了 Node.js，则会显示当前的版本号，如下所示。

```
D:\Nodejs_MongoDB\Nodejs01>node –v
v6.11.2
```

如果没有显示上述信息，请检查安装程序及环境变量是否配置正确。

2. 准备 Node.js 开发测试项目

在配置好 Node.js 开发环境之后，还需要准备一个 Node.js 开发测试项目（本章 Node.js 项目使用的开发工具为 Visual Studio Code v1.15.1，请预先安装配置好开发工具）：

（1）建立一个文件夹：Nodejs01。

（2）进入 Nodejs01 文件夹，新建 app.js 文件。

（3）打开 DOS 窗口，输入“npm init”命令，初始化 npm 包配置文件，如下所示。

```
D:\Nodejs_MongoDB\Nodejs01>npm init
Press ^C at any time to quit.
name: (Nodejs01) nodejs01
version: (1.0.0)
description:
entry point: (index.js) app.js
test command:
git repository:
keywords:
author: oughl
license: (ISC)
About to write to D:\Nodejs_MongoDB\Nodejs01\package.json:
{
  "name": "nodejs01",
  "version":"1.0.0",
  "description": "",
  "main": "app.js"",
  "scripts": {
    "test": "echo \"Error: no test specified\" && exit 1"
  },
  "author": "oughl",
  "license": "ISC"
}
Is this ok? (yes)
```

在初始化配置内容时，需要填写一些描述，直接按 Enter 键表示使用括号中的默认值

将刚新建的 app.js 文件设置为项目启动时默认执行文件

（5）按 Enter 键生成 package.json 文件。

（6）在 app.js 中编写 Node.js 代码。

15.1.2 安装 MongoDB 驱动程序

npm 是 Node.js 的包管理工具（package manager），在安装 Node.js 时会被一起安装。在 DOS 窗口输入“npm –v”可以查看当前的 npm 版本。

（1）寻找程序包。

在 npm 官网（https://www.npmjs.com）中有能实现各种功能的程序包。在实现项目的特殊功能时，建议来此处寻找是否有已封装好的程序包。

本节使用的是 mongodb 程序包，它是官方为 Node.js 提供的驱动程序。这里使用的版本是 v3.0.7。

（2）安装程序包。

使用“npm install”命令安装 mongodb 程序包（电脑需要连接 Internet）：

```
npm install mongodb --save
```

将驱动程序依赖关系保存到 package.json 文件中

该命令会自动下载安装 MongoDB 的驱动程序包，并将依赖关系写入 package.json 文件中。

```
D:\Nodejs_MongoDB\Nodejs01>npm install mongodb  --save
nodejs01@1.0.0 D:\Nodejs_MongoDB\Nodejs01
`-- mongodb@3.0.7
  `-- mongodb-core@3.0.7
    +-- bson@1.0.6
    `-- require_optional@1.0.1
      +-- resolve-from@2.0.0
      `-- semver@5.5.0
npm WARN nodejs01@1.0.0 No description
npm WARN nodejs01@1.0.0 No repository field.
```

15.2 建立与断开连接

本节将介绍如何使用 mongodb 驱动程序连接 MongoDB 服务。

1. 准备工作

（1）在前面建立的 app.js 中输入下列代码：

```
//1 引入 mongodb 驱动程序
var MongoClient = require("mongodb").MongoClient;
//2 引入断言模块
var assert = require("assert");
//3 将 URL 放在连接池中
var Urls = "mongodb://<mongodb_user>:<mongopdb_pwd>@127.0.0.1:27017";
//定义数据库名称
```

开发者自行修改正确的连接参数

```
const dbName = "E-commerce";
// 4 用 connect 方法连接到服务器
MongoClient.connect(Urls, function(err, client) {
  assert.equal(null, err);
  console.log("Connected successfully to server");
  const db = client.db(dbName);
  client.close();
});
```

（2）代码说明：

① 在程序的开始处引入 mongodb 驱动程序，并声明 MongoClient 对象。

② 引入 assert 模块，代替 if 进行条件判断。

③ 使用 URL 字符串方式连接 MongoDB 服务。本案例使用的是单机连接方式。在实际运用中，MongoDB 驱动程序本身实现了连接池管理，所以可以通过配置链接 URL 或 Server 的属性设置连接池的大小。

④ 用 MongoClient 的 connect 方法连接 MongoDB 服务。

Node.js 连接 MongoDB 服务的字符串格式，由以下各部分组成：
“mongodb://” +用户名+密码+ “@” +MongoDB 服务器的 IP 地址+ “:” +端口号

（3）执行 app.js 程序得到下列结果：

```
D:\Nodejs_MongoDB\Nodejs01>node app
Connected successfully to server
```

2. 设置连接池

（1）配置 URL，具体代码如下。

```
var Urls = "mongodb:// <mongodb_user>:<mongopdb_pwd>@127.0.0.1:27017/?maxPoolSize=5";
```

（2）配置 Server 的属性，具体代码如下。

```
//用 connect 方法连接 MongoDB Server
MongoClient.connect(Urls, {
    db:{w:1,native_parser:false},
    server:{
        poolSize:5,
        socketOptions:{connectTimeoutMS:500},
        auto_reconnect:true
    },
    replSet:{},
    mongos:{}
    },
```

设置连接池个数、连接超时时间、是否自动重连等

```
    function(err, client) {
        assert.equal(null, err);
        console.log("Connected successfully to server");
        const db = client.db(dbName);
        client.close();
    }
);
```

详细属性设置请参考官方说明：
http://mongodb.github.io/node-mongodb-native/driver-articles/mongoclient.html#mongoclient-connect

3. MongoClient 对象

MongoClient 对象提供 Node.js 连接 MongoDB 的功能，该对象内部自带连接池管理机制。对绝大部分应用来说，都应该连接一个 MongoClient 实例。

（1）在 Node.js 中获取 MongoClient 实例对象，具体代码如下。

```
var MongoClient = require("mongodb").MongoClient;
```

（2）操作 MongoClient 实例的主要方法：

- 连接 MongoDB：

```
MongoClient.connect(<url>, <options>, <callback>)
```

该方法为静态方法，参数说明如下。

— url：数据库连接字符串。
— options：连接属性配置。
— callback：回调函数（传入两个参数——err 和 client）。

- 返回一个新的 MongoDB 实例：

```
db(<dbName>, <options>)
```

- 关闭 MongoClient 的连接：

```
close(<force>, <callback>)
```

- 判断 DB 是否连接：

```
isConnected(<name>, <options>)
```

- 退出当前用户，清除所有连接和权限信息：

```
logout(<options>, <callback>)
```

15.3 应用与操作

15.3.1 新增文档

下面来演示一些实际应用中的数据操作范例。

这里使用的是前面已经创建好的数据库（E-commerce）中的“Members”集合。

“Members”集合的结构如下:

```
{
    "_id" : ObjectId("5ad96582e53e9340cd19a352"),
    "Name" : "Oughl Luo",
    "Gender" : "Male",
    "Tel" : "18000000000",
    "CustomerSysNo" : 8807042,
    "Location" : {
        "Province" : "ShangHai",
        "City" : "ShangHai"
    }
}
```

_id 的值是系统自动生成的，也可以将其修改为其他值

1. 新增文档

（1）新增一个文档到“Members”集合中。具体代码如下：

```
//第 1 步、创建一个新增文档的方法
//定义函数表达式，用于操作数据库并返回结果
//参数：数据库名、回调函数
var insertData = function(db, callback) {
        //获得指定的集合
        var collection = db.collection("Members");
        //插入数据
        var data = {"Name":'Duoduo Ling',
                    "Gender" : "Female",
                    "Tel" : "13800138001",
                    "CustomerSysNo" : 11762066,
                    "Location" : {
                        "Province" : "GuangDong",
                        "City" : "ShenZhen"
                        }
        };
        collection.insert(data, function(err, result) {
                        //如果存在错误
                        if(err)
                        {
                            console.log('Error:'+ err);
```

获取“Members”文档集合

声明单个文档变量

```
                    }
                //调用传入的回调方法，将操作结果返回
                callback(err,result);
            });
}

//第 2 步，连接 MongoDB 数据库并调用新增文档方法
MongoClient.connect(Urls,function(err, client) {
    assert.equal(null, err);
    console.log("连接成功！");
    const db = client.db(dbName);
    //执行插入数据操作，调用自定义方法
    insertData(db, function(err,result) {
        //显示结果
        console.log(result);
    });
    client.close();
});
```

调用写入文档的方法 insertData()，并传入 db 对象和回调处理函数

（2）执行 node app.js，得到以下结果。

```
D:\Nodejs_MongoDB\Nodejs01>node app.js
{ result: { ok: 1, n: 1 },
  ops:
   [ { Name: 'Duoduo Ling',
       Gender: 'Female',
       Tel: '13800138001',
       CustomerSysNo: 11762066,
       Location: [Object],
       _id: 5ae188a9cfca683720f2021e } ],
  insertedCount: 1,
  insertedIds: { '0': 5ae188a9cfca683720f2021e } }
```

_id 是自动生成的，也可以在定义文档时直接赋值

提示成功插入一笔数据

（3）在 mongo shell 里执行“db.Members.find().sort({"$natural":-1})”可以查看到刚才插入的那个文档：

```
{
    "_id" : ObjectId("5ae188a9cfca683720f2021e"),
    "Name" : "Duoduo Ling",
    "Gender" : "Female",
    "Tel" : "13800138001",
    "CustomerSysNo" : 11762066,
    "Location" : {
        "Province " : "GuangDong",
        "City" : "ShenZhen"
    }
}
```

新增文档的方法除 Collection.insert()外，还有 collection.insertOne()和 collection insertMany()。

- collection.insertOne()：只能新增单个文档。
- collection.insertMany()：只能新增文档数组。
- collection.insert()：同时具备新增单个文档和文档数组的功能，具体操作由传入的参数类型决定。

在新增文档时，针对写入的多个文档可以设置 ordered 属性，默认值为 true，表示当其中一个文档写入失败时，不执行接下来的写入操作；如果设置为 false，则若其中一个文档失败并不会中断接下来的写入操作。

2. 新增文档数组

（1）把数据对象定义为文档对象数组。

```
//定义文档数组
var datas = [{"Name":'Sam Liu',
            "Gender" : "Male",
            "Tel" : "13800138003",
            "CustomerSysNo" : 5109983,
            "Location" : { "Province" : "GuangDong", "City" : "DongGuan" }
            },{"Name":'Jerry Deng',
            "Gender" : "Male",
            "Tel" : "13800138004",
            "CustomerSysNo" : 10676104,
            "Location" : { "Province" : "GuangDong", "City" : "GuangZhou" }
            }
];
```

（2）将定义的文档数组替代上述程序的 data 变量，用来传入写入方法。执行程序后，在 MongoDB 中查询，可以看到以下结果。

```
D:\Nodejs_MongoDB\Nodejs01>node app
{
      "_id" : ObjectId("5ae193a9e53e9340cd1c5a34"),
      "Name" : "Sam Liu",
      "Gender" : "Male",
      "Tel" : "13800138003",
      "CustomerSysNo" : 5109983,
      "Location" : {
            "Province" : "GuangDong",
            "City" : "DongGuan"
      }
},
{
      "_id" : ObjectId("5ae193a9e53e9340cd1c5a33"),
      "Name" : "Jerry Deng",
      "Gender" : "Male",
```

新增加的两笔数据已经写入“Members”集合

```
        "Tel" : "13800138004",
        "CustomerSysNo" : 10676104,
        "Location" : {
                "Province" : "GuangDong",
                "City" : "GuangZhou"
        }
}
```

15.3.2 删除文档

本小节将介绍删除文档的两种方法。

- collection.deleteOne()：删除符合条件的第 1 个文档。
- collection.deleteMany()：删除符合条件的所有文档。

以上两种方法均按指定条件来删除文档。若 collection.deleteMany()未指定条件，则默认删除全部文档。条件需用字典形式来表示。

1. collection. deleteOne()方法

collection.deleteOne()是删除查找到的第 1 个文档。

（1）定义一个删除数据的方法，代码如下：

```
//定义函数表达式，用于操作数据库并返回结果
//定义删除数据的方法
var deleteData = function(db, callback) {
    //获得指定的集合
    var collection = db.collection("Members");
    //定义要删除数据的条件，"Name"为"Sam Liu"的用户将被删除
    var  where={"Name":"Sam Liu"};
    collection.deleteOne(where,function(err, result) {
        //如果存在错误
        if(err)
        {
            console.log('Error:'+ err);
        };
        //调用传入的回调方法，将操作结果返回
        callback(err,result);
    });
}
```

（2）连接数据库，执行以下代码删除文档。

```
MongoClient.connect(Urls,function(err, client) {
    assert.equal(null, err);
    const db = client.db(dbName);
    //执行删除文档操作，调用自定义方法
```

```
    deleteData(db, function(err,result) {     调用定义好的 deleteData()方法
        //显示结果
        console.log(result);
    });
    client.close();
});
```

（3）执行的结果如下：

```
CommandResult {
  result:
   { ok: 1,
     n: 1,
     ...                    成功删除一个文档
  deletedCount: 1
}
```

2. collection. deleteMany()方法

collection.deleteMany()删除符合条件的所有文档。

以下代码将删除集合中的所有文档：

```
var   where={};
collection.deleteMany(where,function(err, result) {
    callback(result);
});
```

15.3.3　修改文档

在 Node.js 中，执行修改操作可使用 collection.updateOne()或 collection.replaceOne()方法，它们分别用来更新、替换一个文档，主要参数如下。

- filter：指定要修改的过滤条件，是一个字典对象。
- update：需要更新的操作。
- upsert：默认为 false。如果设为 true，且集合里没有与 filter 匹配的文档，则会新增一个文档。

1. collection.updateOne()

（1）用 updateOne()修改一个文档，代码如下：

```
//定义修改数据的方式，用于操作数据库并返回结果
var updateData = function(db, callback) {
    //获得指定的集合
    var collection = db.collection("Members");

    //要修改数据的条件，"Name"为"Jerry Deng"的文档将被修改
    var   where={"Name":"Jerry Deng"};
```

```
    collection.updateOne(where,{"$set":{"Tel":"13800138444"}},function(err, result) {
        //如果存在错误
        if(err)
        {
            console.log('Error:'+ err);
        }
        //调用传入的回调方法，将操作结果返回
        callback(err,result);
    });

}
```

（2）执行程序后，得到的打印结果如下：

```
CommandResult {
  result:
   { ok: 1,
     nModified: 1,
     n: 1,
     ...
     modifiedCount: 1,
     upsertedId: null,
     upsertedCount: 0,
     matchedCount: 1
}
```

成功修改了一笔数据

文档已修改的内容如下：

```
{
    "_id" : ObjectId("5ae193a9e53e9340cd1c5a33"),
    "Name" : "Jerry Deng",
    "Gender" : "Male",
    "Tel" : "13800138444",
    "CustomerSysNo" : 10676104,
    "Location" : {
        "Province" : "GuangDong",
        "City" : "GuangZhou"
    }
}
```

电话已经由原来的“13800138004”改为“13800138444”

updateOne()只会修改查找到的符合条件的第 1 个数据。如果需要修改多个符合条件的数据，则可以用 collection.updateMany()方法。

在 Node.js 的 mongodb 程序包中还提供了一个 update()方法，它可以修改一个和多个文档，只需要在 options 中将 multi 设置为 false（默认值）或 true 即可。

2. replaceOne()

下面再来看一个具有同样修改数据效果的方法——replaceOne()。该方法只能替换单个数据。

replaceOne()有一个 upsert 属性，默认为 false，表示如果没有查找到数据则不增加。如果将 upsert 属性修改为 true，则表示在没有匹配到数据的情况下会自动新增文档到集合中。

（1）执行替换操作之前的原始文档如下：

```
{
    "_id" : ObjectId("5b860660e53e9340cd85e1d1"),
    "Name" : "Mary Huang",
    "Gender" : "Female",
    "Tel" : "13800138005",
    "CustomerSysNo" : 10260415,
    "Location" : {
        "Province" : "GuangXi",
        "City" : "GuiLin"
}
```

（2）利用 replaceOne()方法替换文档，具体代码如下：

```
//将上面修改文档的方法稍做修改
var where={"Name":"Mary Huang"};
collection.replaceOne(where,{"Tel":"13800138555"},{"upsert":true }},
function(err, result) {
    if(err) {
        console.log('Error:'+ err);     }
    callback(err,result);
});
```

使用 replaceOne()方法

（3）执行的结果如下：

```
CommandResult {
  result:
   { ok: 1,
     nModified: 1,
     n: 1,
     (略)
     }
upsertedId: null,
upsertedCount: 0,
matchedCount: 1,
ops: [ { Tel: '13800138555' } ]
}
```

已经查找到一个符合条件的文档，并将其替换为只有一个“Tel”字段的文档

执行结果显示，该文档已经被替换成功。但此时再去查找“Name”为“Mary Huang”的文档时，发现已经不存在了。

这是因为 replaceOne()会替换掉查找到的文档，即这个文档现在只剩{"Tel":"13800138555"}字段了。

> replaceOne()方法要谨慎使用。
> 如果只是修改某些字段，使用 collection updateOne()或 collection updateMany()方法更为安全。

15.4 查询文档

15.4.1 限制查询结果集大小

在 Node.js 中，通过 mongodb 包查询文档，主要是通过使用 collection.find()方法或 collection.findOne()方法来实现。两者的区别在于：

- collection.find()返回的是一个 cursor 对象。
- collection.findOne()返回的是一个文档。

1. 一些常用的查询条件设置

（1）单个查询条件的用法。代码如下：

```
//获得指定的集合
var collection = db.collection("Members");
//要查询数据的条件
var  where={};
collection.find(where).toArray(function(err, result) {
//如果存在错误
    if(err)
    {
        console.log('Error:'+ err);
    }
//调用传入的回调方法，将操作结果返回
    callback(err,result);
});
```

将查找到的多个文档转换为数组输出

（2）mongodb 驱动程序提供的文档筛选条件及对应的 T-SQL 指令。

- 不限制条件的查找：

```
var  where ={};
```

上面的 where 没有设置任何筛选条件，类似于 T-SQL 中的以下语句，返回的是一个结果集。

```
Select * from Members
```

- 查找“Name”为“Mary”的文档：

```
var  where ={ "Name":"Mary"};
```

该语句相当于 T-SQL 中的以下语句：

```
Select * from Members where Name='Mary'
```

- 要查询的值隶属于某个列表范围中：

```
var  where={"Name": {"$in": ["Mary", " Lucy"]}}
```

该语句相当于 T-SQL 中的以下语句：

```
Select * from Members where Name in （'Mary','Lucy'）
```

- 如果一个筛选条件不够，则可以设置多个查询条件：

```
var  where={ "Name":"Mary","TEL":"13800138555"};
```

这里的多个筛选条件之间是“并且”的关系，相当于 T-SQL 中的“And”：

```
Select * from Members where Name='Mary' And TEL='13800138555'
```

- 如果需要使用“or”语句串联查询条件，则必须设置关键字“or”：

```
var  where ={$or:[{"Name":"Mary"},{"Tel":"13800138555"}]};
```

该语句相当于关系型数据库里的以下语句：

```
Select * from Members where Name='Mary' or Tel='13800138555'
```

- 还有一些其他常用的查询条件设置（如 Age≤25）：

```
var  where ={age:{"$lte":25}};
```

（3）下面是一段查找文档的案例代码：

```
MongoClient.connect(Urls,function(err, client) {
    assert.equal(null, err);
    const db = client.db(dbName);
    //执行查询数据操作，调用自定义方法
    findData (db, function(err,result) {
        //显示结果
        console.log(result);
    });
    client.close();
});

var findData = function(db, callback) {
    var collection = db.collection('Members');
    var  where={"Gender":"Male"};        // 设置查询条件，查找性别为“男”的人员数量和明细
    collection.find(where).count(function(err,rCount){
        callback(rCount);
    });
    collection.find(where).toArray(function(err, result) {
        if(err){
            console.log('Error:'+ err);
        }
        Callback(err,result);
```

```
    });
}
```

（4）打印的结果如下：

```
D:\Nodejs_MongoDB\Nodejs01>node app.js
3
[ { _id: 5ad96582e53e9340cd19a352,
    Name: 'Oughl Luo',
    Gender: 'Male',
    Tel: '1800000000',
    CustomerSysNo: 8807042,
    Location: { Province: 'ShangHai', City: 'ShangHai' } },
  { _id: 5b8617b8e53e9340cd85f55d,
    Name: 'Sam Liu',
    Gender: 'Male',
    Tel: '13800138003',
    CustomerSysNo: 5109983,
    Location: { Province: 'GuangDong', City:'DongGuan' } },
  { _id: 5b8617b8e53e9340cd85f55e,
    Name: 'Jerry Deng',
    Gender: 'Male',
    Tel: '13800138444',
    CustomerSysNo: 10676104,
    Location: { Province: 'GuangDong', City: 'GuangZhou' } } ]
```

找到了 3 笔数据：Oughl Luo 、Sam Liu 、Jerry Deng

2. 统计文档数量与排序

可用 collection.find().count()来统计查找到的文档数量，还可以用 collection.find().sort(<keyOrList>, <direction>)对结果进行排序，其中 direction 使用−1（降序）和 1（升序）来排序。

（1）下面将程序稍做修改，将查询到的文件按电话号码升序排列。代码如下：

```
collection.find(where).sort("Tel",1).toArray(function(err, result){
    if(err){
        console.log('Error:'+ err);
    }
    callback(err,result);
});
```

（2）打印的结果如下：

```
D:\Nodejs_MongoDB\Nodejs01>node app
3
[ { _id: 5b8617b8e53e9340cd85f55d,
    Name: 'Sam Liu',
    Gender: 'Male',
    Tel: '13800138003',
    CustomerSysNo: 5109983,
```

依据“Tel”做升序排列

```
    Location: { Province: 'GuangDong', City: 'DongGuan' } },
  { _id: 5b8617b8e53e9340cd85f55e,
    Name: 'Jerry Deng',
    Gender: 'Male',
    Tel: '13800138444',
    CustomerSysNo: 10676104,
    Location: { Province: 'GuangDong', City: 'GuangZhou' } },
{ _id: 5ad96582e53e9340cd19a352,
    Name: 'Oughl Luo',
    Gender: 'Male',
    Tel: '1800000000',
    CustomerSysNo: 8807042,
    Location: { Province: 'ShangHai', City: 'ShangHai' } }
]
```

15.4.2　限制查询字段

在查找文档的过程中，如果文档的字段太多，而我们只需要显示部分字段，则可以在查询时指定要显示的字段。这样既可以提高查询效率，也可以使结果看起来更整齐、美观。接下来介绍 Node.js 如何实现显示指定字段内容。

（1）在原本的代码中加入字段筛选的条件，代码如下：

```
var findData = function(db, callback) {
    var collection = db.collection('Members');
    var  where={"Gender":"Male"};
    //设置要显示的字段
    var fields={fields:{"Name":1,"Gender":1}};
    collection.find(where).count(function(err,rCount){
        callback(rCount);
    });
    collection.find(where,fields).toArray(function(err, result) {
        if(err)
        {
            console.log('Error:'+ err);
        }
        //调用传入的回调方法，将操作结果返回
        callback(err,result);
    });
}
```

Node.js 在显示文档的字段时，默认全部为“1”表示显示所有字段。可以用 fields:{"Name":0,"Gender":0}设置不显示这两个字段

（2）执行后返回的结果如下，可看到字段已依指定条件列出：

```
D:\Nodejs_MongoDB\Nodejs01>node app.js
3
[ { _id: 5ad96582e53e9340cd19a352, Name: 'Oughl Luo', Gender: 'Male' },
```

```
  { _id: 5b8617b8e53e9340cd85f55d, Name: 'Sam Liu', Gender: 'Male' },
  { _id: 5b8617b8e53e9340cd85f55e, Name: 'Jerry Deng', Gender: 'Male' }
]
```

指定显示“Name”与 Gender 字段。如不指定“_id”字段，则默认会显示

15.4.3 查询条件使用

15.4.2 节我们讲述了文档的查找，也设定了一个简单的查询条件，即“Name”为“Mary Huang”。本节将使用一些复杂的查询条件，并针对子文档字段设置查询条件。

以下范例列举了一个多重条件的查询。假设想查找“Gender”为“Male”且“Location.Province”为“GuangDong”的文档，那么该如何设置查询条件呢?

（1）MongoDB 中的原始数据如下：

```
  "_id" : ObjectId("5ad96582e53e9340cd19a357"),
  "Name" : "Mike Li",
  "Gender" : "Male",
  "Tel" : "18000000000",
  "CustomerSysNo" : 11735090,
  "Location" : {
        "City" : "GuangDong",
        "Dist" : "ShenZhen"
  }
}
...
```

（2）修改前面的查找代码，添加两个条件筛选。代码如下所示：

```
var findData = function(db, callback) {
    var collection = db.collection('Members');
    //查询条件
    var where={"$and":[{"Gender":"Male"}, {"Location.Province":"GuangDong"}]};
    //设置要显示的字段
    var fields={fields:{"Name":1, "Gender":1,"Location":1}};
    collection.find(where,fields).count(function(err,rCount){
        callback(rCount);
    });
    collection.find(where,fields).toArray(function(err, result) {
        if(err)
        {
            console.log('Error:'+ err);
        }
        //调用传入的回调方法，将操作结果返回
        callback(err,result);
    });
```

多个条件的查询使用$and

```
}
```

（3）执行之后的结果如下：

```
D:\Nodejs_MongoDB\Nodejs01>node app
Connected successfully to server
5
[ { _id: 5ad96582e53e9340cd19a357,
    Name: 'Mike Li',
    Gender: 'Male',
    Location: { Province: 'GuangDong', City: 'ShenZhen' } },
  { _id: 5ad96582e53e9340cd19a351,
    Name: 'Champion Lu',
    Gender: 'Male',
    Location: { Province: 'GuangDong', City: 'GuangZhou' } },
  { _id: 5ad96582e53e9340cd19a350,
    Name: 'Jason Chang',
    Gender: 'Male',
    Location: { Province: 'GuangDong', City: 'DongGuan' } },
  { _id: 5b8617b8e53e9340cd85f55d,
    Name: 'Sam Liu',
    Gender: 'Male',
    Location: { Province: 'GuangDong', City: 'DongGuan' } },
  { _id: 5b8617b8e53e9340cd85f55e,
    Name: 'Jerry Deng',
    Gender: 'Male',
    Location: { Province: 'GuangDong', City: 'GuangZhou' } }
]
```

"_id"字段默认是显示的，除非特别指定"_id"字段为 0。

执行结果显示查找到 5 个文档，其中只显示了"Name""Gender"和"Location"三个字段，结果更加简洁。

15.4.4　将查询结果分页

要进行分页，首先需要确定每页文档的数量，用 cursor.limit(<pageSize>)方法，可以限定输出文档的数量，然后使用 cursor.skip(<numbers>)方法可以跳过指定数量的文档。

（1）查找第 4~6 个文档，具体代码如下：

```
cursor=collection.find()
cursor.limit(3)
cursor.skip(3)
```

在进行分页查询时，请确保每次查找的文档都采用同样的排序方式，可以用 cursor.sort()方法来固定查询的排序。

（2）新增一个 Node.js 的分页查询方法，具体代码如下：

```
//定义查询分页函数
var findData_Pager = function(pageIndex,pageSize,db, callback) {
    var collection = db.collection('Members');
    //要查询数据的条件："Gender"为"Male"的用户
    var  where={"Gender":"Male"};
    //设置要显示的字段
    var fields={fields:{ "_id":0,"Name":1,"Gender":1, "Tel":1}};
    collection.find(where).count(function(err,rCount){
        console.log("当前页："+pageIndex +" 每页："+pageSize+" 总计："+rCount);
    });
    collection.find(where,fields).limit(pageSize).skip((pageIndex-1)*pageSize).sort({"_id":1}).toArray
(function (err, result) {
//如果存在错误
        if(err)
        {
            console.log('Error:'+ err);
        }
        //调用传入的回调方法，将操作结果返回
        callback(err,result);
    });
}
```

查询分页的程序代码使用了 limit()和 skip()，并统一使用"_id"的升序排序

（3）在调用分页查找方法时，需要传入当前页和每页显示多少个文档，具体代码如下：

```
//执行查询分页
MongoClient.connect(Urls,function(err, client) {

    const db = client.db(dbName);
    //执行查询分页数据操作，调用自定义方法
    findData_Pager(1,4,db, function(err,result) {
        //显示结果
        console.log(result);
    });
    findData_Pager(2,4,db, function(err,result) {
        //显示结果
        console.log(result);
    });

    findData_Pager(3,4,db, function(err,result) {
        //显示结果
        console.log(result);
    });

    client.close();
});
```

调用执行查询分页的方法 3 次，传入的当前页分别为 1、2、3，每页显示 4 个文档

（4）执行的结果如下：

```
D:\Nodejs_MongoDB\Nodejs01>node app
Connected successfully to server
当前页：1 每页：4 总计：10
[ { Name: 'Jason Chang', Gender: 'Male', Tel: '18000000000' },
  { Name: 'Champion Lu', Gender: 'Male', Tel: '18000000000' },
  { Name: 'Oughl Luo', Gender: 'Male', Tel: '18000000000' },
  { Name: 'ST Lin', Gender: 'Male', Tel: '18000000000' } ]
当前页：2 每页：4 总计：10
[ { Name: 'Yun Deng', Gender: 'Male', Tel: '18000000000' },
  { Name: 'Mike Li', Gender: 'Male', Tel: '18000000000' },
  { Name: 'Kevin Wu', Gender: 'Male', Tel: '18000000000' },
  { Name: 'David Tasi', Gender: 'Male', Tel: '18000000000' } ]
当前页：3 每页：4 总计：10
[ { Name: 'Sam Liu', Gender: 'Male', Tel: '13800138003' },
  { Name: 'Jerry Deng', Gender: 'Male', Tel: '13800138444' } ]
```

15.4.5　使用聚合方法查询文档

1．范例一

“Members”集合里有一个“Location”字段，其中记录了每位成员所处的“省份/直辖市”和“城市”，假设现在要按照“省份/直辖市”来分组，查看每个“省份/直辖市”有多少人，并且列出人数最多的 3 个“省份/直辖市”。最终想得出的结果为：

```
{ Members: [ 'Cindy', 'Oughl Luo', 'Amber Cai' ], Num: 3, Province: 'ShangHai' },
{ Members: [ 'David Tasi', 'Mary Huang', 'Kevin Wu' ], Num: 3,Province: 'GuangXi' },
{ Members: [ 'Yun Deng', 'ST Lin' ],Num: 2,Province: 'BeiJing' }
```

这种分组的复杂查询功能，使用 find()方法难以实现，所以这里使用聚合管道来实现，代码如下：

```
//定义聚合操作方法
var aggregateFind = function(db, callback) {
    //获得指定的集合
    var collection = db.collection('Members');
    //设置要执行的聚合参数
    var pipeline=[
        {"$project":{"_id":0,"Name":1,"Province":["$Location.Province"]}},
        {"$unwind":"$Province"},
        {"$group":{"_id":"$Province","Members":{"$addToSet":"$Name"},"Num":{"$sum":1}}},
        {"$project":{"_id":0,"Province":"$_id","Num":1,"Members":1}},
        {"$limit":3}
    ];
    collection.aggregate(pipeline).toArray(function(err, result) {
        if(err)
        {
            console.log('Error:'+ err);
```

aggregate 指令让 MongoDB 处理数据有极大的弹性

```
        }
        //调用传入的回调方法，将操作结果返回
        callback(err,result);
    });
}
```

执行上述程序得出如下结果：

```
D:\Nodejs_MongoDB\Nodejs01>node app
[ { Members: [ 'Cindy', 'Oughl Luo', 'Amber Cai' ], Num: 3, Province: 'ShangHai' },
  { Members: [ 'David Tasi', 'Mary Huang', 'Kevin Wu' ], Num: 3,Province: 'GuangXi' },
  { Members: [ 'Yun Deng', 'ST Lin' ],Num: 2,Province: 'BeiJing' } ]
```

从代码上看，其主要工作是在 pipeline 里进行的，我们先用 MongoDB 的 $project 指令将 Location.Province 字段合并到另一个字段 Province 里面，再用 $unwind 指令将 Province 的值竖向展开，接着用 $group 指令将上一步的输出结果按 Province 进行汇总，用$sum 计算每个省份的总人数，用 $addToSet 把人员姓名串联起来，最终得到我们想要的结果。

2. 范例二

可以继续修改 pipeline，如在代码上增加排序、分页等指令，具体代码如下所示：

```
var pipeline=[
        {"$project":{"_id":0,"Name":1,"Province":["$Location.Province"]}},
        {"$unwind":"$Province"},
        {"$group":{"_id":"$Province","Members":{"$addToSet":"$Name"},"Num":{"$sum":1}}},
        {"$project":{"_id":0,"Province":"$_id","Num":1,"Members":1}},
        {"$sort":{"Num":-1}},
        {"$limit":3}
];
```

将代码做上述修改后，可以执行一下，观察得到的结果和原来的结果有什么不同。另外还可以修改及增加一些其他的命名执行，体会执行后的结果差异。

15.4.6 用索引进行查询

Node.js 提供的创建索引的方法为 db.collection.createIndex()。

（1）普通索引。

若要将“Members”文档按“Name”字段设置顺序排列的索引，可以使用如下代码：

```
db.collection.createIndex({"name": 1})
```

（2）复合索引。

建立两个以上字段的复合索引，代码如下：

```
db.collection.createIndex({"name": 1,"Gender": 1})
```

在建立了“Gender+Name”的复合索引后，则不需要再单独建立“Gender”字段的索引，MongoDB

在查询复合索引的前缀字段时（Gender 就是这个复合索引的前缀字段），会自动应用到索引查询。

（3）后台作业。

如果集合中已经存在大量文档，此时再建立索引，则会花费较多的时间。这时可以设置后台作业，这样在建立索引的同时也不会影响该集合被正常访问。在建立索引时，加上“background:true”参数即可实现后台作业，具体代码如下所示：

```
db.collecetion.createIndex({"name": 1}, {"background": true})
```

（4）唯一索引。

如需要建立唯一索引，则加上“unique:true”参数，如：

```
db.collection.createIndex({"name": 1}, {"unique": true})
```

Node.js 还提供了 ensureIndex()等创建索引的方法，大家可以试着去使用，检查每个方法之间的不同之处。

（5）查看索引。

我们来看一段代码，先检查一下“Members”集合里有哪些索引，具体代码如下：

```
//定义索引应用方法
var indexTest = function(db, callback) {
    var collection = db.collection('Members');
    //调用显示索引信息的方法
    collection.indexInformation(function(err, result) {
        if(err){
            console.log('Error:'+ err);
        }
        callback(err,result);
    });
}
```

显示当前文档集的所有索引信息

执行上述代码，得出的结果如下：

```
D:\Nodejs_MongoDB\Nodejs01>node app
{ _id_: [ [ '_id', 1 ] ] }
```

（6）添加索引。

修改一下代码，我们对其添加一个索引，具体代码如下：

```
var indexTest = function(db, callback) {
    var collection = db.collection('Members');
    collection.createIndex({"Name":1},function(err, result) {
        if(err){
            console.log('Error:'+ err);
        }
        //调用传入的回调方法，将操作结果返回
        callback(err,result);
```

先创建一个新的索引，再显示当前文档集索引的变化

```
    });
    //调用显示索引信息的方法
    collection.indexInformation(function(err, result) {
        if(err){
            console.log('Error:'+ err);
        }
        callback(err,result);
    });
}
```

打印结果如下，可以看到刚添加的“Name”字段的索引。

```
D:\Nodejs_MongoDB\Nodejs01>node app
Name_1
{ _id_: [ [ '_id', 1 ] ], Name_1: [ [ 'Name', 1 ] ] }
```

刚添加的索引

（7）删除索引。

如果要删除索引，则使用 collection.dropIndex(<indexName>,<options>,<callback>) 或 collection.dropIndexes(<options>,<callback>)。

我们修改一下代码，将刚添加的“Name_1”的 Index 删除，具体代码如下：

```
var indexTest = function(db, callback) {
    var collection = db.collection('Members');
    //删除索引
    collection.dropIndex("Name_1",function(err, result){
        if(err){
                console.log('Error:'+ err);
            }
            callback(err,result);
    });

    //调用显示索引信息的方法
    collection.indexInformation(function(err, result) {
        if(err){
            console.log('Error:'+ err);
        }
        callback(err,result);
    });
}
```

删除刚添加的索引

打印结果如下，又只有“_id”字段的索引了。

```
D:\Nodejs_MongoDB\Nodejs01>node app
{ raw: { 'book_shard2/127.0.0.0:27017,127.0.0.1:27017': { nIndexesWas: 2, ok: 1 } },
  ok: 1,
  '$clusterTime':
   { clusterTime: Timestamp { _bsontype: 'Timestamp', low_: 1, high_: 1525768218 },
```

```
    signature: { hash: [Object], keyId: [Object] } },
  operationTime: Timestamp { _bsontype: 'Timestamp', low_: 1, high_: 1525768218 } }
{ _id_: [ [ '_id', 1 ] ] }
```

collection.dropIndexes()方法会直接删除除“_id”字段外的所有索引，大家可以进行测试。

15.5　使用正则表达式

MongoDB 支持使用正则表达式设置条件进行查询，这让查询变得非常灵活。Node.js 结合正则表达式针对 MongoDB 查询文档时使用正则表达式可以做到非常强大的查询：

（1）查找“Name”字段中单词以“y”结尾的所有文档，具体代码如下：

```
var findData_Regax = function(db, callback) {
    //获得指定的集合
    var collection = db.collection('Members');
    var match1 = /.*y\b/i;
    var query={"Name":match1}

    //设置要显示的字段
    var fields={fields:{ "_id":0,"Name":1,"Location":1}};
    collection.find(query).count(function(err,rCount){
        callback(rCount);
    });
    collection.find(query,fields).toArray(function(err, result) {
        if(err){
            console.log('Error:'+ err);
        }
        callback(err,result);
    });
}
```

定义正则表达式规范，并应用到“Name”字段属性上。“\b”表示单词结尾，“/i”表示不区分大小写

（2）在主程序中调用上述方法，得出以下结果：

```
D:\Nodejs_MongoDB\Nodejs01>node app
4
[ { Name: 'Penny Hung',
    Location: { Province: 'GuangDong', City: 'ShenZhen' } },
  { Name: 'Cindy',
    Location: { City: 'ShangHai', Province: 'ShangHai' } },
  { Name: 'Jerry Deng',
    Location: { Province: 'GuangDong', City: 'GuangZhou' } },
  { Name: 'Mary Huang',
    Location: { Province: 'GuangXi', City: 'GuiLin' } }
]
```

“Name”都包含了“y”字母结尾的单词

正则表达式的详细用法可参考 6.1.6 节“正则表达式”。

15.6 批量处理数据

1. MongoDB 的 bulkWrite()方法

MongoDB 支持批量数据处理，比如前面提到的 insertMany()方法，可以一次批量插入多个文档。下面要介绍的是批量处理多种文档操作，即 bulkWrite()方法。具体指令如下：

```
db.collection.bulkWrite(
   [
     { insertOne: { document: { a: 1 } } }
     { updateOne: { filter: {a:2}, update: {$set: {a:2}}, upsert:true } }
     { updateMany: { filter: {a:2}, update: {$set: {a:2}}, upsert:true } }
     { deleteOne: { filter: {c:1} } }
     { deleteMany: { filter: {c:1} } }
     { replaceOne: { filter: {c:3}, replacement: {c:4}, upsert:true}}
   ]
)
```

2. Node.js 的 collection.bulkwrite()方法

Node.js 中的collection.bulkWrite()方法与MongoDB 中的bulkWrite()方法对应,使用起来也很简便。

下面用 collection.bulkWrite()方法新增多个文档，并对这些文档进行修改、替换等操作。具体代码如下：

```
var blukWriteTest = function(db, callback) {
    //获得指定的集合
    var collection = db.collection('Members');
    var new_doc1={"Name" : "Tony",
         "Gender" : "Male",
         "Tel" : "13800138011",
         "CustomerSysNo" : 11339491,
         "Location" : { "Province" : "GuangXi", "City" : "GuiLin" },
         "Type":"bulk"
         };

     var new_doc2={}
         new_doc2["Name"]="Susan"
         new_doc2["Gender"]="Female"
         new_doc2["Tel"]="13800138012"
         new_doc2["CustomerSysNo"]="32245233"
         new_doc2["Location"]={"Province":"GuangXi","City":"NanNing"}
         new_doc2["Type"]="bulk"
```

```
    var new_doc3={"Name" : "Lucy",
            "Gender" : "Female",
            "Tel" : "13800138013",
            "CustomerSysNo" : 11339491,
            "Location" : { "Province" : "ZheJiang", "City" : "HangZhou" },
            "Type":"bulk"
            };

    var new_doc4={"Name" : "Elsa",
            "Gender" : "Female",
            "Tel" : "13800138014",
            "CustomerSysNo" : 23456789,
            "Location" : { "Province" : "JiangSu", "City" : "NanJing" },
            "Type":"bulk",
            "Age":20
            };

    var bulkDocs=[
                {insertOne:{document:new_doc1}},
                {insertOne:{document:new_doc2}},
                {insertOne:{document:new_doc3}},
                {updateOne:{filter: {'Name': 'Jerry Deng'}, update: {$set: {'Tel': '13800138999'}},
upsert:true } },
                {updateMany:{filter: {'Tel': '18000000000'}, update: {$set: {'Tel': '13800138000'}},
upsert:true } },
                {replaceOne: { filter: {'Name': 'Sam Liu'}, replacement:new_doc4, upsert:true}},
                {deleteOne: { filter: {'Name': 'Mary Huang'} } }
            ];

    collection.bulkWrite(bulkDocs, function (err, result) {
        if(err){
            console.log('Error:'+ err);
        }
        callback(err,result);
    });

}
```

执行上述代码后，在 MongoDB 中可以看到，“Members”集合中的相关文档已经按上述操作依次做了修改。

15.7 创建文档关联查询

（1）前面我们已经了解了会员集合“Members”，这里将介绍购物车集合“Carts”。以下为这个集合的内容：

```
{
        "_id" : ObjectId("5adae964e53e9340cd1a1898")
        "Quantity" : 1,
        "CustomerSysNo" : 11735090,
        "CreateDate" : ISODate("2018-05-05T21:58:27.556Z"),
        "product" : {
                "ProductName" : "note 16GB Mobile Unicom 4G Mobile Phones",
                "Weight" : 400,
                "ProductMode" : "Ministry",
                "Price" : 469
        }
},
...
```

与“Members”集合关联的键值

（2）这两个集合使用“CustomerSysNo”字段进行关联。现在需要在购物车集合“Carts”中查找会员名为“Oughl Luo”的购物车中的商品清单，具体代码如下：

```
var lookupFind = function(db, callback) {
    //获得指定的集合
    var collection = db.collection('Members');
    var joinSearch=[

        {"$lookup":{from: "Carts",
                    localField: 'CustomerSysNo',
                    foreignField: 'CustomerSysNo',
                    as: 'MyCarts'
                    }
        },
        {"$match":{"Name":"Oughl Luo"}},
        {"$project":{"_id":0,"Name":1,"MyCarts":1}}
    ];
    collection.aggregate(joinSearch).toArray(function(err, results) {
        for (var i in results)
            {
                console.log(results[i].Name) ;
                console.log(results[i].MyCarts.length) ;
                console.log(results[i].MyCarts);
            }
    });

}
```

定义两个集合的关联语法

（3）执行关联查询后得到如下结果：

```
D:\Nodejs_MongoDB\Nodejs01>node app
Oughl Luo
2
[ { _id: 5ad95647e53e9340cd199c4d,
    Quantity: 3,
    CustomerSysNo: 8807042,
    CreateDate: 2016-09-27T23:49:47.025Z,
    product:
     { ProductName: '16GB Class10 microSD(TF) mobile phone memory card Class10 Ultra High Speed
Memory Card',
       Weight: 12,
       ProductMode: 'Piece',
       Price: 5668 } },
  { _id: 5ad95647e53e9340cd199c61,
    Quantity: 1,
    CustomerSysNo: 8807042,
    CreateDate: 2016-09-28T05:02:31.102Z,
    product:
     { ProductName: '8GB Class4 microSD(TF)',
       Weight: 10,
       ProductMode: '',
       Price: 7178 } } ]
```

用 CustomerSysNo 串联，查出此用户购物车中的所有商品清单

从结果可以看出，在“Carts”集合中存在的两个相应文档都已经被查找出来了。

15.8　操作 MongoDB GridFS

1. 引入 fs 和 gridfs-stream 程序包

Node.js 操作 GridFS 文件系统，需要引入 fs 和 gridfs-stream 程序包，具体代码如下：

```
var fs = require('fs');
var Grid = require('gridfs-stream');
```

2. 引入 mongoose 程序包

下面的示例引入了另外一个连接 MongoDB 的程序包——mongoose。这是一个使用比较广泛的包，大家可以使用 npm 进行安装。这里主要讲述一些简单操作示例，如上传一个 txt 文件（mongo_file.txt 文件在当前项目路径下）。具体代码如下：

```
var mongoose = require('mongoose');
var Schema = mongoose.Schema;
mongoose.connect('mongodb://127.0.0.1:35017/');
var conn = mongoose.connection;
```

```
var fs = require('fs');
var Grid = require('gridfs-stream');
Grid.mongo = mongoose.mongo;

conn.once('open', function () {
    console.log('open');
    var gfs = Grid(conn.db);
    // 写文件
    var writestream = gfs.createWriteStream({
        filename: ' mongo_file.txt'
    });
    fs.createReadStream('./ mongo_file.txt').pipe(writestream);

    writestream.on('close', function (file) {
        console.log(file.filename + ' Written To DB');
    });
});
```

执行上面的代码，就可以把当前路径下的 hello.txt 文件写入 MongoDB 中。

3. 其他常用操作

其他的一些常用操作，可以参考以下代码：

```
// 读取文件
var fs_write_stream = fs.createWriteStream('./write.txt');
var readstream = gfs.createReadStream({
      filename: 'mongo_file.txt'
});
readstream.pipe(fs_write_stream);
fs_write_stream.on('close', function () {
      console.log('file has been written fully!');
});

//判断文件是否存在
var options = {filename : 'mongo_file.txt'}; // 使用 "_id" 字段也可以
gfs.exist(options, function (err, found) {
    if (err) return handleError(err);
found ? console.log('File exists') : console.log('File does not exist');
});

// 获取文件的基础信息
gfs.files.find({ filename: 'mongo_file.txt' }).toArray(function (err, files) {
    if (err) {
      throw (err);
    }
```

```
    console.log(files);
});

// 根据文件名称删除文件
gfs.remove({filename: 'mongo_file.txt'}, function (err) {
    if (err) return handleError(err);
    console.log('success');
});

// 根据 fs.files._id 删除文件
gfs.remove({_id : '548d91dce08d1a082a7e6d96'}, function (err) {
    if (err) return handleError(err);
    console.log('success');
});
```

Node.js 操作 GridFS 文件的内容就介绍到此，在实际应用中可自由组合，灵活应用。

15.9　小结

本章主要介绍了 Node.js 在用 MongoDB 作为后台数据库时的基本开发环境部署，以及对数据的增加、修改、删除操作。这些操作方式仅在测试本章的功能时使用。在实际应用中，开发者应结合实际测试环境来修改和优化代码。

第 16 章 实际应用案例

经过了之前章的介绍，相信读者已经掌握了非常多的 MongoDB 知识。本章是作者从实际参与的项目中摘取与 MongoDB 相关的部分写成的案例，并提供相应的代码，供读者参考。

通过本章，读者将学到以下内容：

- 跨区域 MongoDB 数据中心的配置；
- MongoDB 如何实现流式数据处理；
- 以“Node.js + MongoDB”实现网络聊天室。

16.1 搭建跨区域数据中心

近几年，大数据应用遍地开花，跨区域甚至跨国也成为各种大型平台的基本要求。所以，本节将介绍如何搭建能支持大范围服务的分布式数据库架构。

下面先列举一个常见的需求，然后介绍如何搭建满足该需求的 MongoDB 架构。

16.1.1 需求描述

1. 背景

一个成功的电商平台（例如淘宝、京东等），其客户可能跨国、跨洲。这些电商平台每分每秒都有大量的订单产生，而这些订单记录着客户编号、客户下单的地区、商品编号与商品数量等信息。但是由于客户较多，下单的并发量大，所以服务器负载较重。

2. 目标

通过分布式处理来减轻服务器的压力，提升用户体验。另外，考虑到服务器损坏可能导致订单流失，所以需要一个高可用的架构环境，以避免服务的长时间中断。

3. 实现方案

根据上述的要求，打算在北京、上海、深圳这三个城市搭建一个跨区域的数据中心，其需要满足以下要求：

- 用户具有区域性。例如，深圳用户主要将在深圳地区使用。
- 数据保存快速（就近写）。
- 数据读取快速（就近读）。
- 支持数据量及性能的弹性扩容。
- 支持高并发存取。
- 接近实时备援机制。
- 未来可能扩容到其他地区。

16.1.2　架构设计

表 16-1 中列出了上述需求对应的 MongoDB 功能。

表 16-1　需求及对应的 MongoDB 功能

需　求	MongoDB 功能
用户具有区域性	数据分片。片键包含地区字段
数据保存快速（就近写）	数据分片。片键包含地区字段
数据抓取快速（就近读）	副本集。各地区须至少包含一个其他地区的副本
支持数据量及性能的弹性扩容	数据分片。根据数据量、使用情况决定分片数量
支持高并发存取	数据分片。根据使用情况决定分片数量
接近实时备援机制	副本集。根据可用性程度决定副本数量
未来可能扩容到其他地区	数据分片。片键包含地区字段

以上 7 项需求，主要通过分片集、副本集和适当的分片设计来解决。

需用的机器数量与规格，应结合更具体的应用需求来考虑，所以这部分的内容将不在本节进行讨论。

1. 架构设计方案

（1）分片及片键。

本案例在架构上的设计想法是：至少需要三个分片，将数据至少分成三个地区存放，但片键必须使得每个地区划分得更详细一些，这样可避免出现小基数片键。所以，片键必须是包含“区域（或地区）”字段的复合型片键。

（2）副本。

由于希望就近读写，所以需要将当地数据的副本移到其他区域保存一份。

（3）服务器架构。

基于上述两点，若是三个区域，则至少是 3×3 的服务器架构才能满足基本要求；同理，若是四个区域，则至少为 4×4 架构。其他的此类推。

在这样的需求与架构设计下，划分的区域越多，服务器需求量也会越多。所以，在初期设计时，尽量以实际需求进行配置，否则会使得成本过高。

（4）基本架构的风险。

在三个区域的案例中，若使用符合基本要求的 3×3 架构可能会造成以下问题：如果主节点出现故障，则在其被修复前，该区域的用户会被迫去其他区域的服务器上存取数据，这会导致响应过慢。若想避免这样的问题，则需要在本地至少多存放一个副本，可使用 3（区域）×4（节点）架构。

这个案例中，我们在需求与成本之间取得平衡，采用的是 3×3 架构。

2. 架构设计图

图 16-1 所示是一个简单架构，其中列出了分片与副本集在各区域的分布。

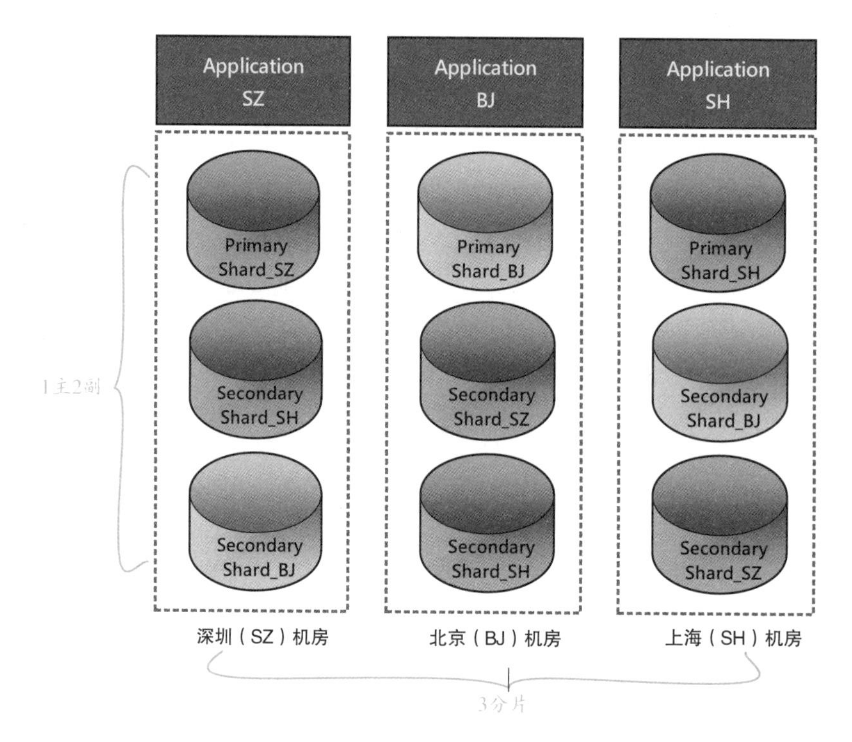

图 16-1 架构设计图（3×3 架构）

建议将配置服务器（Config Server）分散到各区域，用于存放副本。mongos则可以放在各副本节点服务器或应用程序的服务器上。不过这并非此案例要讨论的重点，所以图 16-1 中没有标出。

16.1.3　架构配置

架构配置主要分为三个步骤：

（1）配置具有分片架构且分散在各地区的集群。

（2）对数据库做分片。

（3）设定分片标签，以确保各地区数据写入对应的分片中。

1. 配置具有分片架构且分散在各地区的集群

此步骤可以参照 4.1 节“配置副本集”与 4.2 节“配置分片集群”的内容。

首先，确保各地区拥有 3 台机器，如图 16-1 所示。本步骤并非必要，如果不是生产环境，也可以在一台服务器上配置 3 个非同一个分片的数据副本节点。

其次，三个区域需要配置 3 个分片，且每个分片须包含其他区域的成员，分片分别取名为“shard_SZ”“shard_BJ”“shard_SH”。

然后，使用 4.3.2 节“调整副本集”中“3. 更新副本集成员配置”中的指令 rs.reconfig()将各分片在当地节点的优先权（Priority）提高。例如，对于 shard_SZ 分片，应将在深圳的节点设置为拥有较高的优先权（默认为 1，主节点的 Priority 应设置为大于 1），以确保其主节点在深圳地区。以此类推，shard_BJ 分片的主节点设置在北京，shard_SH 分片的主节点设置在上海。

2. 对数据库做分片

在数据库分片后，是否可以完全按照规划去保存数据，与集合的数据结构有很大的关系。因此，如果有数据库分片的需求，则在设计数据结构时就必须考虑这一点，应设计可以辨别数据应保存在哪个分片的片键。

（1）文档的选择。

此案例使用“客户订单”（Sales_record）集合数据作为范例，其内容如下：

```
{
    "_id" : ObjectId("5b8cf05c29f5318a81a055fd"),
    "orderSysno" : 1501368,
    "area" : "SZ",
    "customerSysNo" : 11735090,
    "orderProduct" : [
        {
            "productSysNo" : 2971,
            "price" : 50,
```

area 与 customerSysNo 这两个字段可以作为片键

- area：决定数据保存的地区
- customerSysNo：可进一步把数据拆分得更细，为未来扩容保留弹性

```
                "quantity" : 2
            },
            {
                "productSysNo" : 8622,
                "price" : 15,
                "quantity" : 3
            }
        ],
        "totalAmount" : 145,
        "orderDate" : ISODate("2018-09-03T08:27:08.620Z"),
        ...
}
```

若考虑到更长远的扩容，还可以把订单时间加入片键中，让数据块拆分得更细。不过本节强调跨区域的配置，所以暂不这么做

（2）片键的选择。

在此案例中，首先必须确保集合中包含可以辨别区域的字段。但如果只使用“区域”（area）字段作为片键，则最终只能分成三个数据块（chunk），这样会形成小基数片键问题（可参考 3.3.2 节“片键”）。因此，除“区域”（area）外，还需要一个大基数的字段来将数据切分成更小的数据块（chunk），而在这个案例中可以选择“客户编号”（customerSysNo）作为这个大基数字段。

若考虑到需要更大的扩容性，则可以把“订单时间”（orderDate）作为片键的一部分，这样可以避免单一用户多年累计订单过多，产生无法切割的巨大 chunk。

本节案例的重点在于跨区域的分片配置，所以将以“area”和“customerSysNo”作为片键。

（3）设定数据库分片。

设定数据库分片可分为以下 3 个步骤：

这 3 个步骤的指令语法可参照 4.2.6 节“设置数据库分片”。

① 在希望成为片键的字段上设置索引（必须是复合索引），具体指令如下。

```
mongos> use E-commerce
mongos> db.Sales_record.ensureIndex ( {'area':1, 'customerSysNo':1} )
```

片键是无法重新设定的，如果设定错误则只能将整个集合删除后再重建，所以选择片键非常重要。

② 启用数据库分片功能，具体指令如下。

```
mongos> sh.enableSharding ( 'E-commerce' )
```

③ 使用片键对数据库进行分片，具体指令如下。

```
mongos>sh.shardCollection ( 'E-commerece.Sales_record',{'area':1, 'customerSysNo':1} )
```

3. 设定分片标签（Tag）

设定好数据库分片之后，需要设置各分片的标签，然后根据片键设定各分片上的数据。具体指令可参照 4.2.6 节“设置数据库分片”中的“2.设定特定数据存放指定的分片”。具体步骤如下。

（1）设置各分片的标签，具体指令如下。

```
mongos> sh.addShardTag（'shard_SZ','SZ'）
mongos> sh.addShardTag（'shard_BJ','BJ'）
mongos> sh.addShardTag（'shard_SH','SH'）
```

（2）根据片键设定各分片上的数据。

设定 SZ 分片上的数据，具体指令如下：

```
mongos>
sh.addTagRange（'E-commerce. Sales_record',
{'area':'SZ','customerSysNo':MinKey},
{'area':'SZ’ , 'customerSysNo':MaxKey}, 'SZ'）
```

设定 BJ 分片上的数据，具体指令如下：

```
mongos>
sh.addTagRange（'E-commerce. Sales_record',
{'area':'BJ', 'customerSysNo':MinKey},
{'area': 'BJ', 'customerSysNo':MaxKey}, 'BJ'）
```

设定 SH 分片上的数据，具体指令如下：

```
mongos>
sh.addTagRange（'E-commerce. Sales_record',
{'area':'SH', 'customerSysNo':MinKey},
{'area':'SH', 'customerSysNo':MaxKey}, 'SH'）
```

如果只需要按“area”进行划分，则将“customerSysNo”设定为“MinKey”和“MaxKey”即可。

4. 验证数据分片是否正确

为了验证数据分片是否正确，可以先写入数据，然后再到各个 Shard 节点下查看数据。具体步骤如下。

（1）写入至少具有“area”“customerSysNo”字段的数据，具体指令如下。

```
mongos> db.Sales_record.insert（{'area':'SZ','customerSysNo': 11735090, ...}）
mongos> db.Sales_record.insert（{'area':'BJ','customerSysNo': 11734734, ...}）
mongos> db.Sales_record.insert（{'area':'SH', 'customerSysNo': 7405952, ...}）
```

（2）登录各个分片主节点，查看数据是否依照“area”字段中的值去存放数据，具体指令如下。

SZ 分片的数据查找，指令如下：

```
shard_SZ:Primary> db.Sales_record.find()
```

BJ 分片的数据查找，指令如下：

```
shard_BJ:Primary> db.Sales_record.find()
```

SH 分片的数据查找，指令如下：

```
shard_SH:Primary> db.Sales_record.find()
```

5. 其他区域就近查询数据

在 16.1.2 节的架构中，每个区域都拥有其他区域的数据副本。因此，如果需要在某个区域读取其他区域的数据，则可以在当地的副节点读取，从而达到更好的查询效率。读取最近副本节点上的数据，需要在应用程序中设置“就近读写连接字符串”。

连接字符串的格式如下（在第 12~15 章有详细的介绍）：

```
mongodb://[username:password@]host1[:port1][,host2[:port2],...[,hostN[:portN]]][/[database][?options]]
```

就近读取，仅需要将“?options”设定为“? readPreference=nearest”，具体代码如下。

```
mongodb://username:password@host1:port1/database? readPreference=nearest
```

16.2 用 MongoDB 实现流式数据处理

16.2.1 任务与目标

随着大数据时代来临，信息的时效性越来越重要，许多应用程序已经无法等到数据采集完后再进行处理，传统的处理流程已经无法满足大数据分析的实时性要求。所以，如何对大数据流进行实时、有效地处理与分析，已成为大家非常关注的问题。目前，有许多用作实时数据流处理的技术，如：Storm、Spark streaming 等。

MongoDB 作为一款为大数据而生的数据库，能否针对大数据做实时的处理呢？在解开谜底前，我们先来看一个实际案例需求。

一家集团企业，拥有几十万的员工，但分布在全国各个地区，对于集团决策层与管理主管来说，及时掌握并稽核所有员工的出勤状况是一件非常困难的事情。如果想在早上上班时间一到，就立即掌握每个厂区、每个部门的应到人数、请假出差人数、出勤人数、迟到人数等，该怎么做呢？

16.2.2 问题展开

在每个厂区和部门都会有若干台考勤刷卡机，员工考勤刷卡数据会首先就近同步到各厂区、部门对应的人事系统数据库，再由各人事系统负责人对考勤刷卡数据汇总确认，然后分别传输到中央人事系统数据库，最后在中央人事系统中对数据进行比对、清洗、计算等工作，这样才能生产出勤分析报表，主要流程如图 16-2 所示。

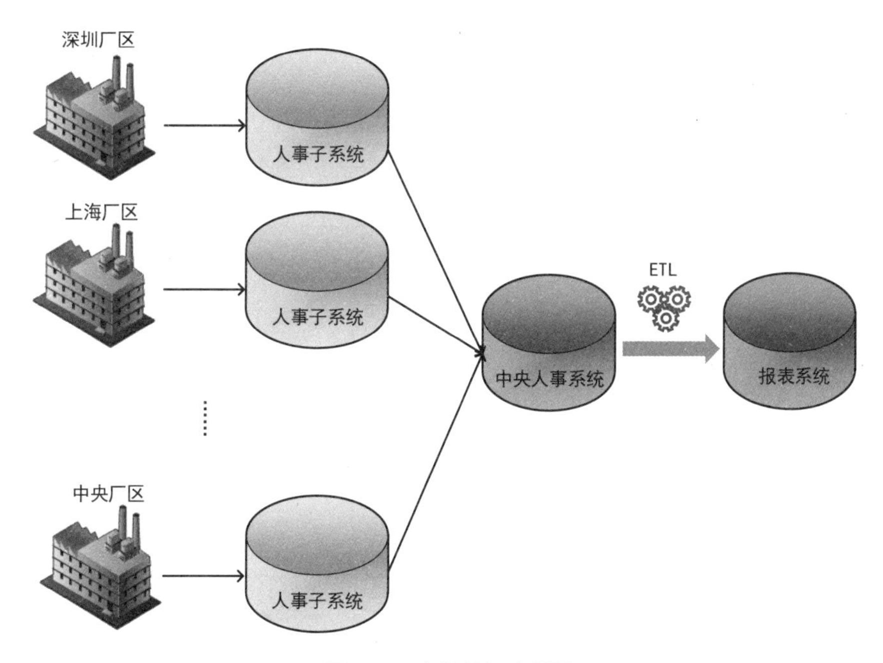

图 16-2　考勤数据流程图

由于各人事系统都是人工作业，所以时效性不好。另外，在考勤数据从各厂区传输到中央数据库时，容易受到网络或 I/O 资源的限制。数据被汇整到中央人事系统后，还需要花费大量时间来计算，等到报表呈现时已经数小时过去了，早已失去稽核的时效性。

那么，能否在每个员工刷卡的同时，就将该个刷卡数据实时地同步到中央人事系统，并进行比对计算、更新考勤报表呢？传统关系型数据库很难跨区域分布式配置，所以很难实时、集中地管理数据，那么 MongoDB 可以做到吗？

16.2.3　解决方案

MongoDB 具有可弹性扩展、可跨区域设置分片，以及高可用等优势。所以，对于实时地接收各区域的刷卡数据，它完全可以胜任。

在 16.1 节案例中介绍的 MongoDB 跨区域数据中心便可以应用到本案例中。可以在各个厂区设置 MongoDB 数据分片，并在中央人事系统中配置各个厂区数据的副本。这样一来，每个厂区分片可以分散接收考勤刷卡数据的写入压力，并将数据实时同步到了中央人事系统。中央人事系统在统一计算时，还可以就近读取所有厂区的考勤数据副本，实现实时流式数据处理。

这样便可以将先前集中在同一时间计算的压力分散到每一个时间段，从而高效地完成计算并写入 MongoDB 中，从而能实时查看最新的出勤状况，如图 16-3 所示。

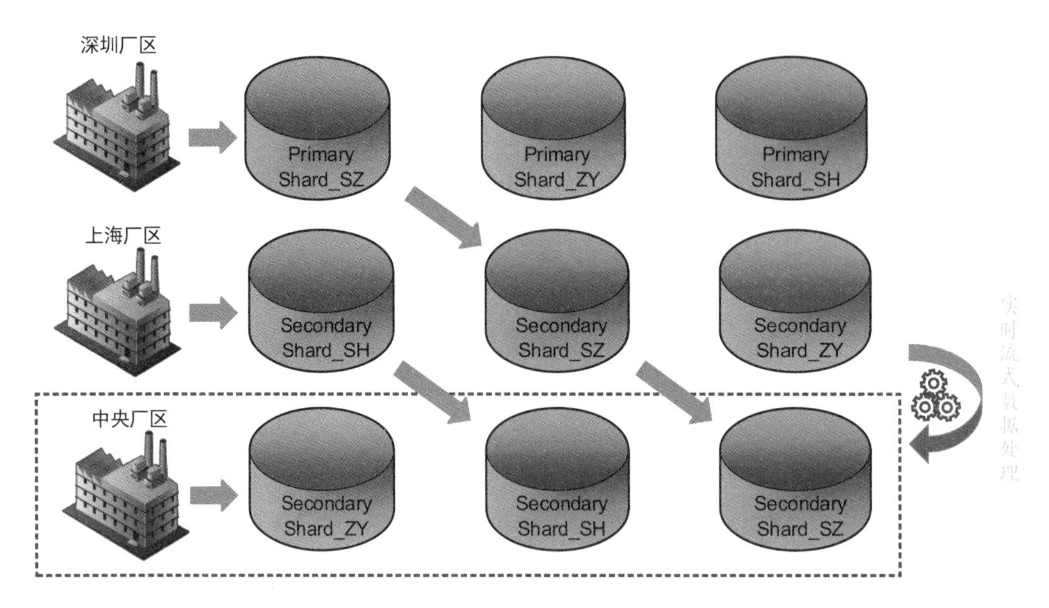

图 16-3　跨区域数据的实时同步、就近读写

从一个刷卡记录转变为可读性报表需要进行很多处理，例如，要比对该刷卡人的人员信息、厂区及部门信息，还要过滤重复刷卡记录等，然后才能汇总统计。

1. 假设现有以下数据表

（1）员工信息表（C_EMP）的主要字段如下：

```
> db.C_EMP.find({},{EMP_NO:1,DEPT:1,FACTORY:1,_id:0})
{ "EMP_NO" : "E00001", "DEPT" : "DEPT_A", "FACTORY" : "SZ" }
{ "EMP_NO" : "E00002", "DEPT" : "DEPT_A", "FACTORY" : "SH" }
{ "EMP_NO" : "E00003", "DEPT" : "DEPT_A", "FACTORY" : "BJ" }
{ "EMP_NO" : "E00004", "DEPT" : "DEPT_B", "FACTORY" : "SZ" }
{ "EMP_NO" : "E00005", "DEPT" : "DEPT_B", "FACTORY" : "SZ" }
{ "EMP_NO" : "E00006", "DEPT" : "DEPT_B", "FACTORY" : "BJ" }
{ "EMP_NO" : "E00007", "DEPT" : "DEPT_A", "FACTORY" : "BJ" }
{ "EMP_NO" : "E00008", "DEPT" : "DEPT_A", "FACTORY" : "BJ" }
{ "EMP_NO" : "E00009", "DEPT" : "DEPT_A", "FACTORY" : "SH" }
{ "EMP_NO" : "E00010", "DEPT" : "DEPT_B", "FACTORY" : "SZ" }
{ "EMP_NO" : "E00011", "DEPT" : "DEPT_A", "FACTORY" : "SZ" }
{ "EMP_NO" : "E00012", "DEPT" : "DEPT_B", "FACTORY" : "SZ" }
```

厂区

（2）员工请假出差记录表（C_ABSENCE）的主要字段如下：

```
> db.C_ABSENCE.find({},{_id:0})
{ "EMP_NO" : "E00005", "DEPT" : "DEPT_B", "FACTORY" : "SZ", "STARTTIME" :
ISODate("2018-08-31T08:00:00Z"), "ENDTIME" : ISODate("2018-08-31T17:30:00Z"), "HOURS" : 8 }
```

请假的起始与结束时间

```
{ "EMP_NO" : "E00009", "DEPT" : "DEPT_A", "FACTORY" : "SH", "STARTTIME" :
ISODate("2018-08-31T08:00:00Z"), "ENDTIME" : ISODate("2018-08-31T17:30:00Z"), "HOURS" : 8 }
{ "EMP_NO" : "E00011", "DEPT" : "DEPT_A", "FACTORY" : "SZ", "STARTTIME" :
ISODate("2018-08-31T08:00:00Z"), "ENDTIME" : ISODate("2018-08-31T17:30:00Z"), "HOURS" : 8 }
{ "EMP_NO" : "E00001", "DEPT" : "DEPT_A", "FACTORY" : "SZ", "STARTTIME" :
ISODate("2018-08-31T08:00:00Z"), "ENDTIME" : ISODate("2018-08-31T17:30:00Z"), "HOURS" : 8 }
```

（3）员工刷卡记录表（C_SIGN_IN）的主要字段如下：

```
{
    "_id" : ObjectId("5acc74cee654b9a0bb119f40"),
    "EMP_NO" : "E00001",
    "TIME" : "2018-08-31T07:50:37",
    ...
}
```

（4）最终想要生成的结果表（C_RESULT）的结构如下：

```
{
    "_id" : ObjectId("5ac4935d657c850dffefa62b"),
    "DATE" : "2018-04-04",
    "FACTORY" : "SZ",
    "DEPT" : "DEPT_A",
    "TOTAL" : 7,
    "ABSENCE" : 1,
    "SIGN_IN" : 0
}
```

此集合列出每天每个厂区部门统计后的数据。
- TOTAL：总人数；
- ABSENCE：请假/出差人数；
- SIGN_IN：考勤刷卡人数

2. 需要实现的功能

有一个员工刷卡后，在“C_RESULT”表中将实时地对该员工所在的厂区（FACTORY）、部门（DEPT）的刷卡人数（SIGN_IN）加 1，从而及时地反映员工出勤状况。

3. 解决步骤

（1）请假/出差人数也可在上班时间前统计。可通过“C_ABSENCE”表按厂区/部门分组计算出请假/出差（ABSENCE）人数，并将结果存储在一个临时表中。

（2）对表“C_EMP”，使用 aggregate 中的$group 指令按厂区/部门分组统计员工人数，再关联步骤（1）产出的临时表数据，可以得到每个厂区、部门的总人数和请假出差的人数，再将结果写入“C_RESULT”表，在“SIGN_IN”字段上数值先默认为 0。

（3）实时检测“C_SIGN_IN”表。该表每插入一个文档，就提取这个文档进行相应的比对计算，然后实时修改“C_RESULT”表中对应厂区/部门的“SIGN_IN”字段的值。

16.2.4 代码编写

（1）对表 C_ABSENCE 进行 aggregate 中的$group 指令按厂区/部门分组统计请假出差人数，编辑如下代码，在 mongo shell 中执行：

```
> db.C_ABSENCE.aggregate([
{$match:{$and:[{STARTTIME:{$lte:cdate}},{ENDTIME:{$gte:cdate}}]}}
,{$group:{_id: {FACTORY:"$FACTORY",DEPT:"$DEPT"},ABSENCE:{$sum:1}}}
]).forEach(function(obj){
    db.C_ABSENCE_GROUP.insert(obj)
})
```

按厂区和部门汇总，计算出请假/出差人数

将计算结果写入中间表 C_ABSENCE_GROUP 中

（2）将生成的“C_ABSENCE_GROUP”表与“C_EMP”表通过$lookup 指令进行关联计算，生成“C_RESULT”表。

```
> db.C_EMP.aggregate( [
      {$project:{_id:-1,FACTORY:1,DEPT:1} },
       { $group : { _id : {FACTORY:"$FACTORY",DEPT:"$DEPT"},
                    TOTAL: {$sum:1},
                    SIGN_IN:{$sum:0}
         }
       }
      ,{
         $lookup:
         {
           from: "C_ABSENCE_GROUP",
           localField: "_id",
           foreignField: "_id",
           as: "ABSENCE_GROUP"
         }
       }
      ,
      {
          $replaceRoot:{ newRoot: { $mergeObjects: [ { $arrayElemAt: [ "$ABSENCE_GROUP", 0 ] },
"$$ROOT" ] } }
      }
      ,{$project:{_id:0,FACTORY:"$_id.FACTORY",DEPT:"$_id.DEPT",TOTAL:1,LEAVE:1,ABSENCE:{$c
ond:{if:{$gte:["$ABSENCE",0]},then:"$ABSENCE",else:0 }},SIGN_IN:1,date:{ $dateToString: { format:
"%Y-%m-%d", date: new Date() } }      } }
    ]
).forEach(function(obj){
    db.C_RESULT.insert(obj)
})
```

将已汇总的请假/出差人员结果集（C_ABSENCE_GROUP）与此表（C_EMP）进行关联

将关联后的子集展开

选取需要的字段

加上当天日期

将计算结果写入 C_RESULT 集合中

上述代码通过关联计算，将结果存入了“C_RESULT”表中。现在查询出“C_RESULT”表中的

文档内容，代码如下：

```
> db.C_RESULT.find({},{_id:0,date:0})
{ "TOTAL" : 2, "ABSENCE" : 2, "SIGN_IN" : 0, "FACTORY" : "SZ", "DEPT" : "DEPT_A" }
{ "TOTAL" : 2, "ABSENCE" : 1, "SIGN_IN" : 0, "FACTORY" : "SH", "DEPT" : "DEPT_A" }
{ "TOTAL" : 3, "ABSENCE" : 0, "SIGN_IN" : 0, "FACTORY" : "BJ", "DEPT" : "DEPT_A" }
{ "TOTAL" : 1, "ABSENCE" : 0, "SIGN_IN" : 0, "FACTORY" : "BJ", "DEPT" : "DEPT_B" }
{ "TOTAL" : 4, "ABSENCE" : 1, "SIGN_IN" : 0, "FACTORY" : "SZ", "DEPT" : "DEPT_B" }
```

计算出了每个厂区/部门的总人数，以及请假/出差人数

从结果中可以看出，“ABSENCE”字段已经有相应的人数出现,其中总人数为 12，请假出差人数为 4。

（3）实时检视“C_SIGN_IN”表，动态更新“C_RESULT”表中对应的“SIGN_IN”人数。

在 MongoDB 3.6 以后的版本中有一个新增功能——Change Streams。该功能类似于关系型数据库里的 trigger 功能，可以实时监听对一个表的所有操作。只需要执行简单的代码即可对表的实时监控，代码如下：

```
cursor = db.C_SIGN_IN.watch()
document = next(cursor)
```

我们只需要在监控结果文档中捕捉到 operationType ="insert"的“fullDocument”字段内容，然后再进行处理。以下是完整的 Python 代码：

```
import pymongo
import time
from pymongo.errors import AutoReconnect
from pprint import pprint

#设置 MongoDB 连接
mongodb_server_uri = "mongodb://mongodb_user:mongodb_pwd@127.0.0.1:27017"
connection =   pymongo.MongoClient(mongodb_server_uri)
#指定连接的数据库和集合
db=connection["E-commerce"]
collection=db["C_SIGN_IN"]
#此变量用来记载每个员工对应的厂区和部门信息
emp_to_dept = {}

#执行监测的方法
def start_watch():
    with collection.watch(full_document='updateLookup') as stream:
        for op in stream:
#调用数据流处理方法
            process(ns=op['ns'], obj=op['operationType'], raw=op)

#执行数据流处理的方法
def process( ns, obj, raw):
```

用 collection 的 watch()方法可对指定集合进行实时监测

```
#此处只处理新插入的文档流
    if obj!="insert":
        return
#提取文档流中的员工工号
    empno=raw["fullDocument"]["EMP_NO"]
#通过工号获取员工所在厂区与部门
    depts=emp_to_dept[empno]
#判断此员工是否重复刷卡
    if depts=={"_id":0}:
        print(empno)
        return
#调用更新数据库集合的方法
    update_emp_status(depts=depts)
#将该员工设为已刷卡状态，避免重复计算
    emp_to_dept[empno]={"_id":0}

#取得员工对应厂区和部门的基础数据
def emp_info():
    emps = db['C_EMP']
#通过读取 C_EMP 集合得到每个员工的信息
    for emp in emps.find().sort('EMP_NO', 1):
        depts = {}
        depts["date"] = time.strftime("%Y-%m-%d", time.localtime())
        depts["FACTORY"] = emp["FACTORY"]
        depts["DEPT"] = emp["DEPT"]
#写入 emp_to_dept 变量
        emp_to_dept[emp["EMP_NO"]] = depts


#更新 C_RESULT 集合中“SING_IN”字段的数量
def update_emp_status( depts):
    empStatus = db['C_RESULT']
#更新数据库，让对应厂区和部门的人数加 1
    empStatus.update(depts, {"$inc": {"SIGN_IN": 1}})

print("--------- Start watching ---------")
emp_info()
start_watch()
```

执行上述 Python 代码，再回到 MongoDB 操作界面执行以下指令：

```
> db.C_SIGN_IN.find()
> db.C_RESULT.find()
{ "TOTAL" : 2, "ABSENCE" : 2, "SIGN_IN" : 0, "FACTORY" : "SZ", "DEPT" : "DEPT_A" }
{ "TOTAL" : 2, "ABSENCE" : 1, "SIGN_IN" : 0, "FACTORY" : "SH", "DEPT" : "DEPT_A" }
{ "TOTAL" : 3, "ABSENCE" : 0, "SIGN_IN" : 0, "FACTORY" : "BJ", "DEPT" : "DEPT_A" }
```

初始时，“SIGN_IN”字段全部为 0

```
{ "TOTAL" : 1, "ABSENCE" : 0, "SIGN_IN" : 0, "FACTORY" : "BJ", "DEPT" : "DEPT_B" }
{ "TOTAL" : 4, "ABSENCE" : 1, "SIGN_IN" : 0, "FACTORY" : "SZ", "DEPT" : "DEPT_B" }
```

从结果中可以看出，“C_SIGN_IN”表里的数据为空，“C_RESULT”表中“SIGN_IN”字段值都是 0。

所以，我们尝试向“C_SIGN_IN”表中插入 5 个数据，分别记录员工 E00002、E00004、E00006、E00008、E00010 的刷卡记录，然后再查看“C_RESULT”表的内容，发现对应的“SING_IN”人数已经自动累加。

```
> db.C_SIGN_IN.insert({EMP_NO:"E00002","TIME" : "2018-08-31T07:30:37"})
WriteResult({ "nInserted" : 1 })
> db.C_SIGN_IN.insert({EMP_NO:"E00004","TIME" : "2018-08-31T07:30:43"})
WriteResult({ "nInserted" : 1 })
> db.C_SIGN_IN.insert({EMP_NO:"E00006","TIME" : "2018-08-31T07:35:32"})
WriteResult({ "nInserted" : 1 })
> db.C_SIGN_IN.insert({EMP_NO:"E00008","TIME" : "2018-08-31T07:40:21"})
WriteResult({ "nInserted" : 1 })
> db.C_SIGN_IN.insert({EMP_NO:"E00010","TIME" : "2018-08-31T07:50:37"})
WriteResult({ "nInserted" : 1 })
> db.C_RESULT.find({},{_id:0,date:0})
{ "TOTAL" : 2, "ABSENCE" : 2, "SIGN_IN" : 0, "FACTORY" : "SZ", "DEPT" : "DEPT_A" }
{ "TOTAL" : 2, "ABSENCE" : 1, "SIGN_IN" : 1, "FACTORY" : "SH", "DEPT" : "DEPT_A" }
{ "TOTAL" : 3, "ABSENCE" : 0, "SIGN_IN" : 1, "FACTORY" : "BJ", "DEPT" : "DEPT_A" }
{ "TOTAL" : 1, "ABSENCE" : 0, "SIGN_IN" : 1, "FACTORY" : "BJ", "DEPT" : "DEPT_B" }
{ "TOTAL" : 4, "ABSENCE" : 1, "SIGN_IN" : 2, "FACTORY" : "SZ", "DEPT" : "DEPT_B" }
```

新增 5 笔刷卡数据后，"SIGN_IN"字段的总数也变成了 5

然后再向“C_SIGN_IN”表中插入 4 个数据，分别是 E00002、E00004、E00012 的刷卡记录。其中，E00002、E00004 是之前已经刷过卡的，现在重复刷卡；E00012 是新增的刷卡员工，且连续刷卡两次。插入这些数据后，再观察表“C_RESULT”的变化：

```
> db.C_SIGN_IN.insert({EMP_NO:"E00002","TIME" : "2018-08-31T07:41:37"})
WriteResult({ "nInserted" : 1 })
> db.C_SIGN_IN.insert({EMP_NO:"E00004","TIME" : "2018-08-31T07:42:34"})
WriteResult({ "nInserted" : 1 })
> db.C_SIGN_IN.insert({EMP_NO:"E00012","TIME" : "2018-08-31T07:53:39"})
WriteResult({ "nInserted" : 1 })
> db.C_SIGN_IN.insert({EMP_NO:"E00012","TIME" : "2018-08-31T07:53:45"})
WriteResult({ "nInserted" : 1 })
> db.C_RESULT.find({},{_id:0,date:0})
{ "TOTAL" : 2, "ABSENCE" : 2, "SIGN_IN" : 0, "FACTORY" : "SZ", "DEPT" : "DEPT_A" }
{ "TOTAL" : 2, "ABSENCE" : 1, "SIGN_IN" : 1, "FACTORY" : "SH", "DEPT" : "DEPT_A" }
{ "TOTAL" : 3, "ABSENCE" : 0, "SIGN_IN" : 1, "FACTORY" : "BJ", "DEPT" : "DEPT_A" }
{ "TOTAL" : 1, "ABSENCE" : 0, "SIGN_IN" : 1, "FACTORY" : "BJ", "DEPT" : "DEPT_B" }
{ "TOTAL" : 4, "ABSENCE" : 1, "SIGN_IN" : 3, "FACTORY" : "SZ", "DEPT" : "DEPT_B" }
```

E00012 连续刷卡两次

只有 SZ 厂区的 DEPT_B 部门出勤人数增加了 1

在上述代码中，我们对重复刷卡记录进行了过滤，因此，虽然刚才插入了 4 个数据（其中 3 个是重复数据，只有 1 个是有效数据），但我们看到只有“E00012”对应的“SZ”厂区 “DEPT_B”部门的“SIGN_IN”人数增加了 1，其他的人数并没有改变。

至此已经实现了之前提到的需求。读者可以参考本案例，结合自己的项目需求，适当调整和扩展代码。

16.3 用“Node.js+MongoDB”实现高并发的网络聊天室

在网络聊天室的应用场景下，若同时在线参与的人数众多，数据库便可能产生大量并发读写的情况。因此，需要一些方法来分散数据库的读写压力。在 MongoDB 中，可以考虑使用数据分片的负载均衡或副本集的读写分离来实现以上需求。两者的差别是，数据的实时性与分散压力的程度不同。

在数据实时性方面，使用副本集的读写分离来读取数据可能会存在延迟，而使用数据分片的负载均衡来读取数据是实时的。

- 如果应用程序对数据实时性要求不高，则可以设计为“从副节点读取”，取代“从主节点访问”，这样可以分散主节点的一部分压力。
- 如果应用程序的数据读写并发非常高，且对实时性有要求，则需要使用分片集来做负载均衡。

使用副本集读取数据的场景是：对数据实时性要求不高，且有硬件成本的考虑，但仍然想要分散主节点的读压力。

副本集主要用于实时备援与故障转移。

轻微的读取压力，可以利用副本集的读写分离特性解决。但如果并发量极大，则还是需要使用分片集。

16.3.1 需求描述

在一个大型企业中，我们想要一个“实时文字信息交互平台（网络聊天室）”来分享或讨论各种企业内部的议题，例如：开发人员的技术议题讨论、跨部门人员协调的会议沟通。后续也希望可以通过企业的“知识管理平台”去浏览过去讨论的内容，方便企业的经验回顾与传承。

需求架构如图 16-4 所示。

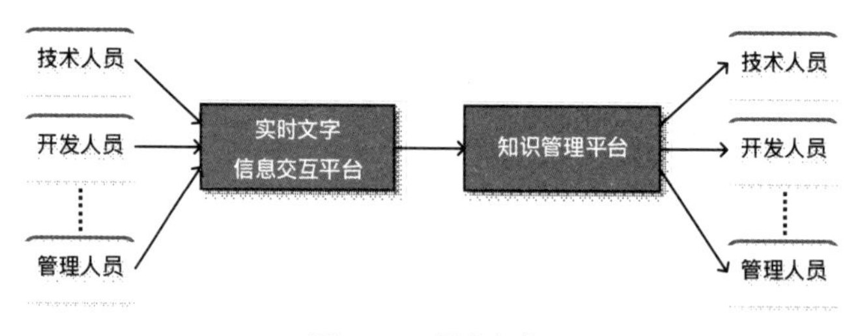

图 16-4 需求架构

16.3.2 解决方案

对于类似网络聊天室这种实时应用，使用 Node.js 来开发是比较理想的选择，其优点是：搭建方便、响应速度快、易于扩展。

实时通信工具会有大量的磁盘 I/O 读写。对于 Web 应用程序，我们可以使用 MongoDB 来提供高性能数据存储方案。在用户众多且使用频繁的场景下，可以让不同功能的应用程序通过不同的副本读取数据，以分散主节点的压力。

分片的应用在 16.1 节中已做介绍，因此，在本节案例中的 MongoDB 将不做分片，而是使用副本集来着重说明如何实现功能隔离。

整体技术应用工具如下。

- Node.js Express：用于 Web 框架的解决方案。
- MongoDB：用于信息存储的解决方案。
- Socket.IO：用于聊天通信的解决方案。
- Jquery：JavaScript 工具库，用于简化前端 JavaScript 的开发。

图 16-5 展示了 整体技术架构。

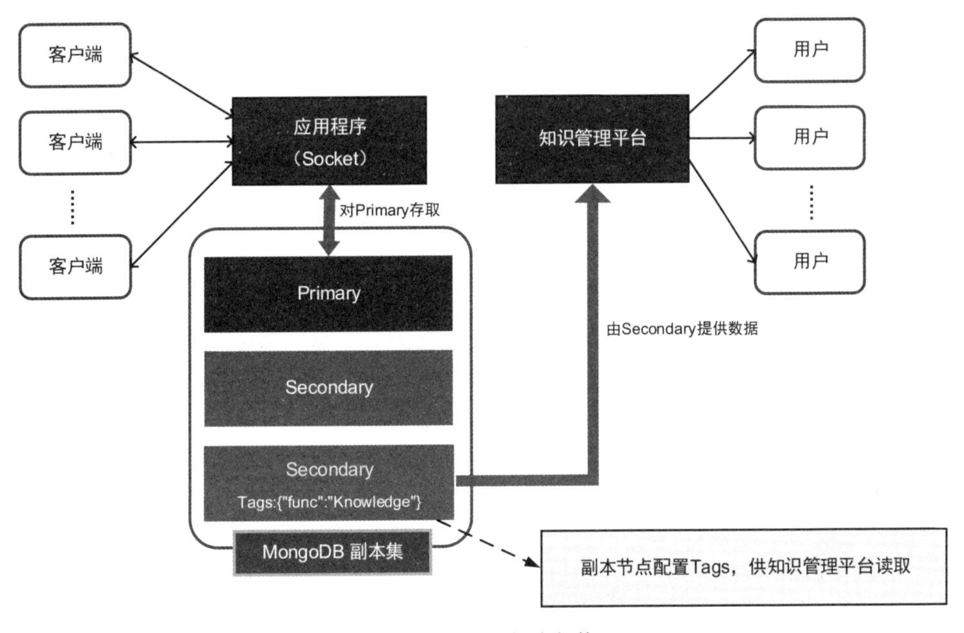

图 16-5 整体技术架构

16.3.3 MongoDB 应用

一般默认情况下，应用程序的读写都是通过主节点进行的。如果等待读取的应用程序操作过多，则会造成主节点的压力过大。

在这个案例中，除“网络聊天室”需要从 MongoDB 中读取数据外，知识管理平台也需要从 MongoDB 中读取数据。此时，可以通过在副本节点配置标签（Tags）来区别此节点可以供哪个应用程序读取，以分散主节点的压力。

1. 配置副本集

（1）建立一个副本集。这部分可回顾 4.1 节“配置副本集”。通过副本集可以实现高可用、数据备援，以及本节最主要的功能隔离。

（2）选择一个副本节点，在副本节点属性上配置标签（Tags）以供“知识管理平台”读取。

此副本节点不能为延迟节点，因为延迟节点无法成为 readPref 设定的节点。

副本节点上 Tags 的详细说明，可以参考 3.2.2 小节中所提到的副本集 Tags 属性。

2. 在副本节点配置 Tags

在配置好两个节点的副本集之后，可按以下步骤配置 Tags。

（1）在节点上设置 Tags 属性。

若集群已经配置了节点，则选定副本节点并修改 Tags 属性。具体指令如下：

```
shard1:PRIMARY> cfg=rs.conf()
shard1:PRIMARY> cfg.members[2].tags={"func":"Knowledge"}
shard1:PRIMARY> rs.reconfig(cfg)
```

（2）查看 Tags 属性是否设定成功。具体指令如下。

```
shard1:PRIMARY> rs.conf()
```

执行结果如下：

```
...

{
		"_id" : 2,
		"host" : "<host_IP>:<port>",
		"arbiterOnly" : true,
		"buildIndexes" : true,
		"hidden" : false,
		"priority" : 0,
		"tags" : {
			"func":" Knowledge "
		},
		slaveDelay" : NumberLong（0）,
		"votes" : 1
```

```
        }
...
```

（3）设置完成后，可登录主节点或副节点，验证此 Tags 读取副本节点是否生效。若 Tags 不存在，则会报错；若成功，则可正常查到数据。具体指令如下。

```
PRIMARY> db.collection.find().readPref('nearest',[{'func':'Knowledge'}])
```

这里通过 mongo shell 来读取。如果通过应用程序来读取，则可以根据你所选择的程序语言使用 readPref 参数来指定读取 Tags 为{'func':'Knowledge'}的副本节点。

以下代码是 Java 连接字符串，读取 Tags 为"func:Knowledge"的副本节点：

```
mongodb.url=mongodb://<username>:<pwd>@<host_IP>:<port>/<Databasename>?authSource=admin&
readPreference=nearest&readPreferenceTags= func: Knowledge
```

在存取数据时，如果找不到 Tags，则 Java 应用程序将会出现以下错误:

```
Exception in thread "main" com.mongodb.MongoQueryException: Query failed with error code 133 and
error message 'Could not find host matching read preference { mode: "nearest", tags: [ { func: " Knowledge
" } ] } for set book_shard1' on server ...
```

16.3.4 代码编写

以下步骤与代码将在 Windows 操作系统上进行。

1. 确认版本信息

Node.js 开发环境的安装方法请见本书的第 15 章。安装完毕后，请确认一下版本信息。

（1）在 Windows 的"运行"对话框中输入"cmd"，单击"确定"按钮，进入 DOS 界面。

（2）输入"node -v"，确认当前 Node.js 的版本：

```
C:\> node -v
v8.11.1
```

（3）输入"npm -v"，确认当前 npm 的版本：

```
C:\> npm -v
5.6.0
```

2. 安装 Express 框架

在正式开发代码之前，还需要安装 Express 框架。Express 框架是一个为 Node.js 而设计的 Web 开发框架，提供了丰富的 HTTP 工具，它能够帮助你创建各种 Web 应用。

安装 Express 框架的步骤如下：

（1）在 C 盘下创建一个目录"C:\ChatRoomExample\example"。

（2）在 DOS 窗口中进入该目录，然后安装 Express 框架。具体命令如下（注意，此时要确保计算机能上网）：

```
C:\ChatRoomExample\example> npm install -g express-generator
```

3. 创建 Web 应用

Express 框架安装成功后，输入“express ChatRoom --view=ejs”，则会在当前目录中创建一个名为“ChatRoom”的 Web 应用程序。具体操作过程如下：

（1）输入“express ChatRoom --view=ejs”，命令如下：

```
C:\ChatRoomExample\example> express ChatRoom --view=ejs
   create : ChatRoom\
   create : ChatRoom\public\
   create : ChatRoom\public\javascripts\
   create : ChatRoom\public\images\
   create : ChatRoom\public\stylesheets\
   create : ChatRoom\public\stylesheets\style.css
   create : ChatRoom\routes\
   create : ChatRoom\routes\index.js
   create : ChatRoom\routes\users.js
   create : ChatRoom\views\
   create : ChatRoom\views\error.ejs
   create : ChatRoom\views\index.ejs
   create : ChatRoom\app.js
   create : ChatRoom\package.json
   create : ChatRoom\bin\
   create : ChatRoom\bin\www
```

（2）进入“ChatRoom”文件夹:

```
> cd ChatRoom
```

（3）安装依赖:

```
> npm install
```

（4）执行应用程序:

```
> SET DEBUG=chatroom:* & npm start
```

关于 Express 框架的更多信息，请参考 Express 官网：http://www.expressjs.com.cn。

“ChatRoom”的目录结构如图 16-6 所示。

Name	Date modified	Type	Size
bin	2018/5/9 15:40	File folder	
public	2018/5/9 15:40	File folder	
routes	2018/5/9 15:40	File folder	
views	2018/5/9 15:40	File folder	
app.js	2018/5/9 15:40	JScript Script File	2 KB
package.json	2018/5/9 15:40	JSON File	1 KB

图 16-6 “ChatRoom”的目录结构

（5）进入“ChatRoom”，然后启动 npm。具体如下：

```
C:\ChatRoomExample\example\ChatRoom> npm start
> chatroom@0.0.0 start C:\ChatRoomExample\example\ChatRoom
> node ./bin/www
```

执行“npm start”后，此时开启浏览器，输入网址“http://localhost:3000”（3000 为默认端口）如出现如图 16-7 所示界面则表示 Expresss 框架搭建成功。

图 16-7　搭建成功

4. **安装** Socket.IO

在“ChatRoom”文件夹下输入如下命令：

```
C:\ChatRoomExample\example\ChatRoom> npm install -S socket.io
```

执行的结果如下：

```
npm notice created a lockfile as package-lock.json. You should commit this file.

+ socket.io@2.1.0
added 43 packages in 14.093s
```

5. **安装 mongoose 包**

安装连接操作 MonogoDB 的驱动（mongoose）。具体命令如下：

```
C:\ChatRoomExample\example\ChatRoom> npm install -S mongoose
```

执行的结果如下：

```
+ mongoose@5.0.17
added 19 packages in 9.598s
```

6. **建立数据表模型**

需要定义聊天信息的数据结构，即定义 model 层。在“ChatRoom”的目录结构下新增文件 /models/Messages.js。在/models/Messages.js 中定义 3 个字段，分别为“name”(String 型)、“msg”(String 型)、“datetime”(Date 型)，代码如下：

```
var mongoose = require('mongoose');
//定义数据结构，三个字段，分别是 name（名称）、msg（信息）、datetime（发送时间）
```

```
var messagesSchema = mongoose.Schema({
    name: String,
    msg : String,
    datetime : Date
});
module.exports = mongoose.model('Messages', messagesSchema);
```

7. 编写 node.js 代码

（1）编写数据库连接代码。

新增文件/socket/chat.js。这里要注意的是，要先导入数据表模型（./models/Messages），然后再编写 ChatSocketHander 类。具体代码如下：

```
//引入数据结构模型
var Messages = require('../models/Messages');
class ChatSocketHander {
  constructor() {
    this.db;
  }

  //连接 MongoDB
  connect() {
      this.db= require('mongoose')
      .connect(`
mongodb://mongodb_user:mongodb_pwd@10.xxx.xxx.xxx:27017/nodejs?authSource=admin
  `);
      this.db.Promise = global.Promise;
  }

  // 取得数据
  getMessages() {
      return Messages.find();
  }

  // 储存数据
  storeMessages(data) {
      var newMessages = new Messages({
        name: data.name,
        msg: data.msg,
        datetime: new Date()
      });
    newMessages.save();
  }
}

module.exports = ChatSocketHander;
```

（2）为使浏览器可正确寻址，因此需要新建路由文件“：/routes/chat.js”，具体代码如下。

```
var express = require('express');
var router = express.Router();

//路由
router.get('/', function(req, res, next) {
  res.render('chat', { title: 'chatroom' });
});
module.exports = router;
```

（3）在 app.js 里引用路由 chat.js。

要先引用上面新建的路由，才能保证“http://localhost:3000/chat”可正确寻址，具体代码如下。

```
var createError = require('http-errors');
var express = require('express');
var path = require('path');
var cookieParser = require('cookie-parser');
var logger = require('morgan');

var indexRouter = require('./routes/index');
var usersRouter = require('./routes/users');

// 引进路由界面 chat
var chatRouter = require('./routes/chat');
var app = express();
// 设置视图引擎（view engine）
app.set('views', path.join(__dirname, 'views'));
app.set('view engine', 'ejs');

app.use(logger('dev'));
app.use(express.json());
app.use(express.urlencoded({ extended: false }));
app.use(cookieParser());
app.use(express.static(path.join(__dirname, 'public')));

app.use('/', indexRouter);
app.use('/users', usersRouter);

// 使用路由
app.use('/chat', chatRouter);

// 捕获 404 错误并转到错误处理程序
app.use(function(req, res, next) {
  next(createError(404));
```

```
});

// 错误处理程序
app.use(function(err, req, res, next) {
  // 提供本地开发环境下的错误提示
  res.locals.message = err.message;
  res.locals.error = req.app.get('env') === 'development' ? err : {};
  res.status(err.status || 500);
  res.render('error');
});
var ChatSocketHander = require('./socket/chat');

var server = require('http').Server(app);

// 引入 socket.io
var io = require('socket.io')(server);
io.on('connection', async (socket) => {
  console.log('connection');
  var socketid = socket.id;

  //调用 ChatSocketHander 类，连接 MongoDB
  chatSocketHander = new ChatSocketHander();
  chatSocketHander.connect();

  socket.on('message', (obj) => {

    //保存聊天信息
    chatSocketHander.storeMessages(obj);

    //广播消息
    io.emit('message', obj);
  });

  //取得历史信息
  var history = await chatSocketHander.getMessages();

  //广播历史信息
  io.to(socketid).emit('history', history);

  socket.on('disconnect', () => {
    console.log('disconnect');
  });
});
```

```
//监听 3001 端口
server.listen(3001);
module.exports = app;
```

8. 创建 Web 聊天窗口

（1）创建一个视图“/views/chat.ejs”作为聊天窗口，具体代码如下：

```
<!DOCTYPE html>
<html>
<head>
    <title><%= title %></title>
    <link rel="stylesheet" href="/stylesheets/chat.css"/>
</head>
<body>
    <div class="content"></div>
    <div class="bar">
        <input id="user" placeholder="Nickname"/>
        <input id="message" placeholder="Message"/>
        <input type="button" id="send" value="Send"/>
    </div>
    <script src="/javascripts/socket.io.js"></script>
    <script src="/javascripts/jquery-3.3.1.min.js"></script>
    <script src="/javascripts/chat.js"></script>
</body>
</html>
```

（2）新建样式“/public/stylesheets/chat.css”，具体代码如下：

```
.content {
    width: 400px;
    height: 500px;
    border: 1px solid #999;
    overflow-y: scroll;
        background-color:black;
        color:#FFFFFF
}
.chat_row {
    border-bottom: 1px dotted #ddd;
    line-height: 25px;
}
.chat_row DIV{
    display: inline-block;
    word-break: break-all;
    vertical-align: top;
}
.chat_user {
```

```
    width: 150px;
}
.chat_msg {
    width: 390px;
    font-size: 12px;
}
.chat_datetime {
    font-size: 12px;
}
.bar {
    margin: 5px 0;
}
```

9. 发送信息的功能

新建 /public/javascripts/chat.js，代码如下：

```
socket = io.connect('ws://localhost:3001');
socket.on('message', (obj) => {
    appendData([obj]);
});
socket.on('history', (obj) => {
    if (obj.length > 0) {
        appendData(obj);
    }
});

function sendData() {
    var user, message;
    var $user = $('#user');
    var $message = $('#message');
    if ((user = $.trim($user.val())) === '') {
        alert('Please enter a nickname!');
        return;
    }
    if ((message = $.trim($message.val())) === '') {
        alert('Please enter the message!');
        return;
    }
    var data = {
        name: user,
        msg: message,
        datetime:new Date(),
    };
    socket.emit('message', data);
    $message.val('');
```

```
}

$('#send').on('click', sendData);
function appendData(objs) {
    var html = '';
    var $content = $('.content');
    $.each(objs, function(idx, obj) {
        html +=
        `<div class="chat_row">
                <div class="chat_user">${obj.name}：</div>
                <div class="chat_msg">${obj.msg}</div>
                <div class="chat_datetime">${
                    new Date(obj.datetime).toLocaleString('en-US')}
                  </div>
          </div>
        `;
    });
    $content.append(html);
}
```

10. 功能测试聊天功能

代码完成后可在 Chrome 浏览器中打开两个网址，分别是“http://localhost:3000/chat”和“http://localhost:3001/chat”。这时在 3000 端口的窗口中发送信息，则在 3001 端口的窗口中可收到信息。反过来，在 3001 端口的窗口发送信息，则在 3000 端口的窗口上也可收到信息，如图 16-8 所示。

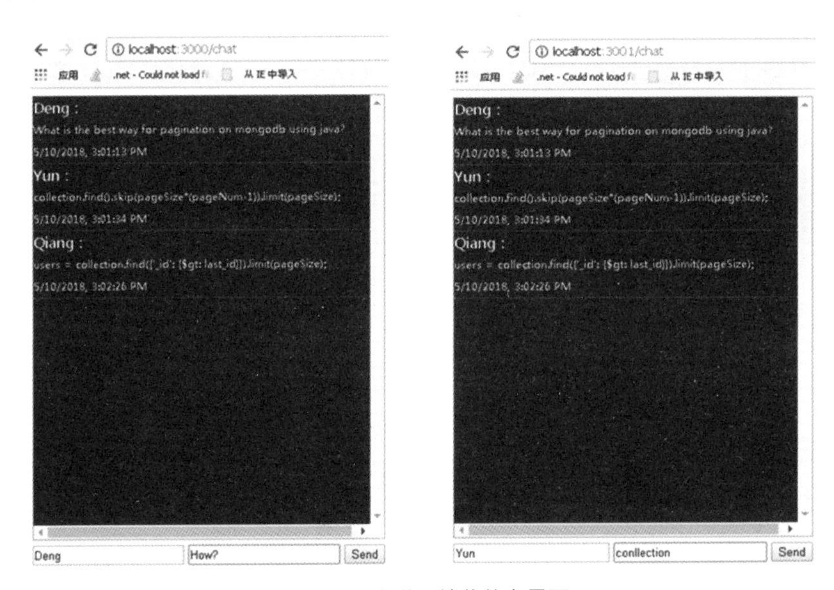

图 16-8　发送和接收信息界面

11. 查找聊天记录

聊天记录都保存在 MongoDB 上，可通过 mongo shell 在数据库中查找聊天记录，具体代码如下：

```
>db.message.find().pretty()
{
    "_id" : ObjectId("5af3ee39ee2720102c5eacb1"),
    "name" : "Deng",
    "msg" : "What is the best way for pagination on mongodb using java?",
    "datetime" : ISODate("2018-05-10T07:01:13.000Z"),
    "__v" : 0
}
{
    "_id" : ObjectId("5af3ee4eee2720102c5eacb2"),
    "name" : "Yun",
    "msg" : "collection.find().skip(pageSize*(pageNum-1)).limit(pageSize);",
    "datetime" : ISODate("2018-05-10T07:01:34.479Z"),
    "__v" : 0
}
{
    "_id" : ObjectId("5af3ee82ee2720102c5eacb3"),
    "name" : "Qiang",
    "msg" : "users = collection.find({'_id': {$gt: last_id}}).limit(pageSize);",
    "datetime" : ISODate("2018-05-10T07:02:26.717Z"),
    "__v" : 0
}
```

本节说明了如何将聊天内容保存到 MongoDB，并演示了如何通过副本集的 Tags 实现读写分离。小伙伴们若有兴趣，可以自行规划更完整的数据模型与画面。

推荐阅读 2

京东购买二维码

作者：邓杰　　书号：978-7-121-35247-8　　定价：89.00 元

结构清晰、操作性强的 Kafka 书

带有视频教程，采用实例来讲解

本书基于 Kafka 0.10.2.0 以上版本，采用“理论+实践”的形式编写。全书共 68 个实例。

全书共分为 4 篇：

第 1 篇，介绍了消息队列和 Kafka、安装与配置 Kafka 环境；

第 2 篇，介绍了 Kafka 的基础操作、生产者和消费者、存储及管理数据；

第 3 篇，介绍了更高级的 Kafka 知识及应用，包括安全机制、连接器、流处理、监控与测试；

第 4 篇，是对前面知识的综合及实际应用，包括 ELK 套件整合实战、Spark 实时计算引擎整合实战、Kafka Eagle 监控系统设计与实现实战。

本书的每章都配有同步教学视频（共计 155 分钟）。视频和图书具有相同的结构，能帮助读者快速而全面地了解每章的内容。本书还免费提供所有案例的源代码。这些代码不仅能方便读者学习，也能为以后的工作提供便利。